Bernhard Kalhammer

Start-up Hacks

Was Unternehmen wirklich voranbringt

REDLINE | VERLAG

Bibliografische Information der Deutschen Nationalbibliothek:
Die Deutsche Nationalbibliothek verzeichnet diese Publikation in der Deutschen National-
bibliografie. Detaillierte bibliografische Daten sind im Internet über **http://dnb.d-nb.de**
abrufbar.

Für Fragen und Anregungen:
info@redline-verlag.de

1. Auflage 2019

© 2019 by Redline Verlag, ein Imprint der Münchner Verlagsgruppe GmbH,
Nymphenburger Straße 86
D-80636 München
Tel.: 089 651285-0
Fax: 089 652096

Redaktion: Christiane Otto, München
Umschlaggestaltung: Marc Fischer, München
Umschlagabbildung: shutterstock.com/Tarapong Siri
Satz: Helmut Schaffer, Hofheim a. Ts.
Druck: GGP Media GmbH, Pößneck
Printed in Germany

ISBN Print 978-3-86881-739-3
ISBN E-Book (PDF) 978-3-96267-094-8
ISBN E-Book (EPUB, Mobi) 978-3-96267-095-5

Weitere Informationen zum Verlag finden Sie unter

www.redline-verlag.de

Beachten Sie auch unsere weiteren Verlage unter www.m-vg.de

Dieses Buch ist allen Machern und Umsetzern gewidmet. Lasst euch nicht von eurem Weg abbringen. Hört nicht auf die Naysayer. Verliert nie den Glauben an euch selbst.

… und vor allem an meine geliebte Frau und Tochter.

Inhalt

Einleitung... 11

Pro Hacks 17

Gesteigerte Interaktion durch geschlossene
Facebook-Gruppen
Johannes Völkner von *Nomad Cruise* 19

Mit Crowdfunding zum Startkapital
und einer loyalen Community
Alexander Kral von *Suck my Shirt* 33

Mit Pinterest als Hidden Champion zu massivem
Website-Traffic
Christine Neder von *Lilies-Diary* 51

Mit dem richtigen Mindset
die richtigen Kontakte schließen
Robert Kresse, Mindset Coach & Gründer 67

Mit künstlicher Intelligenz zum Superverkäufer
Michael Brehm von *i2x* 79

Personalisierte Instagram-Direktnachrichten
als Traffic Booster
Lea Ernst von *Classy Confidence* 89

Expert Hacks 99

Smartes Guerilla-Marketing zur Bundestagswahl
Dr. med. Roman Rittweger von *Ottonova* 101

Out-of-Home-Kampagnen als smarte Alternative
zum Event-Sponsoring
Christoph Kruse von *bookingkit* 109

Exklusive Partys als Tool zum Aufbau
einer Brand Community
Huy und Dung Vu von *Distorted People* 121

Rezeptbücher als effektiver Marketing-
und Vertriebskanal
Jan Göktekin von *Pumperlgsund* 127

Mit Content-Marketing und Umfragen in der Community
zu echtem Mehrwert und hoch konvertierenden Produkten
Rafael Frenk von *Primal State* 139

Mit bekannten Brands und deren positiven
Abstrahleffekten zum cleveren Markenaufbau
Christian Häfner von *Fastbill , happycoffee,
LetsSeeWhatWorks & meerdavon* 155

Mit Pokerstrategien und -Taktiken zu besseren
Management-Entscheidungen
Jan Heitmann, Poker-Experte und Keynote Speaker 175

Smarte Amazon Hacks und Personal Branding
innerhalb sozialer Netzwerke
Lars Müller von *SOLIDMIND* 195

Ultimativer Fokus und ein Free Plus Shipping Funnel
als Lead-Maschine
Lukas Mankow von *Rawford* 215

Legendary Hacks 231

Eine reichweitenstarke Guerilla-PR-Aktion
auf einer Konferenz mit eigenem Hashtag
Pia Poppenreiter von *Ohlala* 233

Event-Marketing mit viralem Faktor als Schlüssel-
element zum Markenaufbau
Till Schmid von *Consultport* 241

Durch Ansprache wichtiger Größen mediale
Aufmerksamkeit erlangen
Christoph Grimm von *Popula* 253

Durch den Aufbau stabiler Beziehungen in der Wirtschaft
zum erfolgreichen Podcast mit Millionenreichweite
Tobias Beck, Keynote Speaker, Coach und Autor 265

Ein Weltstar als Sprungbrett, um zum bekanntesten
Vertreter der eigenen Branche aufzusteigen
Hermann Scherer, Keynote Speaker und Unternehmer 279

Spannend: So wird dein Start-up in nur 12 Monaten
zu einer profitablen Wachstumsmaschine, die nicht
mehr aufzuhalten ist 287

Nachwort 291

Über den Autor 293

Anmerkungen 295

Stichwortverzeichnis 299

Einleitung

Hallo, mein Name ist Bernhard Kalhammer und ich bin der Host des bekannten Start-up-Podcasts »Startup Hacks«. Die Interviews mit meinen faszinierenden Gästen aus der Start-up-Welt liefern die Grundlage für dieses Buch und haben mich dazu inspiriert, die Ärmel hochzukrempeln und dieses Buch zu schreiben. Hätte ich mir jemals vorstellen können, ein Buch zu schreiben? Auf keinen Fall! Das war eigentlich nie mein Plan, aber der Content des Podcasts war und ist einfach zu wertvoll und mit dermaßen vielen Mehrwerten vollgepackt, dass ich auf der Suche nach einem weiteren Medium war, um so viele Menschen wie möglich damit zu erreichen, zu inspirieren und auch zu motivieren, ihr eigenes Ding durchzuziehen.

War es einfach? Wie immer ist die Antwort auf diese Frage »nein«. Aber weißt du, was die Lösung für diese Herausforderung war? Es einfach zu machen und loszulegen. Natürlich hätte ich mich lange mit dem Thema »Wie schreibe ich eigentlich ein Buch« auseinandersetzen können, mich einlesen und mich ausführlich mit dieser Frage beschäftigen können. Da ich aber ein Praktiker bin, habe ich einfach meinen Kumpel Felix Plötz, *Spiegel*-Bestseller-Autor und gefragter Keynote Speaker, für ein Podcast-Interview eingeladen und nach seinen besten Learnings (Erkenntnisse) gefragt. Herausgekommen ist eine grandiose Podcast-Folge mit dem Titel »Wie schreibt man erfolgreich ein Buch«, die viele wichtige Impulse, Insights und kleine Hacks beinhaltet, um die Seiten deines zukünftigen Bestsellers mit wertvollen Inhalten zu füllen. Und hier sind wir schon beim ersten Hack (du siehst, wir legen hier mit einem rasanten Tempo los): Nutze immer dein Netzwerk, wenn du dich mit bestimmten Fragen oder Herausforderungen beschäftigst und nach Lösungen suchst. Deine Kontakte werden dir besser helfen können als irgendein Ratgeber, Blog oder Internet-Forum.

Du hast noch kein Netzwerk? Dann baue dir schleunigst eins auf. Wie? Hier gibt es verschiedene Ansätze, aber ich kann dir die Strategie verraten, mit der ich mir mein Netzwerk mit Experten aus den verschiedensten Bereichen aufgebaut habe: Starte deinen eigenen Podcast. Suche dir eine Nische und entwickle ein Konzept mit einer Interview-Komponente, um dich mit den Experten aus deiner Branche zu verbinden und eine Beziehung aufzubauen. Würdest du dich nicht geschmeichelt fühlen, wenn dich jemand nach einem Interview für seinen Podcast bittet? Eben. Verstehe mich bitte nicht falsch, dieses Vorgehen hat nichts damit zu tun, sich durchs »Hintertürchen« zu schleichen und es als plumpen Vorwand zu nutzen, sich mit der jeweilige Person zu verbinden. Siehe diese Strategie eher als »Door Opener«, denn dein Ziel sollte es immer sein, Mehrwerte für deine Community zu produzieren. Der geniale Nebeneffekt, der dadurch entsteht, ist, dass du als Experte in deinem jeweiligen Bereich von deinen Zuhörern und Followern wahrgenommen wirst und dich dadurch mit deinem Personal Brand positionierst.

Glaube mir, meine erste Podcast-Folge (»Vom Freelance Designer zum eigenen Lifestyle Brand: Daniel Bidmon von Obelizk«, höre sie dir gerne mal an) war noch weit davon entfernt, meinen Vorstellungen zu entsprechen. Die Tonqualität, meine eigenen Qualitäten als Moderator und vieles mehr waren Lichtjahre davon entfernt, den Standard zu erfüllen, welchen ich mir für meinen Podcast vorstellte. Aber ich habe einfach mal losgelegt, mit einem 50-Euro-Mikrofon und einer Software für den Schnitt, die es als Freeware kostenlos im Netz gibt (Audacity, damit schneide ich noch heute meinen Podcast). Wenn du mehr Informationen zum Starten deines eigenen Podcasts benötigst, empfehle ich dir auf jeden Fall die Start-up-Hacks-Podcast-Folge »Podcastheld trifft Kinoheld: Gordon Schönwälder von Podcast Helden« anzuhören. Hier erhältst du weiterführende Informationen, Tipps und Insights, um deinen eigenen Podcast an den Start zu bringen.

Du siehst, manchmal braucht es nicht mal 100 Euro, um den Grundstein für ein starkes Netzwerk zu legen, den Ausbau deiner eigenen Marke – egal ob Personal Brand, Produkt oder Dienstleistung – weiter voranzutreiben und Reichweite innerhalb deiner Zielgruppe aufzubauen.

Wer sind die Menschen in diesem Buch? Mir war es extrem wichtig, Use Cases mit Unternehmern zu liefern, mit denen wir uns alle identifizieren können und auf Augenhöhe sind. Keine Titanen, sondern echte Macher wie du und ich, die einfach mal losgelegt und ihr eigenes Unternehmen gestartet haben. Die oft auch nicht die besten Voraussetzungen für ihr eigenes Business hatten, weil sie kaum Startkapital, kein Netzwerk und nicht sofort die richtige Idee hatten. Die den Prozess des Unternehmertums durch und durch leben, zahlreiche Misserfolge erlebten, aber auch Erfolge feiern konnten. Wie sagt es mein sehr geschätzter Unternehmerkumpel und mittlerweile guter Freund Lars Müller, den ich übrigens auch über ein Podcast-Interview in Kapstadt kennengelernt habe, so schön: »Living the Process. Always«. Und genau darum geht es als Entrepreneur, man durchlebt einen Prozess, der einen nach und nach zu einem wahren Diamanten schleift, der irgendwann aufgrund seines Erfolges glänzen kann, aber auch das nötige Mindset, also Einstellung und Mentalität, mitbringt, um aus seinen Fails und Fuckups zu lernen.

Mein Hauptfokus im Buch liegt auf den smarten Hacks, die meine Podcast-Gäste in ihrer Zeit als Unternehmer angewendet haben, um ihr Unternehmen damit auf das nächste Level zu heben und einen gewissen Tipping Point (Umschlagspunkt, an dem sich ein Erfolg einstellt) zu erreichen. Warum den mühsamen Umweg gehen, wenn man auch die Abkürzung nehmen kann, um damit der Konkurrenz immer einen Schritt voraus zu sein? Das war und ist meine Intention und täglicher Antrieb hinter Startup Hacks. Ich möchte die besten Growth und Marketing Hacks direkt aus der Praxis liefern, die bereits von einem Unternehmer erfolgreich getestet wurden und die nicht von irgendeinem selbsternannten Guru kommen, der keine Ahnung davon hat. Impulse, Insights und Tools, die dich als Unternehmer oder Entscheider wachsen lassen und zu neuen Strategien und Herangehensweisen inspirieren. Das ist die Mission von Startup Hacks.

Das Buch ist, den Schwierigkeitsgraden der jeweiligen Hacks entsprechend, in die folgenden drei Teile aufgegliedert:

- Pro Hacks

- Expert Hacks

- Legendary Hacks

Die einzelnen Porträts beinhalten jeweils den erfolgreichsten Growth-, Marketing-, PR-, Produkt-, oder Mindset Hack des einzelnen Unternehmers, zu dem ich dir immer eine Handlungsempfehlung zur Umsetzung für dein eigenes Business gebe. Und was wäre ein echter Unternehmer ohne einen richtigen Fail (auch Fuckup genannt) in seinem Leben als Entrepreneur? Deshalb zeige ich dir neben dem größten Erfolg auch den größten Misserfolg oder Fehltritt des jeweiligen Unternehmers, mal krasser und mal weniger schlimm. Um aber auch die Backgroundstory zu erfahren, durchleuchten wir die Entstehungsgeschichten und wie die einzelnen Unternehmer überhaupt auf die Idee zu ihrem Unternehmen gekommen sind. On top erhältst du die besten Ratschläge der Protagonisten, die sie jemals erhalten und die einen bleibenden Eindruck bei ihnen hinterlassen haben. Welche Eigenschaft solltest du unbedingt als Unternehmer mitbringen? Welches Buch hat die Gründer in letzter Zeit am meisten inspiriert und wie sehen ihre Morgenroutinen aus, um immer die beste Performance abliefern zu können? Lass dich von den Stories meiner Interviewgäste inspirieren und nutze die Insights und Learnings für dein eigenes Business oder um deine Führungsposition als Entscheider weiter auszubauen. Bist du bereit dafür? Let's roll.

Basics: Was bedeutet der Begriff Growth Hacking?

Keine Sorge, Growth Hacking hat nichts mit einem Hacker zu tun, der sich illegal Zugriff auf verschlüsselte Daten verschafft und anderen dadurch einen Schaden zufügen will. Vielmehr geht es darum, wie man es als junger Unternehmer schafft, sein Produkt oder seine Dienstleistung mithilfe von kreativen Taktiken, sogenannten »Hacks«, an die jeweilige Zielgruppe zu bringen, ohne aber große finanzielle Mittel dafür aufzuwenden. Entwickelt wurde diese Art des Marketings natürlich von Start-ups, die sich aufgrund fehlender Marketing-Budgets neue Wege suchen mussten, um Kunden für ihr Unternehmen zu gewinnen. In den meisten Fällen wird mithilfe von Social Media und einem gewissen viralen Faktor, der oft direkt in das (digitale) Produkt oder die Marketingkampagne implementiert wird, versucht, bestimmte KPIs (Key Performance Indicators beziehungsweise Leistungskennzahlen) wie zum Beispiel neue Registrierungen, Downloads oder Verkäufe zu steigern. Das übergeordnete Ziel eines Growth Hackers, der sich als ein Teil des Marketing-Teams versteht, ist immer für Wachstum innerhalb des Unternehmens zu sorgen. Durch seine sehr analytische (A/B-Testing, Analyse von Kennzahlen) und kreative Herangehensweise versucht er gezielt, die Bekanntheit und Reichweite seines Unternehmens zu erhöhen und für »Growth« (Wachstum) zu sorgen. Hierfür greift er auf alle zur Verfügung stehenden Mittel und Werkzeuge des Online- und Offline-Marketings zurück, kombiniert diese smart und entwickelt dadurch neue Wege der Kundengewinnung und vor allem der Kundenbindung. Zu den bekanntesten Growth Hacks gehören die Hacks von Hotmail, Dropbox, PayPal, Uber und Airbnb. Wenn du nähere

Informationen zu diesen Hacks erfahren möchtest, gib einfach die Keywords »Growth Hack« und »Dropbox« (beziehungsweise die Namen der anderen Unternehmen) bei Google ein und lass dich von den smarten Strategien dieser Unternehmen inspirieren.

Die Hacks, die in diesem Buch aufgeführt werden, sind nicht ausschließlich Growth Hacks im klassischen Sinne. Oft ist es auch nur ein kleiner Kniff, eine neue Interpretation oder neue Herangehensweise an eine bestehende Taktik beziehungsweise Technik, die von den Gründern angewendet wurde. Ein »Copy & Paste«-Ansatz ist hier fehl am Platz, vielmehr sollen dir die aufgeführten Use Cases als Inspirationsquelle dafür dienen, was alles durch ein gezieltes »um die Ecke denken« möglich ist. Und du sollst die Möglichkeit haben, dieses neue Mindset für die Entwicklung neuer Strategien im Bereich Marketing, Sales, Produkt und PR einzusetzen, um die Reichweite und Umsätze deines Unternehmens effektiv zu steigern.

Versprechen kann ich dir nichts, denn wie immer lautet die Devise: testen, testen und nochmals testen. Irgendwann aber wirst du auf einen erfolgreichen Hack stoßen, das ist sicher.

Getreu dem Motto: dranbleiben, scheitern, aufstehen, weitermachen.

Bernhard Kalhammer

Kapstadt, Südafrika

PRO HACKS

In the absence of big budgets, start-ups learned how to hack the system to build their companies.

– Micah Baldwin[1]

Die Hacks aus der Kategorie **Pro** sind der perfekte Einstieg, wenn du dich neu mit dem Thema Growth Hacking beschäftigst und deine eigenständig finanzierten Budgets (Stichwort Bootstrapping) effektiv einsetzen möchtest.

Die hier vorgestellten Hacks sind relativ einfach mit Tools umzusetzen, die dir meist kostenlos zur Verfügung stehen und leicht zugänglich sind.

Johannes Völkner, CEO & Founder @Nomad Cruise
https://www.nomadcruise.com/

Start-up Hack: Gesteigerte Interaktion durch geschlossene Facebook-Gruppen

Hack Level: Pro

Wie hat Johannes es gemacht?

Bei der Nomad Cruise handelt es sich um organisierte Kreuzfahrten für Menschen , sogenannte digitale Nomaden, die das Reisen mit ortsunabhängigen Arbeiten verbinden. Die Nomad Cruise ist mittlerweile zur etablierten Anlaufstelle für Remote Worker (jemand, der entweder zu Hause oder an einem x-beliebigen Ort arbeitet) geworden und ist die ideale Plattform, um sich dem Thema digitales Nomadentum anzunähern. Um nun eine Community rund um das Leben als digitaler Nomade aufzubauen, startete Johannes als einer der ersten 2015 eine geschlossene Facebook-Gruppe zum Thema ortsunabhängiges Arbeiten, die sich sehr schnell mit gleichgesinnten und angehenden digitalen Nomaden füllte. Heute hat diese Gruppe mehr als 36.000 Mitglieder (Stand Januar 2019), wird ständig größer und ist mittlerweile zu einem wichtigen Marketing-Kanal für die Nomad Cruise geworden.

Warum? Ganz einfach, weil Johannes hier zum Beispiel Umfragen zu neuen Produkten und Angeboten starten und Feedback bei den Menschen einholen kann, die am Ende auch seine Kunden sind. Dieses Vorgehen spart ihm extrem viel Zeit bei der Entwicklung neuer Produkte und dient zugleich als Validierungstool, ob er mit seinem neuen Produkt (egal ob physisch oder digital) auf der richtigen Spur unterwegs ist und die Wünsche seiner Kunden trifft. Außerdem spart er sich natürlich auch eine Menge Geld, um erste Kunden zu erreichen. Seine Facebook-Community ist somit mehr als nur eine Versammlung gleichgesinnter Menschen, die sich untereinander austauschen, motivieren und inspirieren können. Vielmehr dient ihm seine Facebook-Gruppe als Validierungs-, Marketing- und Wachstumstool für seine aktuellen und zukünftigen Projekte.

Falls du dich nun fragen solltest, was der Unterschied einer Facebook-Gruppe zu einer »normalen« Facebook-Seite ist und warum du auch eine Gruppe für deine Marke starten solltest, hier die Erklärung: Die organische Reichweite normaler Facebook-Seiten geht aufgrund der Anpassung des Facebook-Algorithmus immer weiter zurück und ist oft nur durch bezahlte Facebook-Werbung wieder aufzuholen. Dadurch steigt die Relevanz von Facebook-Gruppen immer mehr, denn Beiträge in Gruppen erhalten viel mehr Sichtbarkeit im Newsfeed. Die Mitglieder einer Gruppe sind zum einem ziemlich sicher an den Themen interessiert, die gepostet werden (Thema Mehrwert), und Posts weisen deshalb auch ein viel höheres Engagement als Beiträge auf normalen »Fan-Seiten« auf. Idealerweise nutzen die Gruppenmitglieder auch die Standardeinstellung für die Benachrichtigungsfunktion der Gruppe, denn dadurch erhalten sie bei jedem neuen Beitrag in der Gruppe eine Benachrichtigung per E-Mail beziehungsweise einen Hinweis rechts oben auf der Facebook-Startseite (die kleinen roten Benachrichtigungen). Genau das ist einer der entscheidenden Faktoren für dich als Marketer: Sichtbarkeit im überfrachteten Newsfeed von Facebook. Idealerweise schaffst du es, eine Community mit ca. 500 Leuten aufzubauen, dies wird als kritische Masse bezeichnet, und deine Gruppe wächst dadurch von »alleine« weiter, indem die bestehenden Gruppenmitglieder immer wieder neue User zur Gruppe einladen.

Zurück zu Johannes. Er nutzte mit der Erstellung seiner Facebook-Gruppe einen Trick, den er bereits bei StudiVZ einsetzte: eine exklusive Community rund um das Thema Reisen aufzubauen, der man nur durch eine Bestätigung der Gruppen- beziehungsweise Seiten-Administratoren beitreten konnte. Damit schafft man Exklusivität und sorgt als Betreiber der Gruppe für einen gewissen Standard der Mitglieder, da man im Vorfeld entscheiden kann, ob man die Person beitreten lässt oder nicht. Der Start einer solchen Gruppe geht vergleichsweise einfach und schnell, Johannes benötigte gerade mal ein paar Minuten, um seine Gruppe »Global Digital Network« zu starten. Die Pflege der Gruppe ist aber etwas aufwendiger und bedarf eines gewissen zeitlichen Engagements des Seitenbetreibers, denn die Gruppenmitglieder möchten ständig mit Content bespielt werden. Und das Wichtigste ist: Du musst ihnen einen Mehrwert bieten. Getreu dem Motto unseres Lieblingsentrepreneurs und Full Time Hustlers aus den USA, Gary Vaynerchuk: »Give, Give, Give, then Ask!« Damit das Ganze nun auch für dich erfolgreich funktioniert und deine Gruppe auf eine ordentliche Mitgliederanzahl kommt, gibt es ein paar wichtige Dinge zu beachten, die wir uns jetzt im Detail näher ansehen.

Wie du Johannes' Hack für dich nutzen kannst

Einer der wichtigsten Faktoren: Deine Facebook-Gruppe muss ein zentrales Thema haben, mit der sich deine Gruppe und damit auch deine Gruppenmitglieder beschäftigen und identifizieren können. Wenn du kein Thema hast, das eine klare Zielgruppe anspricht, werden auch keine Menschen beitreten. Warum auch, sie erhalten ja dadurch keinen Mehrwert. Und hier sind wir schon beim nächsten Punkt: Wenn du eine erfolgreiche Gruppe aufbauen möchtest, musst du deinen Gruppenmitgliedern einen Mehrwert zu einem zentralen Thema liefern. Wenn du zum Beispiel eine Online-Marketing-Agentur für den Bereich Social-Media-Marketing betreibst, poste regelmäßig relevante Marketing-Tipps oder Fallbeispiele in die Gruppe, die deinen Mitgliedern in der Umsetzung ihrer Social-Media-Projekte helfen. Positioniere dich zudem immer wieder als echter Experte in der Gruppe, damit dich die Mitglieder auch als Autorität wahrnehmen. Damit sich der ganze zeitliche Aufwand auch wirtschaftlich für dich lohnt, solltest du immer mal wieder dein eigenes Angebot (Produkte, Dienstleistung etc.) in die Gruppe posten, idealerweise wenn ein Gruppenmitglied eine tiefgreifendere Frage zu einem Punkt hat. Im Falle der Social-Media-Agentur wäre folgendes Beispiel möglich: Ein Gruppenmitglied stellt die Frage, wie er durch Social Media die Sichtbarkeit für sein Unternehmen erhöhen kann, welche Tools er nutzen soll und wie er diese dann implementieren kann. Du kannst im ersten Schritt ein paar wichtige Tipps geben (Mehrwert), geht die Konversation aber tiefgreifender, schickst du ihm einen Link zu einem Kontaktformular deiner Agentur (oder direkt per persönlicher Nachricht deine Kontaktdaten) und verkaufst ihm deine Dienstleistung oder ein digitales Produkt zum Thema.

Mach einen VIP-Club aus deiner Gruppe

Deine Gruppe sollte auf jeden Fall, wie bereits erwähnt, eine geschlossene Gruppe sein. Warum? Weil wir dadurch die Qualität der Mitglieder hoch halten und Exklusivität schaffen. Denn wenn ein neues Gruppenmitglied Zutritt zu unserem auserwählten Kreis erhält, wecken wir sofort das Gefühl, zu etwas Besonderem dazuzugehören, weil nicht jeder hereingelassen wird. Eine Art VIP-Club.

Den ersten Beitrag, den neue Gruppenmitglieder sehen sollten, ist ein Begrüßungsbild oder noch besser ein Video des Gruppenbetreibers, welches neue Mitglieder umgehend willkommen heißt. Erstelle ein Video von dir (deine Handykamera ist vollkommen ausreichend, vor allem wenn du ein neues Smartphone hast. Achte aber vor allem auf einen guten Ton) und erkläre kurz und knackig, worum es in der Gruppe geht. Du schaffst dadurch gleich zwei wichtige Punkte: Zum einen wissen neue User direkt, was das Kernthema der Gruppe ist und zum anderen positionierst du dich als Gruppenanführer und Autorität in der Community.

Die persönliche Begrüßung als Engagement-Rakete

Um nun gleich für Engagement, also Interaktion, zu sorgen, hier ein kleiner aber feiner Hack: Halte unter diesem Begrüßungspost die Gruppenregeln fest, an die sich die Community Mitglieder halten sollen, beispielsweise dass deine Gruppe keine Spam- oder Selbstvermarktungsposts und keine Negativität gegenüber anderen Mitglieder duldet oder die Mitglieder sich gegenseitig bei Fragen helfen sollen. Der Kniff ist, die neuen Mitglieder aufzufordern, sich selbst vorzustellen und zu fragen, warum sie der Gruppe beigetreten sind und was sie sich von der Gruppe erhoffen. Dadurch sorgst du immer wieder für Interaktion bei deinem Begrüßungspost, den du idealerweise als »fixierten Beitrag« markierst, damit dieser immer ganz oben im Feed deiner Gruppe erscheint. Zudem kannst du deine neuen Mitglieder namentlich willkommen heißen, indem du einen kurzen Beitrag schreibst und sie taggst. Mittlerweile bietet Facebook auch eine spezielle Funktion hierfür.

Der Redaktionsplan als Geheimwaffe für Engagement

Wie schaffst du es jetzt aber, wertvolle Inhalte an deine Community weiterzugeben und das auch noch in regelmäßigen Abständen? Der Trick ist ganz einfach, aber zeitlich aufwendig: Erstelle dir einen Redaktionsplan für deine Gruppe, bei dem du festlegst, was für Inhalte du an welchen Wochentagen postest. Versuche im Vorfeld auf die Bedürfnisse deiner Zielgruppe einzugehen. Was beschäftigt sie, was hält sie nachts wach und wie kannst du ihnen eine Lösung für ihre Probleme bieten? Dadurch regst du intensive

Diskussionen an und dein Publikum bleibt in Interaktion. Neben der Lieferung von relevanten Inhalten regst du deine Community dadurch an, sich in der Gruppe zu beteiligen. Denn gerade die Diskussionen unter den einzelnen Mitgliedern machen die Gruppe extrem wertvoll, da du dich als Admin nicht aktiv beteiligen musst. Fördere solche Diskussionen, beteilige dich aber auch immer mal wieder, um deine Fahne als Autorität hochzuhalten. Schlichte Streitigkeiten, wenn nötig. Und manchmal wird es auch notwendig sein, ein Machtwort zu sprechen beziehungsweise bestimmte Mitglieder aus der Gruppe zu entfernen, da sie ständig für Unruhe sorgen. Hier kannst du dich wieder auf deine Gruppenregeln berufen, auf die du auch hin und wieder aufmerksam machen solltest. Natürlich kannst du deine Community auch aktiv auffordern, auf einen Beitrag zu reagieren, indem du deinen Beitrag mit einer Frage enden lässt. Als Inspiration, hier ein paar Fragen, die ich gerne bei meinen Posts verwende:

- »Was ist deine Meinung zum Thema xy? Dein Standpunkt hierzu würde mich sehr interessieren!«

- »Du weißt die Antwort auf die Frage? Dann zögere nicht lange und teile den anderen Gruppenmitgliedern deinen Input mit!«

- »Wie sind deine Erfahrungen hierzu?«

Bezüglich des Redaktionsplans hat sich folgende Strategie bewährt. Teile dir die Woche in verschiedene Themen auf. Als Grundlage für deinen Content-Plan solltest du dir grundlegende Gedanken machen, welche Probleme deine Zielgruppe mit deinem jeweiligen Thema verbindet. Wie sehen die Lösungen hierzu aus? Das genau sind deine Themen, über die du in der Gruppe sprichst. Um wieder auf das Beispiel der Social-Media-Agentur zu kommen, könnte ein Problem der Kunden sein, dass sie zu wenig Neukunden via Social Media generieren. Ein mögliches Thema ergibt sich also aus dem Problem der Zielgruppe, nämlich Neukunden zu generieren. Finde noch zwei bis drei weitere Probleme deiner Zielgruppe und formuliere daraus weitere Themen. Hierauf baust du nun deinen Content oder Redaktionsplan auf. Für Montag bietet sich zum Beispiel immer ein »Motivationspost« an, das heißt ein Beitrag, der die Gruppenmitglieder positiv für die Woche einstimmt und zu etwas motiviert. Hier kannst du inspirierende Zitate oder Bilder teilen, die deine Zielgruppe feiert und auf die sie in Form von Likes, Kommentaren und Shares reagiert. Nutze auf jeden Fall verschiedene Methoden für deine Content-Erstellung, wie Story Telling (zum Beispiel Geschichten aus deiner Vergangenheit, wie du zum Experten für Thema xy wurdest), Q&A (Fragen und Antworten) oder Testimonial Stories (was haben deine Kunden bisher für Erfahrungen mit deinem Produkt beziehungsweise deiner Dienstleistung gemacht).

Hochwertige Inhalte als Grundlage für eine erfolgreiche Gruppe

Versuche abwechslungsreiche Beiträge zu posten, das heißt, wechsle immer mal wieder zwischen einfachen Textbeiträgen, Bildern und Videos. Um hochwertige Bilder zu erstellen, brauchst du keinen Grafiker. Nutze hierfür einfach die Design-Plattform Canva (www.canva.com), der Basis-Account ist kostenlos und bietet bereits eine Vielzahl an Möglichkeiten. Bei Canva findest du verschiedene hochwertige Design-Vorlagen, die du mit deinen Texten und Bildern verwenden kannst, alle in der richtigen Bildgröße für die jeweilige Social-Media-Plattform. Und das Beste: Canva bietet dir auch Vorlagen für Flyer, Präsentationen, E-Books, Visitenkarten etc. Canva ist optimal, wenn du dir die Kosten für einen Grafiker sparen möchtest und es um relative Basics geht. Das heißt nicht, dass ein Grafik-Designer für dich und dein Business nicht mehr wichtig ist. Bei anspruchsvolleren Aufgaben (zum Beispiel Logo-Entwicklung, User Experience Design etc.) ziehe ich immer den Grafiker meines Vertrauens hinzu. Auf ihn kann ich mich verlassen, dass am Ende alles sehr hochwertig aussieht und auch einwandfrei funktioniert.

Die Facebook-Gruppe monetarisieren

Weiter oben im Text habe ich es bereits erwähnt, bevor du Geld mit deiner Community verdienen möchtest, solltest du ihr echte Mehrwerte liefern. Dies kannst du in Form von Beiträgen machen, eine andere Möglichkeit ist aber auch das Vergeben von Freebies (gratis Produktproben), zum Beispiel ein kostenloses Webinar oder ein E-Book zum Gruppenthema. Wichtig ist, dass dein Geschenk an die Community hochwertig ist und ihnen bei ihrem Problem helfen kann. Dadurch kannst du dir sicher sein, dass sie dich auf der einen Seite als echten Experten auf deinem Gebiet wahrnehmen und auf der anderen extrem dankbar sind. Sie werden sich die Frage stellen: »Wow, wenn Bernhard mir durch sein kostenloses E-Book bereits so weiterhelfen konnte, was passiert nur, wenn ich seine kostenpflichtige Dienstleistung/Produkte in Anspruch nehme?« Genau das wollen wir erreichen. Wir wollen das Vertrauen unserer Community-Mitglieder gewinnen, im Vorfeld für einen echten Mehrwert sorgen und ihnen zeigen, warum sie Mitglied in unserer Gruppe geworden sind, nämlich weil die einzelnen Gruppenmitgliedern sich gegenseitig bei ihren Herausforderungen helfen, einander gegenseitig inspirieren und vor allem motivieren. Die Krönung des Ganzen ist dann noch ein echter Experte – DU! –, der die Gruppe als Häuptling und Identifikationsfigur anführt.

Hast du das geschafft, kannst du ohne weiteres hin und wieder ein Angebot in die Gruppe posten, deine Mitglieder werden das nicht als Spam einordnen (Idee: Weise die Mitglieder bereits in der Gruppenbeschreibung darauf hin, dass du ab und zu Angebote in die Gruppe posten wirst, wenn du der Meinung bist, einen

Mehrwert dadurch zu liefern). Im Idealfall erstellst du eine spezielle Landingpage (Landeseite), die du für deine Facebook-Gruppe nutzt. Arbeite hier klar die Vorteile deines Angebots für die Community heraus und fokussiere dich auch in der Ansprache auf deine Facebook-Gruppe. Je persönlicher, desto besser. Um eine Landingpage zu erstellen, kannst du verschiedene Tools und Services nutzen, einfach und schnell geht es zum Beispiel mit den folgenden Anbietern:

- ClickFunnels https://www.ClickFunnels.com/

- Unbounce https://unbounce.com/de/

- Leadpages https://www.leadpages.net/

- Instapage https://instapage.com/

- …und viele weitere. Check hierfür einfach Google und suche nach »Landingpage erstellen«, es gibt noch eine Vielzahl weiterer, genialer Tools!

Und jetzt viel Erfolg bei der Erstellung deiner Facebook-Gruppe. Solltest du Fragen hierzu haben, komm einfach in meine Facebook-Gruppe »Startup Hacks« bei Facebook.

Learnings aus dem ersten Event

Die erste Nomad Cruise lief eigentlich ziemlich rund, bis auf die lange Vorbereitungszeit von mehr als sechs Monaten. Der Grund hierfür war ganz einfach. Johannes' Erwartungshaltung an die erste Kreuzfahrt war nicht gerade groß, da der Preis für die komplette Kreuzfahrt relativ gering war und noch kaum einer der Teilnehmer eine Kreuzfahrt gebucht hatte. »Vielleicht ist der Pool leer« oder »die Zimmer sehen anders aus als auf der Website«, diese

Fragen beschäftigten Johannes. Seine Erwartungen wurden aber sogar übertroffen. All-inclusive-Drinks, Unterhaltungsprogramm, alles lief wie geschmiert. Die ersten Probleme tauchten dann bei der zweiten Cruise auf, denn anstelle von 100 waren nun bereits 200 Teilnehmer an Board. Johannes organisierte die Cruise nicht mehr alleine, sondern musste zusätzlich ein Team führen, das ihn bei der Organisation unterstützte. Zuerst lief alles einigermaßen rund, als aber an einem Abend etwa 60 Teilnehmer der Cruise entschieden, eine spontane Party in einer kleinen Zwei-Mann-Kabine zu schmeißen, lief das Ganze etwas aus dem Ruder. Man kann sich gut vorstellen, dass diese Situation für Johannes nicht gerade angenehm gewesen ist. Auf der einen Seite wäre er natürlich unglaublich gerne bei dieser Party dabei gewesen, musste aber natürlich als Veranstalter darauf achten, eine gewisse Professionalität zu bewahren. Weil am Ende nun niemand dabei war, der etwas auf die Lautstärke und vor allem den Alkoholpegel der Partygäste geachtet hatte (die Drinks waren ja all-Inclusive), sah die Kabine dann auch dementsprechend aus. Ein paar Gäste hatten sich beschwert, der Super-GAU blieb aber aus. Vielmehr war das eigentliche Learning für Johannes, nun auf der anderen Seite als Veranstalter zu stehen und nicht mehr bei allen spaßigen Events dabei sein zu können, sondern sich um die Organisation und den reibungslosen Ablauf seiner Veranstaltung zu kümmern. Am Ende waren und sind die Teilnehmer der Nomad Cruise immer sehr verantwortungsvoll, denn ihr Ziel mit der Cruise ist es, ihr Netzwerk zu erweitern, sich gegenseitig zu inspirieren und ihr Leben als digitaler Nomade zu etablieren, und keine Ballermann-Party zu feiern.

So kam Johannes auf die Idee zur Nomad Cruise

Die Nomad Cruise ist ein Ergebnis der zahlreichen Reisen von Johannes. 2010 lebte Johannes in Kapstadt, war verlobt und hatte einen Job in der Online-Branche. Seine Freundin war in Deutschland, er aber in Kapstadt und so suchte er nach einer Lösung, wie er beide Dinge verbinden konnte. Die Beziehung ging leider in die Brüche und er kehrte erst mal wieder nach Deutschland zurück. Er merkte ziemlich schnell, dass er sich dort nicht wirklich wohlfühlte und buchte daraufhin einen Trip auf die Philippinen zum Kitesurfen. Vor Ort stellte er rasch fest, dass dies die perfekte Arbeitsumgebung für ihn war. Das Einzige, was er brauchte, war eine stabile Internetverbindung. Nach diesem Aha-Erlebnis dachte er sich, vielleicht klappt das Gleiche ja auch in Südamerika. Zuerst wollte Johannes vier Monate bleiben, doch daraus wurden am Ende zehn Monate. Neues Land, längerer Aufenthalt, so ging das dann immer weiter. Bis heute.

Die Idee zur Nomad Cruise entstand aufgrund eines eigenen Problems, welches Johannes stetig auf seinen Reisen begleitete: Vor Ort fiel es ihm immer schwer, gleichgesinnte Menschen zu treffen, die wie er ortsunabhängig arbeiteten und mit denen er sich austauschen konnte. Bei seiner zehnmonatigen Südamerikareise traf er zum Beispiel nur auf drei andere Leute, die das Reisen mit dem Arbeiten verbunden hatten. Daraufhin startete Johannes verschiedene Projekte, unter anderem einen Guide in Form eines E-Books für Orte, von denen aus man ideal online arbeiten konnte. Später kam seine Facebook-Gruppe hinzu, die auch der Start für die Nomad Cruise sein sollte. Irgendwann in 2015 sah Johannes eine Werbung für eine Kreuzfahrt, und da kam es ihm: Ich versammle meine Facebook-Community aus digitalen Nomaden auf einer Kreuzfahrt nach Brasilien, bei der sich die Teilnehmer untereinander austauschen können, netzwerken, gegenseitig inspirieren und vor allem motivieren. Diesen Gedanken fand Johannes so gut, dass er die Idee zur Kreuzfahrt gleich in seine damals 5.000 Mitglieder starke Gruppe mit der Aufforderung »Hey, let's go« postete. Die Mitglieder fanden die Idee sehr spannend, vor allem das gemeinsame Reisen mit Gleichgesinnten fanden sie extrem ansprechend. Dieser Facebook-Post in 2015 war der Startschuss für die Nomad Cruise.

Der beste Ratschlag, den Johannes als Unternehmer erhalten hat

»Recruit. Stelle Leute ein.«

– Ein Teilnehmer der Nomad Cruise

Johannes war bewusst, dass er noch weitere Mitarbeiter benötigte, nur fiel es ihm anfangs schwer, Aufgaben abzugeben und zu delegieren. Er dachte lange darüber nach und da auch die Aufgabenflut seines Projekts weiter zunahm, entschied er sich schließlich, die ersten Mitarbeiter zu rekrutieren und Aufgaben abzugeben. Für ihn war dies ein extrem wichtiger Schritt, da er ab diesem Zeitpunkt mehr Zeit für andere, wichtige organisatorische Aufgaben hatte. Ohne sein Team wäre eine erfolgreiche Organisation der Nomad Cruise nun gar nicht mehr denkbar, denn mit steigender Teilnehmerzahl stiegen natürlich auch die To-dos auf Johannes' Liste.

Ein Ratschlag von Johannes an dich: Baue dir so schnell wie möglich ein gutes Team auf. Solltest du noch nicht die dafür nötigen Umsätze erwirtschaften, versuche auf Community-Mitglieder beziehungsweise Freelancer auszuweichen, die bereits von deinem Projekt überzeugt und Fans deiner Marke sind. Schaffe für sie einen Anreiz in Form von kostenlosen Teilnahmen oder Gratisprodukten und versuche so viele Aufgaben wie nur möglich an sie zu delegieren. Halte Abstand von »Micromanagement«, das heißt lass deinen Mitarbeitern auch die nötige Freiheit, allein Entscheidungen (bis zu einem gewissen Grad) zu treffen, und sorge dafür, dass sie sich in ihrem Bereich entwickeln und verwirklichen können. Nur durch ein schlagkräftiges Team kannst du am Ende ein erfolgreiches und skalierbares Business aufbauen.

Johannes' Tipps für ein Leben als digitaler Nomade

»Du musst nicht dein Apartment verkaufen und einen kompletten Lebenswandel durchmachen. Fahre einfach mal an einen anderen Ort und versuche von dort zu arbeiten und deinem Job nachzugehen.« Du musst nicht unbedingt ein eigenes Business starten, sondern kannst zum Beispiel wie Johannes am Anfang als virtueller Assistent dein Geld verdienen. Versuche es in kleinen Schritten, wichtig ist nur, den Anfang zu machen. Warte nicht mehrere Jahre mit der Entscheidung, ortsunabhängiger zu arbeiten, sondern lege einfach los. Hole dir ein Ticket nach Mallorca, buch dir ein Airbnb-Apartment und starte einfach mal als digitaler Nomade. Wenn du merkst, es macht dir Spaß und du kannst deinen Job auch von einem anderen Ort als deinem Büro erledigen, kannst du die Frequenz deiner Trips stetig erhöhen. Ganz wichtig: Fahre auf jeden Fall an Orte, von denen du weißt, dass sich dort auch anderen Remote Worker beziehungsweise digitale Nomaden aufhalten. Dieses Netzwerk an Gleichgesinnten wird ein wichtiger Anker für dich sein, vor allem wenn die Anfangseuphorie vorbei ist und du den Austausch mit Menschen suchst, die sich auf dem gleichen Weg wie du befinden.

Johannes' Buchtipp

Der Klassiker und so was wie die Bibel unter digitalen Nomaden: *Die 4-Stunden-Woche* von Tim Ferris. Der Autor hat mit diesem Buch bereits eine Vielzahl an Menschen inspiriert, so auch Johannes, ein ortsunabhängiges Leben zu führen. In seinem Werk gibt Ferris seinen Lesern zahlreiche Tools und Tipps an die Hand, um sich ein Leben abseits des Großraumbüros aufzubauen. In Johannes' Fall war es die perfekte Inspiration, um sich mit einem Online-Business ein zweites Standbein neben seinem Job in der Tourismusbranche aufzubauen.

Alexander Kral, CEO & Co-Founder @Suck My Shirt
https://www.skmst.de/

Start-up Hack:
Mit Crowdfunding zum Startkapital und einer loyalen Community

Hack Level: Pro

Wie haben Alex und seine Mitgründer es gemacht?

Die Crowdfunding-Kampagne für Suck My Shirt (kurz SKMST) war der Kick-off für ihr heute erfolgreiches Modeunternehmen und der beste Push, den sie sich vorstellen konnten. Zum damaligen Zeitpunkt waren sich die Gründer nicht sicher, ob ihre Idee eines Modelabels mit Heimatbezug auf die Stadt München funktionieren könnte oder ob das Ganze einfach nur ein Hirngespinst war, das sie im Kopf hatten. Aus diesem Grund entschieden sie sich für eine Crowdfunding-Kampagne, bei der sie ihre Idee zu Suck My Shirt vorstellen und das Startkapital für ihre Firma einsammeln wollten. Erste Muster, Fotos und Videos wurden erstellt, um eine professionelle Präsentation ihres Babys zu ermöglichen und so viele Unterstützer wie nur möglich zu überzeugen. Sie hatten ganze 30 Tage Zeit, um 10.000 Euro Kapital von der Crowd einzusammeln, das sie für die erste Produktion, ihren Online-Shop, Versandkartons etc. einsetzen wollten. Ihr Ziel sollte am Ende übertroffen werden, denn sie konnten ganze 15.000 Euro einsammeln. Genau genommen wurden Vorbestellungen im Wert von 15.000 Euro von neuen Kunden generiert, ohne dass die noch junge Firma ihre Produkte überhaupt produziert hatte. »Krass, das scheint zu funktionieren. Die Leute haben wirklich Interesse an unserer Idee!«, dachte sich Alex damals. Dies war der nötige Aha-Moment für die Gründer, da sie durch dieses positive Feedback und die erfolgreiche Crowdfunding-Kampagne den nötigen Mut für alles Weitere sammeln konnten.

Die Unterstützer von damals sind nach wie vor treue Kunden von Suck My Shirt, weil sie das Gefühl haben, Teil des Projekts zu sein und weil sie den Gründern geholfen haben, das Projekt überhaupt umzusetzen. Dadurch konnte Suck My Shirt sehr schnell eine erste loyale Community aufbauen, deren Mitglieder die Marke feiern und auch an ihre Freunde weiterempfehlen. Die Gründer wissen bis heute, wie wichtig diese ersten Supporter für ihre Firma waren, deshalb versuchen sie so oft wie möglich, etwas an ihre treuesten Fans zurückzugeben. Zuletzt an Weihnachten 2018, als sie eine Überraschungsbox mit einem T-Shirt und einer Grußkarte an ihre Supporter der ersten Stunden verschickt haben. Diese haben sich natürlich extrem über die Wertschätzung gefreut und ihre »Unboxing«-Videos fleißig auf ihren Social-Media-Accounts geteilt. Das war ein doppelter Erfolg für Suck My Shirt, denn dadurch erhielten sie zusätzliche Reichweite und Sympathie für ihre Marke.

Natürlich hätten die Gründer damals auch einfach selbst 10.000 Euro in die Hand nehmen können, um ihr Unternehmen zu starten. Doch dies wäre mit einem extrem großen Risiko für die noch jungen Unternehmer verbunden gewesen. Ihr Wohnzimmer wäre voller Ware gewesen, für die sie noch keine klar definierte Zielgruppe gehabt hätten. Durch das Crowdfunding aber wussten sie genau, wie ihre Zielgruppe aussieht, was ihre Interessen, Vorlieben etc. sind und konnten darauf basierend ihren Wunschkunden definieren. Alleine der Marketingeffekt des Crowdfundings war für Suck My Shirt von so unschätzbar großem Wert, dass die Gründer diese Art der Finanzierung immer wieder durchführten. Den größten Stellenwert weist Alex der Mund-zu-Mund-Propaganda zu, weil die Teilnehmer selbstständig und im eigenen Interesse die Kampagne weiterempfehlen und mit ihren Freunden teilen. Der Grund hierfür ist, dass sie sich selbst als Teil der Marke sehen und stolz darauf sind, zum »Team« zu gehören. Als ihre Kampagne bei ca. 7.000 Euro stand – es fehlten noch 3.000 Euro für das Kampagnenziel von 10.000 Euro – merkten die Gründer, wie stark so ein Push durch die Community sein kann. Der Wunsch nach den Shirts war so groß, dass die Unterstützer alle Kräfte mobilisierten und wie verrückt die Kampagne von SKMST über ihre sozialen Netzwerke teilten, da sie bereits ihr eigenes Geld investiert hatten und den Launch unbedingt wollten. So konnte SKMST Menschen erreichen, die sie selbst mit einem hohen Marketingbudget wahrscheinlich nicht erreicht hätten. Zu diesem Zeitpunkt war das Crowdfunding von Suck My Shirt eine der erfolgreichsten Kampagnen im Bereich Mode auf der Crowdfunding-Plattform Startnext.

Heute betreiben die Jungs von SKMST neben ihrem Online-Shop einen sehr erfolgreichen Store in der Münchner Innenstadt, den sie wie ihr eigenes Wohnzimmer eingerichtet haben und dort auch ihre Kunden empfangen. Das wirklich Bemerkenswerte ist: Sie pflegen einen extrem nahen und freundschaftlichen Kontakt zu ihren Kunden und behandeln diese wie ihre besten Kumpels. Neben einem Kicker, mit dem täglich Rabatte ausgespielt werden, steht eine PlayStation zur Verfügung. Via Social Media – insgesamt haben sie hier eine Reichweite von mehr als 100.000 Followern – rufen Alex und seine Mitgründer immer wieder dazu auf, im Store vorbeizukommen und sie bei diversen Videospielen herauszufordern. Diese Strategie ergänzt grandios ihr Online-Business, da die Marke dadurch ein Gesicht bekommt und sich extrem nahbar für die Kunden anfühlt. Genauso, als ob man von seinem besten Kumpel ein T-Shirt kaufen würde.

10 Tipps für deine erfolgreiche Crowdfunding-Kampagne

Bevor wir mit den Tipps loslegen, müssen wir noch kurz erklären, für wen sich denn eigentlich eine Schwarmfinanzierung (der englische Begriff Crowdfunding hört sich wesentlich cooler an) eignet und welche Plattform die richtige Plattform für dich ist. Bei der Wahl der Plattform ist es wichtig, Faktoren wie Zielgruppenfit und Ausrichtung der Plattform (regional oder international) zu berücksichtigen. Denn alleine die Wahl der Plattform kann das Projekt bereits positiv oder sogar negativ beeinflussen. Eine gewissenhafte Recherche legt an dieser Stelle das richtige Fundament für dein erfolgreiches Crowdfunding-Projekt.

Crowdfunding eignet sich am Ende für jeden, der eine Finanzierung für ein neues Projekt oder Produkt sucht und nicht über einen klassischen Weg wie einen Bankkredit oder Risikokapital durch einen Kapitalgeber (Venture Capital) gehen möchte. Ein zusätzlicher Bonuspunkt für diese Art der Kapitalbeschaffung ist der frühe Aufbau einer Brand Community, denn die Unterstützer haben schnell das Gefühl, ein wichtiger Teil des Brands zu sein. Denn ohne ihren frühen Support würde es das Produkt oder die Marke nicht geben. Dies führt zu einem starken Zugehörigkeitsgefühl und bringt auch starke Fürsprecher hervor. Nicht zu vergessen ist die Möglichkeit des Testings, die sich durch das Crowdfunding ergibt. Ohne Kapital zu investieren kann man mit einer Idee an den Start gehen und diese ohne großes Risiko live am Markt testen. Kommt die Idee gut bei der Crowd an, hast du den richtigen Nerv getroffen und bereits deine ersten echten Kunden und Fans gewonnen, bevor das Produkt überhaupt marktreif ist oder fertiggestellt wurde. Der Traum eines jeden Marketers. Extrem wichtig für jede Crowdfunding-Kampagne ist es, einen Mehrwert beziehungsweise ein passendes Dankeschön für die Unterstützer anzubieten. Die Möglichkeiten sind hier sehr flexibel und hängen stark vom Produkt/Projekt ab, das finanziert werden soll. Im Falle von SKMST war das Dankeschön (der Mehrwert) ein T-Shirt.

1. Verwende ein Video für deine Crowdfunding-Landingpage

»Ein gut produziertes Video ist absolute Pflicht für eine erfolgreiche Crowdfunding-Kampagne. Ohne Video stehen die Chancen relativ schlecht, dass die Kampagne am Ende erfolgreich wird«, sagt Alexander. Die Aufmerksamkeitsspanne der Internet-User von heute ist relativ gering, lange Texte werden kaum mehr gelesen, Video-Content dafür umso mehr konsumiert. Hole dir die Aufmerksamkeit deshalb über ein Video.

Das Video ist direkt auf der Startseite im sichtbaren Bereich eingebunden und somit das Erste, was ein interessierter Nutzer sieht. Hier hast du die Chance, die möglichen Unterstützer ins Boot zu holen und emotional zu binden. Das Video sollte primär dafür genutzt werden, das Team hinter der Idee vorzustellen, die Entstehungsstory zu erzählen und natürlich das Produkt vorzustellen. In erster Linie aber, so Alexander, unterstützen die Menschen vor allem die Gründer hinter dem Projekt, weil sie mit ihnen sympathisieren und das Vorhaben unterstützen möchten. Genau aus diesem Grund ist es extrem wichtig, ein hochwertiges Video mit gutem Bild und Ton zu produzieren. Hierfür ist keine Hollywood-Produktion nötig, es sollte aber darauf geachtet werden, dass das Video an sich eine gute Qualität aufweist. Alexander rät an dieser Stelle, sich sympathisch zu präsentieren und zu erklären, warum man das Projekt machen möchte und warum es sinnvoll ist, genau dieses Projekt zu unterstützen. Durch das Video schafft man eine erste Vertrauensbasis bei der Community, denn die User kennen weder die Initiatoren noch das Projekt. Ohne Vertrauen wird es relativ schwierig, den Zuschauer dazu zu bewegen, den »Jetzt unterstützen«-Button anzuklicken. Überzeuge die Crowd von dir und deinem Projekt, dann hast du ihr Vertrauen und am Ende auch ihre Unterstützung. In dem Video soll die Reise von der Entstehung der Idee bis hin zum ersten Prototypen und zur Vision aufgezeigt werden. Bring so viele Emotionen wie möglich hinein, bleibe authentisch, personalisiere das Video und lasse den Zuschauer hinter die Kulissen blicken. Denn am Ende kann ein gut gemachtes Crowdfunding-Video auch viral gehen und dadurch eine noch größere Masse an Menschen erreichen. Ein Video kann, wenn du diese Tipps beachtest (plus ein Quäntchen Glück) durch die Decke gehen und einen wesentlichen Beitrag zum Erfolg deines Projekts leisten.

2. Weitere wichtige Elemente auf deiner Landingpage

Neben dem Video ist natürlich Text und Bildmaterial von Bedeutung. Erkläre durch einen gut geschriebenen Text, der authentisch wirkt und zu deinem Projekt passt, was die einzelnen Schritte in deinem Crowdfunding-Plan sind. Was passiert vor allem nach der erfolgreichen Finanzierung? Wann erhalten die Unterstützer ihre Belohnungen? Du merkst, es gibt hier einiges zu beachten. Sieh dir hierzu am besten Beispiele anderer erfolgreicher Kampagnen an (das gilt ebenso für das Video). Bereite den Inhalt gut konsumierbar für das Auge auf. Füge immer wieder Grafiken ein, um einen guten Lesefluss zu ermöglichen. Alexander rät auch dazu, zusätzlich zur Website bei der Crowdfunding-Plattform deines Vertrauens eine eigene Landingpage zu erstellen. Binde hier die Möglichkeit einer Newsletter-Registrierung ein, verlinke die Kampagne und deine Social-Media-Profile. Dadurch können die User mehr Infos abgreifen und noch tiefer in die Welt deines Projekts einsteigen, zum Beispiel, indem du immer wieder Videos und Bilder via Instagram zum weiteren Verlauf des Projektes postest.

3. So bringst du deine Kampagne erfolgreich zum Laufen

Auf keinen Fall solltest du dich hier auf die Crowdfunding-Plattform verlassen. Die Plattform stellt zwar die technische Möglichkeit, das Crowdfunding zu erstellen, kümmert sich aber nicht aktiv um die Verbreitung des Projekts. Dies muss durch dich, den Initiator des Projekts, geschehen. Mobilisiere im Vorfeld dein komplettes eigenes Netzwerk und versuche so viele Unterstützter wie nur möglich zu gewinnen. Facebook, Instagram, E-Mail-Kontakte, dein komplettes Adressbuch im Mobiltelefon – versuche wirklich an alles zu denken. Der Grund hierfür ist folgender: Du solltest relativ schnell die ersten 20 Prozent deiner gewünschten Finanzierungsumme erreichen, denn dadurch gewinnst du das wichtige Vertrauen eines neuen potenziellen Unterstützers, der das erste Mal von deinem Projekt hört und sich deine Projektseite ansieht. Sieht er, dass bereits einige Leute an das Projekt glauben und es unterstützen, ist die Möglichkeit größer, dass er nachzieht und sich anschließt. Versuche deshalb alle Menschen in deinem Umfeld so schnell wie möglich von deinem Projekt zu überzeugen, damit du ihre Unterstützung erhältst. Und wenn es am Ende auch nur die Family-and-Friends-Fraktion ist, von der du eine Unterstützung erhältst. Im Idealfall, so geschehen bei Suck My Shirt, trägt sich die Kampagne irgendwann von alleine, weil das eigene, mobilisierte Netzwerk es wiederum weiter in sein Netzwerk trägt und sich daraus ein Mundpropaganda-Effekt ergibt. Das wäre der Best Case für dich.

4. Lege ein realistisches Finanzierungsziel fest

Klar, eine Million Euro einzusammeln wäre schon ziemlich cool, ist aber in den meisten Fällen eher unrealistisch und nicht zielführend. Solltest du dein Kampagnenziel nicht erreichen, bekommst du keinen einzigen Cent und die ganze Arbeit war umsonst. Wäre doch ziemlich schade, oder? Mache dir deshalb im Vorfeld realistische Gedanken zu deiner Zielgruppe und wie groß diese in deinem Zielland ist. Alles oder nichts, das ist das Prinzip bei Crowdfunding.

5. Wann du mit der PR für dein Projekt starten solltest

Es gibt einen Kapitalfehler, den du unbedingt vermeiden solltest. Viele tolle Projekte und Produkte wurden aufgrund dieses einen Fehlers nicht finanziert und haben nie das Licht der Welt erblickt. Es blieb bei einem Prototypen, viel investierter Zeit und oft auch Tränen. Ahnst du schon, woran es lag? Ich gebe dir einen Tipp, den du dir jetzt ganz tief einprägen solltest, wenn du demnächst ein Crowdfunding starten möchtest: **Starte so früh wie möglich mit deiner Öffentlichkeitsarbeit (PR).** Auch wenn dein Projekt noch nicht live ist, macht das überhaupt nichts. Kontaktiere passende Blogs, Magazine, Tageszeitungen, Influencer etc., die von deiner Zielgruppe konsumiert werden und stelle deine Idee vor. Warum? Weil Journalisten und Blogger immer einen gewissen Vorlauf haben, den du einplanen musst. Eventuell passt deine Story gerade nicht in ihren Redaktionsplan, in zwei oder drei Wochen aber schon. Kontaktiere diese Menschen immer mit dem Mindset, dass sie Stories wie deine brauchen, um ihren Lesern etwas Aktuelles und vielleicht auch mal Exotisches anzubieten. Bereite die nötigen Pressekits mit Fotos, Texten, Video, Starttermin vor und mache es Journalisten so einfach wie nur möglich, über dein Projekt zu berichten. Alexanders Expertentipp ist hier, einzelne Phasen für deine PR-Strategie einzuplanen, sodass nicht alles auf einmal veröffentlicht wird, sondern über einen längeren Zeitraum immer wieder Häppchen publiziert werden können. So bleibst du im Gespräch und erhältst nicht nur zum Start eine große Aufmerksamkeit, die möglicherweise schnell wieder verpuffen könnte. Am Anfang eines erfolgreichen Crowdfundings erscheinen beispielsweise ein bis zwei Artikel in Tageszeitungen, später folgen ein paar Beiträge auf reichweitenstarken Blogs und am Ende wird noch ein Interview in einem Podcast oder bei einem großen YouTube-Channel veröffentlicht. Plane hierfür mindestens ein bis zwei Monate Vorlauf ein, bevor deine Kampagne startet. »Zu früh zu starten ist aber auch nicht smart«, so Alexander. Er war relativ früh mit der *Bild*-Zeitung in Kontakt – ca. drei oder vier Monate im Vorfeld – und wusste zu diesem Zeitpunkt bereits, dass er und seine Mitgründer ihr Crowdfunding realisieren werden. Im Gespräch mit der Redakteurin stellte sich heraus, dass seitens der *Bild* großes Interesse an einem Artikel bestand. Prompt kam auch der Artikel, nur leider drei Monate bevor das Crowdfunding überhaupt gestartet wurde oder eine Webseite zum Projekt online war. Die ganze Aufmerksamkeit und der wunderbare Traffic verpufften dadurch leider im Nichts.

6. Die perfekte Laufzeit für dein Crowdfunding-Projekt

»Die ideale Laufzeit für ein Crowdfunding sind 30 – 40 Tage«, sagt Alexander. Dies hat seine Recherche zu einer Vielzahl anderer, erfolgreicher Projekte ergeben. Länger sollte die Laufzeit nicht sein, außer man hat einen richtig guten Grund, warum eine Kampagne beispielsweise 90 Tage laufen sollte. Schau dir andere Projekte oder Firmen an, die ein ähnliches Produkt haben. Waren diese Projekte erfolgreich? Wenn ja, welche Laufzeit hatten sie für ihr Projekt gewählt? Analysiere die Konkurrenz und treffe dann eine Entscheidung, welche genaue Laufzeit du für dein Projekt wählst. Eine pauschale Aussage zu treffen, ist hier schwierig.

Ein wichtiger Punkt ist aber auf jeden Fall zu beachten: Die ersten Supporter, die bereits am Anfang ein Projekt unterstützen, müssen mehrere Monate warten, ob die Finanzierung erfolgreich war oder nicht. Außerdem dauert die Herstellung des Produkts dann auch nochmal einige Zeit, dadurch vergrößert sich die Wartezeit für die Supporter der ersten Stunde nochmals enorm. Die Herausforderung hierbei ist, die Menschen in dieser Zeit bei der Stange zu halten, indem man sie immer wieder durch Updates auf den neuesten Stand der Dinge bringt. »Am besten gibst du deinen Unterstützern täglich neue Infos an die Hand, um sie bei Laune zu halten und zu zeigen, dass hier etwas passiert. Sie müssen weiterhin das Vertrauen in das Team haben und motiviert werden, mitzumachen, um dadurch ihre Freunde und Bekannten ins Boot zu holen.« Deshalb ist der Arbeitsaufwand hier nicht zu unterschätzen, denn in diesen 40 Tagen musst du dir somit auch 40 Themen für deine Community überlegen, die du postest. Wie sieht die Versandstraße aus, wie sieht die Verpackung für die Produkte aus, wie ist das Feedback der Community zum Design der Versandkartons? Nutze diese Zeit und hole deine Community in dein Team, lasse sie Teil von der Entstehung deines Produktes werden und hole ihre Meinung ein.

7. Das perfekte Finanzierungsziel festlegen

Der absolute Super-Gau, der für dein Crowdfunding-Projekt eintreten könnte, wäre, das Finanzierungsziel nicht zu erreichen. »Setze dir realistische Ziele«, so Alexander. Du musst im Vorfeld wissen, was dich ein Produkt in der Herstellung kostet. Was für Kosten kommen auf dich zu, wenn du die Produkte an deine Unterstützer dann auch tatsächlich auslieferst. Achte hier auch auf die Kosten, die zusätzlich entstehen, wie zum Beispiel Versandkosten. Deine Produkte müssen ja auch verschickt werden. Das hat schon so manchen Initiatoren eines Crowdfunding-Projekts schlaflose Nächste beschert, denn auf einmal war das Projekt nicht mehr rentabel oder zumindest am Break-even-Point angelangt (der Punkt, an dem die Produktionskosten genauso hoch wie der Gewinn sind), sondern es machte Verluste. Versuche wirklich alle Kosten zu berücksichtigen, die mit deinem Produkt oder Projekt in Verbindung stehen. Sobald du diese kalkuliert hast, weißt du ungefähr, welche Höhe die Finanzierungssumme betragen sollte und was das Minimum hierfür sein sollte. Treffe jetzt eine realistische

Einschätzung, ob deine Crowd auch in der Lage ist, dieses Finanzierungsziel zu erreichen. Wenn dein Projekt so überzeugend ist und du sicher bist, so viele Menschen mobilisieren zu können, die es am Ende auch unterstützen, ist die Möglichkeit sehr hoch, dein Minimalziel zu erreichen. Dann kannst du das Finanzierungsziel noch etwas erhöhen, damit etwas Puffer vorhanden ist, solltest du doch etwas nicht berücksichtigt haben. Im Falle von Suck My Shirt war es so, dass das Finanzierungsziel 10.000 Euro betrug, darin waren der Online-Shop, Versandkosten, Versandkartons und die Produkte einkalkuliert. Anstelle von 10.000 Euro erreichten sie mit ihrem Crowdfunding sogar eine Summe von 15.000 Euro, dadurch war ein Großteil der nächsten T-Shirt-Produktion gesichert und der Druck etwas vermindert. Zusätzlich gibt es bei einigen Crowdfunding-Plattformen die Möglichkeit, mehrere Steps innerhalb des Finanzierungsziels einzurichten. Das heißt, du definierst das Minimum für die Kampagne, welches unbedingt erreicht werden muss, um die Basisversion deines Produkts zu produzieren, beispielsweise ein T-Shirt in einer Farbe mit einem Motiv. Nun gibt es die Möglichkeit, ein zweites Ziel, zum Beispiel bei 12.000 Euro einzurichten. Sobald dieses erreicht ist, wäre das Shirt dann auch in mehreren Farben und Designs erhältlich. Dadurch bietest du einen zusätzlichen Anreiz, über das Minimalziel hinauszugehen und das Projekt eventuell mit einer höheren Summe zu unterstützen, weil ein Supporter gerne die zweite Version des Produktes hätte.

8. Finanzierungsziel verpasst? Nutze dein Crowdfunding als Testversuch

In Alexanders Augen wäre eine Verfehlung deines Finanzierungsziels zwar schade, aber keine totale Katastrophe. Durch das Crowdfunding ist nämlich ein gezieltes Testing einen Marktes möglich, bevor du mit voller Power hineingehst. Natürlich gibt es auch andere und wahrscheinlich weniger zeitaufwendige Möglichkeiten des Testens (zum Beispiel über das Einrichten einer Landingpage inklusive Vorbestellungsfunktion deines Produkts), aber deine Zeit wäre dennoch auf keinen Fall verschwendet und du solltest dies nicht als Niederlage wahrnehmen. Du erhältst durch das Crowdfunding wertvolle Daten, welche du für die Weiterentwicklung deines Produktes verwenden kannst. Vor allem nimmt es dir das große Risiko der Vorfinanzierung deines Projektes, ohne zu wissen, ob überhaupt eine Nachfrage bei deiner Zielgruppe besteht. »Ohne unser Crowdfunding-Projekt hätten wir ein großes Investment in die Produktion tätigen müssen, ohne zu wissen, ob wir die T-Shirts überhaupt am Ende dann auch verkaufen können. Das wäre eine wirklich ungünstige Situation für uns gewesen, da das Geld an eine Ware gebunden gewesen wäre und wir möglicherweise keine Kunden gehabt hätten. Mit einem gescheiterten Crowdfunding-Projekt lässt es sich gut leben, denn man hat sofort das Feedback der Leute und kann direkt daraus lernen und eine neue Kampagne starten.«

9. Die richtigen Belohnungen entwickeln

Orientiere dich hier stark an deiner Zielgruppe. Wie viel Geld haben sie zur Verfügung, das sie maximal in dein Projekt investieren könnten? Der durchschnittliche Investitionsbetrag pro Person bei einem Crowdfunding liegt laut Alexander bei ca. 25 Euro. Auch wenn dein Produkt bei mehreren 100 Euro liegt, solltest du deinen Unterstützern die Möglichkeit bieten, für diesen kleineren Betrag in dein Projekt investieren zu können. Wenn zum Beispiel eine Outdoor-Jacke für 300 Euro angeboten wird, sollte auch eine Belohnung in der Höhe des durchschnittlichen Investitionsbetrages verfügbar sein. Würde nur die Jacke als Belohnung angeboten werden, könnte die relativ hohe Investitionssumme dazu führen, dass viel weniger Menschen Geld für ein Projekt geben, da sie die hohe Summe abschreckt und die Hürde erst einmal zu hoch ist, in dein Produkt zu investieren, da sie weder die Firma noch das Team wirklich kennen. Biete den Menschen die Möglichkeit an, auch zu investieren, ohne dass sie am Ende das finale Produkt kaufen müssen. Dies wird möglich, indem zusätzliche Belohnungen entwickelt werden, die bereits zu einer viel niedrigeren Investitionssumme zu haben sind. Dadurch wird die Hürde gesenkt und den Menschen die Angst genommen, ihr Geld in das falsche Produkt zu stecken. »Es gibt viele Projekte, bei denen man das Produkt nicht brauchen kann, aber die Menschen dahinter unterstützen möchte, weil sie einem sehr sympathisch sind«, sagt Alexander. Das schlägt am Ende natürlich nur mit einem geringeren Betrag von beispielsweise 10 Euro zu Buche, summiert sich aber am Ende und kann einen relativ großen Anteil am Gesamtbetrag ausmachen. Auch kann es sinnvoll sein, sogenannte »Early-Bird-Pakete« zu schnüren, wenn das Produkt eher im niedrigeren Preissegment liegt, die Leute aber trotzdem animiert werden sollen, schnell zu investieren. Alexander und sein Team entwickelten hierfür verschiedene Pakete, die sie für eine begrenzte Anzahl an Unterstützern zu einem reduzierten Preis anboten. Dadurch schafft man relativ schnell die Hürde der magischen 20-Prozent-Finanzierungssumme, die besonders am Anfang wichtig ist, um das Vertrauen der Community zu erhalten. Richte eine Staffelung pro Belohnung ein, die sich von kleinen Beträgen wie 5 Euro, 25 Euro, 50 Euro zu höheren Beträgen wie zum Beispiel 100 Euro, 250 Euro oder 500 Euro steigert und dadurch eine hohe Anzahl an Menschen erreicht. Auch hochpreisige VIP-Belohnungen sind laut Alexander sehr beliebt, diese sollten dann aber sehr exklusiv sein, nur einmalig erhältlich und dem Unterstützer einen großen Mehrwert bieten. Wird zum Beispiel ein Spielfilm geplant, kann einem VIP-Unterstützer die prominente Erwähnung im Abspann angeboten werden.

10. Die richtige Kommunikation mit deinen Unterstützern nach einer erfolgreichen Finanzierung

Damit das Ganze nicht im Sande verläuft und die Unterstützer sich nicht im Stich gelassen fühlen, geht es direkt nach der erfolgreichen Finanzierung weiter mit der Kommunikation. Die Kunden sind nun heiß auf das Produkt, welches sie mit ihrem eigenen Geld unterstützt haben und wollen dieses natürlich schnellstmöglich erhalten. »Sich nicht direkt nach der erfolgreichen Kampagne bei seinen Kunden zu melden, ist ungefähr das Schlimmste, was du machen kannst«, betont Alexander. Es sollte unbedingt verhindert werden, ein komisches Gefühl bei der Community aufkommen zu lassen, denn ihr Vertrauen in dein Produkt ist einer der wichtigsten Punkte, den man als Firma haben kann. Kommuniziere offen deinen Zeitplan, wie es nun mit dem Projekt weitergeht. Wie ist der Stand der Produktion, wann können sie mit der Versendung des Produktes rechnen. All das interessiert deine Community natürlich brennend. Halte sie also via E-Mail oder Social Media auf dem Laufenden.

Alexanders größter Fuckup

Noch bevor das Crowdfunding für ihr Label startete, verwaltete Alexander eine Facebook-Fanpage mit knapp 300 Fans, die zum größten Teil aus Freunden bestand. Alex hatte eine Idee zu einem Beitrag, den er veröffentlichen wollte, nur fehlte ihm das passende Bild. Im Internet wurde er fündig und das passende Bild mit einer Frau im Dirndl auf dem Oktoberfest war gefunden. Er nutzte ein Tool zur Bildbearbeitung und schnitt der Frau den Kopf auf dem Bild ab, sodass man nur noch den Oberkörper inklusive Dekolleté sehen konnte. Darüber positionierte er den Schriftzug »Prost!«. Es gab nichts anderes. Auch keinen Plan, was aus diesem Konzept werden sollte. Eine Woche später, nachdem der Beitrag auf Facebook gepostet wurde, kam ein Brief von einem

Anwalt bei Alexander an. Alexander öffnete den Brief und als er diesen zu lesen begann, konnte er seinen Augen kaum glauben. Aufgrund von Bildrechtsverletzungen forderte der Anwalt ihn auf, 25.000 Euro Strafe zu zahlen. Alexanders Gedanken wanderten sofort zu seinen Mitgründern, die alle erst vor Kurzem in eine gemeinsame Wohnung gezogen waren. Die Freunde hatten ihr komplettes Geld in die Renovierung der neuen Wohngemeinschaft gesteckt, waren sozusagen blank bis auf die Unterhosen. Der Traum vom eigenen Modelabel schien in diesem Moment zu platzen, die angehenden Gründer waren am Boden zerstört. Aber Alex wäre kein echter Gründer, wenn er sich von so einem Zwischenfall hätte entmutigen lassen. Er badete einen halben Tag in Selbstmitleid, stand auf und sagte sich: »Jetzt erst recht, mit mir nicht. Meinen Traum lasse ich mir von niemandem nehmen. Das hole ich mir doppelt und dreifach wieder zurück.« Die Jungs haben daraufhin ihren kompletten Mut zusammengenommen und richtig auf die Tube gedrückt. Das Geld mussten sie am Ende zahlen, nutzten diesen Fuckup aber als Motivation, um ihr Label so schnell wie möglich zu starten. Im Nachhinein ist Alexander sogar dankbar für den Zwischenfall, da er dadurch zum richtigen Zeitpunkt etwas Wichtiges gelernt hatte.

Wie Suck My Shirt gegründet wurde

Die Jungs hatten nie vor, ein Modelabel zu gründen. Es war eher so, dass alle vier Gründer einen relativ langweiligen Bürojob hatten und aus diesem Alltag ausbrechen wollten. Der eine oder andere kann sich an dieser Stelle bestimmt mit Alex und dem Rest der Suck-My-Shirt-Bande identifizieren. Sie waren geistig einfach nicht genug gefordert und wollten wieder etwas machen, was sie antrieb und in dem sie eine Erfüllung finden konnten. Alle Gründer kommen aus München und lieben die Stadt von ganzem Herzen. So entstand das ganze Thema mit dem Heimatbezug zur Stadt

München, der für Suck My Shirt von Anfang an zur DNA des Labels gehörte.

Sie erkannten eine Marktlücke, denn bis zu diesem Zeitpunkt gab es noch kein Modelabel auf dem bayerischen Modemarkt, dass sich zu 100 Prozent mit dem Münchner Lebensgefühl beschäftigte, hochwertige Designs hatte und gute Schnitte aufweisen konnte. Ab diesem Zeitpunkt waren sich die Gründer sicher, auf ein Projekt mit Potenzial gestoßen zu sein, das sie motivierte und antrieb. Bevor es jedoch mit Suck My Shirt so richtig losging, engagierten sich die Gründer zuerst einmal im sozialen Umfeld, da sie der Stadt etwas zurückgeben wollten. Sie organisierten eine Spendenaktion für ein Münchner Waisenhaus, die am Ende viele Unterstützer aus der Wirtschaft gewinnen konnte, wie zum Beispiel einen Freizeitpark, der den Kindern freien Eintritt gewährte oder ein großes Münchner Kino, welches die Kinder immer kostenlos besuchen durften. Während dieses Projekts merkten sie, dass sie zusammen gut funktionierten und ein super Team abgaben. Dass sich dann am Ende ein T-Shirt, beziehungsweise Mode-Brand daraus entwickelte, war laut Alex reiner Zufall. Einer der Mitgründer hat einen Onkel in der Türkei, der eine Textilfabrik führt. So kam dann eins zum anderen und die Jungs gingen auf ihren ersten Trip in die Türkei, um sich die Fabrik mal näher anzusehen.

Alexanders Ratschlag für angehende Start-up-Unternehmer

>>*Einfach machen. Das ist am Anfang das Wichtigste.*<<

– Alexander Kral

Lass dich nicht von deiner Idee abbringen. Höre aber auf dein Umfeld, besonders, wenn Ratschläge von Leuten kommen, die selbst

Erfahrung im Umsetzen von eigenen Ideen haben. Diese Menschen geben dir extrem wertvolles Feedback. Der größte Fehler, den du machen kannst, ist deine Idee nur für dich zu behalten, weil du denkst, sie wird dir geklaut. Teile dein Vorhaben mit anderen Unternehmern, hier wirst du sehr wertvolles Feedback erhalten. Egal ob positiv oder negativ, alles bringt dich weiter. Versuche nur nicht auf die »Ich weiß ja nicht, bleib lieber in deiner Festanstellung, ist sicherer«-Menschen zu hören, das bringt dich definitiv nicht weiter. Es raubt dir nur deine Zeit und wirkt sich negativ auf dein Mindset aus. Umgib dich mit positiven Menschen, die in einer vergleichbaren Situation wie du sind oder bereits eine ähnliche erlebt haben. Wenn du selbst an deine Idee glaubst, solltest du diese auch umsetzen. Während des »Machens« merkt man, wie und in welchen Bereichen man sich entwickeln kann und dass man auch mal an Grenzen stößt. Diese gilt es dann zu überwinden. Dadurch trittst du auch aus deiner Komfortzone heraus, kein Unternehmer kann von Anfang an alles. Auch die Gründer von SKMST sind klein gestartet, keiner von ihnen hatte beispielsweise überhaupt mal eine Webseite oder einen Online-Shop erstellt oder ein Produkt entworfen. Gemeinsam sind sie so von Problem zu Problem gestolpert und haben alle Hindernisse zusammen als Team überwunden. Das ist Wachstum durch Machen.

Christine Neder, CEO & Gründerin @Lilies-Diary
https://lilies-diary.com/

Start-up Hack:
Mit Pinterest als Hidden Champion zu massivem Website-Traffic

Hack Level: Pro

Wie hat Christine es gemacht?

Nachdem Facebook wieder mal den Algorithmus änderte, spürte Christine wie so viele Facebook-Seitenbetreiber – wahrscheinlich dich inbegriffen – einen massiven Traffic-Einbruch. Von ihren mehr als 100.000 Facebook-Fans, die zuvor sehr aktiv ihre Beiträge kommentiert, geliket und geklickt hatten, kam ab diesem Zeitpunkt nur noch sehr wenig Interaktion bei ihren Posts an. Der Grund hierfür war die Einschränkung der organischen Reichweite seitens Facebook, um die Seitenbetreiber aktiv zum Schalten von Werbeanzeigen zu bewegen und Werbeumsätze damit zu generieren. Facebook war für Christine immer ein wichtiger Traffic-Kanal, nur jetzt musste sie sich relativ schnell eine neue Lösung einfallen lassen, um das Traffic-Defizit auszugleichen. Über eine befreundete Bloggerin wurde sie auf das Potenzial von Pinterest aufmerksam gemacht, welches in der Marketing-Szene, zum Zeitpunkt der Entstehung dieser Zeilen im Januar 2019, immer noch relativ stiefmütterlich behandelt wurde.

Aber warum sollte Pinterest Christine dabei helfen, das Traffic-Loch, das Facebook verursacht hatte, zu füllen? Die 250 Millionen Menschen, die Pinterest weltweit nutzen (Stand 2018) sind die

Antwort auf diese Frage. Alleine 50 Millionen neue Nutzer konnte das Netzwerk innerhalb der letzten zwölf Monate gewinnen. Experten gehen davon aus, dass ein Großteil der neuen Nutzer von außerhalb der USA stammen und zumindest ein Teil davon aus Europa beziehungsweise Deutschland kommt. Pinterest steht für die Themen Inspiration, Ideen und das Kuratieren von Inhalten, von denen es knapp 175 Milliarden gibt.[2] Hier wird schnell die Dimension bewusst, in der Pinterest unterwegs ist. Dadurch macht die Plattform sich zu einem sehr relevanten Player in der Social-Media-Landschaft. Mittlerweile überholt Pinterest Facebook um ein Vielfaches an Traffic und Christine baut ihre Pinterest-Strategie immer weiter aus, um für einen konstanten Traffic-Rückfluss zu ihrem Reiseblog Lilies Diary zu sorgen. Mehr als 1,4 Millionen Menschen rufen derzeit monatlich das Pinterest-Profil von Christine auf (Stand Januar 2019).

Mein Tipp: Schau dir Pinterest gleich mal näher im Detail an. Hält sich deine Zielgruppe hier auf? Passen deine Inhalte zu den Nutzern von Pinterest? Pinterest bietet vor allem kleinen und mittelständischen Unternehmen viel Potenzial, um ihre Marke sichtbar bei ihrer Zielgruppe zu platzieren. Und nein, es sind nicht nur Frauen auf Pinterest vertreten. Mehr als die Hälfte der neuen Nutzer (bezogen auf das aktuelle Wachstum) sind männlich, wie das Unternehmen auf dem eigenen Firmenblog verlauten lässt[3].

Wie funktioniert Pinterest im Detail?

Über einen Merken-Button können Nutzer Bilder sammeln und diese auf verschiedenen, vorher angelegten Pinnwänden (sogenannte Boards) speichern, die sie zu bestimmten Interessengebieten wie zum Beispiel Kunst, Mode oder Do-it-Yourself-Projekten anlegen. Die Bilder fungieren auch als sogenannte Pins, die auf eine Webseite verlinken, wenn ein Link hinterlegt wurde. Genau hier wird es für dich als Unternehmer oder Marketer spannend:

Jedes Bild (oder Pin), welches sich vom User gemerkt wird, bringt Reichweite für das jeweilige Unternehmen und die hinterlegte Webseite. Um nun von einem Pinterest-User in der Suche gefunden zu werden, sollte unbedingt eine Suchmaschinen-optimierte Bildbeschreibung eingefügt werden, dadurch filtert der Pinterest-Algorithmus die passenden Bilder heraus. Für Bilder, die vom User nicht ausreichend beschrieben wurden, führte Pinterest zusätzlich eine künstliche Intelligenz ein, die nun automatisch Gegenstände und Objekte auf Bildern erkennt und diese dann passend zuordnet. Als Marketer solltest du unbedingt auf die folgenden sechs Tipps achten, wenn du mit deinem Pinterest-Content eine gute Performance und Sichtbarkeit erreichen möchtest:

1. Bild-Content

Ähnlich wie Instagram legt Pinterest viel Wert auf ästhetische und hochwertige Bilder. Versuche also immer Bilder in hoher Auflösung und mit einem entsprechenden Anspruch an Qualität zu posten. Umso höher ist die Chance, dass deine Bilder von anderen Pinterest-Usern gerepinnt und gemerkt werden, was wiederum deine Sichtbarkeit als Unternehmen erhöht.

2. Pinterest-SEO

Das Thema SEO (Suchmaschinenoptimierung) spielt bei Pinterest eine zentrale Rolle, wenn du mit deinem Content punkten möchtest. Dies fängt bereits in der Profilbeschreibung deines Accounts an. Füge hier deine zentralen Keywords ein, die du zuvor in deiner Kommunikationsstrategie festgelegt hast. Christine liefert hier mit ihrem Pinterest-Account »Lilies Diary« (unter https://www.pinterest.de/liliesdiary/) ein super Beispiel: Sie erwähnt direkt in ihrem Usernamen die Keywords »Travel«, »Reisen« und »Inspiration«. Dies führt sie weiter in der Profilbeschreibung aus.

Das Gleiche gilt für die Bildbeschreibung, auf die du großen Wert legen solltest, wenn du es auf die Generierung von Traffic für deine Website abgesehen hast. Verwende hier deine Keywords und Hashtags in Verbindung mit einem passenden, authentischen Text, der dein Bild beschreibt. Dadurch baust du eine echte, nachhaltige Beziehung zu deinen Followern auf.

3. Community-Aufbau

Interagiere mit deinen Interessenten und anderen Unternehmen. Wie jedes andere soziale Netzwerk basiert Pinterest auch auf gegenseitiger Interaktion, um ideale Ergebnisse zu erzielen. Repinne oder teile den Content deiner Follower, schreibe ihnen einen Kommentar unter ihr Bild und vernetze dich dadurch intensiv mit ihnen. Mit dieser Strategie erhöhst du die Chance, dass sie auch deine Bilder auf ihren Pinnwänden teilen werden. So gewinnst du kontinuierlich neue Interessenten und landest in den Suchergebnissen weiter oben.

4. Evergreen-Content

Versuche langlebigen Content zu posten und verzichte dabei auf Bilder, die nur für eine gewisse Zeit aktuell sind. Ein gutes Beispiel für Evergreen-Content ist der Beitrag von Christine zum Thema »London – die besten Insidertipps für Englands Metropole«. Die Inhalte haben eine hohe Relevanz für User, die nach Inspiration für ihren nächsten Städtetrip nach London suchen.

5. Domain- und Nutzerqualität

Verifiziere auf jeden Fall deine Domain bei Pinterest, denn das soziale Netzwerk bewertet ähnlich wie Google die Qualität deiner

Domain. Bietet diese in den Augen von Pinterest einen hohen Nutzen für die User – im Sinne von relevantem Content – vertraut Pinterest dieser Quelle. Der Pinterest-Algorithmus braucht eine Weile, bis er alle nötigen Daten zur Qualität deines Nutzerverhaltens und deiner Follower gesammelt hat. Ähnliches gilt auch für dein Nutzerverhalten. Umso aktiver du bist, also je häufiger du in Interaktion mit dem Content der Pinterest-Community trittst, Bilder postest und kommentierst, desto relevanter stuft dich Pinterest mit deinem Content auch für andere User ein.

6. Rich Pins

Mithilfe von Rich Pins erhalten deine Pinterest-Beiträge mehr Aufmerksamkeit und deine Pins werden verifiziert. Diese Art von Pins enthalten mehr Informationen als normale Pins und Pinterest sammelt zusätzliche Informationen wie deine Metabeschreibung und die Überschrift des Blog-Posts auf deiner Webseite. Durch Rich Pins erhalten Pinterest-User einen direkten Überblick zu den relevanten Inhalten eines Pins und du erhöhst die Chance auf eine größere Reichweite deiner Beiträge. Mithilfe eines zusätzlichen Call-To-Action-Buttons werden die Nutzer animiert, deine Webseite zu besuchen und sich nicht nur den Pin anzusehen. Wichtig: Du benötigst einen Business Account bei Pinterest für die Nutzung von Rich Pins.[4]

Darum solltest auch du Pinterest in deinen Marketing-Mix einbauen

Pinterest ist mehr als ein soziales Netzwerk. Vielmehr ist die Plattform als eine Art Suchmaschine für Bilder zu verstehen, bei der sich Nutzer Inspiration für bestimmte Themen wie zum Beispiel Inneneinrichtung, Reisen oder Mode suchen. Alle Bilder, die du bei Pinterest hochlädst, können wie bereits erwähnt mit

Keywords, Hashtags, einer Bildbeschreibung und einem Backlink zu deiner Website versehen werden. Und genau hier wird es nun interessant. Denn was passiert, wenn wir unsere Bilder perfekt mit allen nötigen Informationen für unsere jeweilige Zielgruppe aufbereiten und bei Pinterest veröffentlichen? Sie werden von unseren gewünschten Kunden/Usern auf Pinterest gefunden. Zusätzlich – und das macht es nun extrem spannend – werden die Bilder auch von Google indexiert und tauchen bei der Bildersuche innerhalb von Google auf. Somit stellt sich Pinterest als ein extrem wertvoller Traffic-Lieferant heraus.

Bonus Hack: SEO-Evergreen-Artikel

Christine ist ein kleiner SEO-Nerd, wie sie sich selbst gerne bezeichnet. Um sich ihr SEO-Wissen anzueignen, besuchte sie bereits zahlreiche SEO-Workshops. Wenn es nicht wieder mal eine Änderung seitens Google gibt, die leider immer wieder in bestimmten Abständen auftreten, gibt es zahlreiche Tipps & Tricks, wie man mit seinem Artikel auf Seite 1 bei Google landen kann, wenn man bestimmte Regeln beachtet. Einer von Christines Tricks ist die ständige Neubearbeitung bestehender Artikel. Laut Christine ist es viel sinnvoller, einen Artikel alle paar Tage neu zu bearbeiten, anstatt immer wieder neue Artikel zu verfassen. Sie hat hierfür eine ziemlich smarte Strategie entwickelt, die es ihr erlaubt, ältere Artikel immer stärker bei Google zu pushen und sich dadurch in den Suchergebnissen nach oben zu arbeiten. Als Tipp solltest du ca. alle drei Tage das erste obere Drittel eines bestimmten Artikels bearbeiten und neuen Content hinzufügen und auch das Datum des Artikels ändern[5]. Im Anschluss postest du diesen Artikel auf deinen verschiedenen Social-Media-Accounts. Dadurch weiß Google, dass dein Artikel immer wieder mit Updates versorgt wird und belohnt dies im besten Falle mit einer guten Platzierung in den Suchergebnissen. Als Beispiel führt Christine ihren Artikel »Amsterdam – Insider Tipps« auf. Mit bestimmten

Tools, wie zum Beispiel Ryte (früher Onpage), analysiert Christine ihre Mitbewerber, die einen ähnlichen Artikel zu Amsterdam in Verbindung mit Insider-Tipps veröffentlicht haben und sieht dadurch, welche anderen Keywords zusätzlich im Artikel verwendet wurden, die sie nun auch in ihren Artikel einbauen kann, um ihr Suchergebnis zu optimieren. Mit keywordtool.io findet Christine ähnliche Long Tail Keywords (ein Keyword, welches aus mehreren, aneinandergereihten Wörtern besteht) aus diesem Bereich in Verbindung mit einem hohen Suchvolumen und geringem Wettbewerb. Das Tool schlägt nach Eingabe eines bestimmten Suchbegriffes andere Wörter vor, die zum Suchbegriff passen und gleichzeitig auch von Internet-Usern zu diesem Thema gesucht werden. Am Beispiel »Amsterdam Insider Tipps« liefert keywordtool.io folgende Vorschläge:

- Amsterdam Insider Tipps Essen

- Amsterdam Insider Tipps Coffeeshop

- Amsterdam Insider Tipps Bars

- Amsterdam Insider Tipps für junge Leute

- …und viele weitere.

Diese Informationen nutzt Christine nun und fügt sie in ihrem Text ein, schreibt einen extra Artikel oder fügt einen Absatz hinzu. Idealerweise erstellst du diesen Artikel in zehn kleinen Absätzen und beginnst am ersten Tag mit dem ersten Absatz. Drei Tage später platzierst du den zweiten Absatz über diesem bestehenden Artikel, bis du am Ende bei den genannten zehn Absätzen angekommen bist.

Wichtig ist auch, immer neuen Content über den bestehenden Artikel hinzuzufügen, nicht darunter. »Die Erneuerung muss immer im ersten Drittel stattfinden. Wenn man diese Taktik so durchzieht, den Content immer wieder auf Social Media teilt, dann schafft man es wirklich, mit seinem Artikel zu einem bestimmten Keyword auf der ersten Seite von Google zu erscheinen.« Den Test hat sie selbst mit dem Artikel »Hamburg im Winter« durchgeführt. Zum Start ihres Tests befand sie sich auf Seite 8 in den Suchergebnissen. Nach einem Monat dann aber kam der große Durchbruch: Ihr Artikel war auf Seite 1 bei Google in den Suchergebnissen aufzufinden. »Es war faszinierend zu sehen, was passiert, wenn man immer wieder dranbleibt und einem Artikel neuen, wertvollen Content hinzufügt.«

Ein weiterer Tipp von Christine lautet: Solltest du mit einem neuen Blog durchstarten, suche dir gute Keywords, die aus mehreren Wörtern bestehen. » ›Amsterdam Insider Tipps‹ ist zum Beispiel besser, als sich nur auf das Keyword ›Amsterdam‹ zu fokussieren, denn die Konkurrenz ist hier bereits schon sehr groß.« Fokussiere dich also auf Long Tail Keywords und nicht auf Short Tail Keywords. Mit dieser Strategie schafft man es immer wieder relativ weit nach oben in den Google-Suchergebnissen. Solltest du für deinen Blog Wordpress benutzen, installiere dir auf jeden Fall das kostenlose Tool »Yoast SEO«. Damit kannst du bereits sehr gut arbeiten und deine Artikel SEO-technisch optimieren. Als zusätzlichen Geheimtipp gibt Christine die Webseite wortliga.de an, mit der man seinen Schreibstil verbessern und auf die gewählten Keywords optimieren kann. »Jeder Schreiberling, der für das Internet schreibt, sollte definitiv Wortliga einen Besuch abstatten. Das Tool zeigt dir knallhart, wo du zu lange Sätze gebildet hast und eventuell unpersönlich schreibst. Mithilfe dieser Website lernt man, richtig gut für das Web zu schreiben. Wenn ich für Magazine schreibe, möchte ich lange Sätze bilden, um dadurch möglichst intelligent zu wirken. Im Grunde muss man aber verstehen, dass, wenn man für das Internet Texte verfasst, viele Hauptsätze verwendet werden sollten, damit der Leser schnell weiterkommt.«

Für die Traffic-Generierung solltest du dich sehr breit aufstellen und verlasse dich auf keinen Fall nur auf eine Traffic-Quelle. Im Fall von Christine war es Facebook, wo der Traffic aufgrund einer Änderung des Algorithmus eingebrochen ist. Versuche, so viele qualitativ hochwertige Traffic-Quellen wie nur möglich aufzubauen, die dich und dein Webprojekt verlässlich mit Traffic versorgen. Nutze die erwähnten SEO-Tools, um deine Keywords und Texte ständig zu analysieren, und optimiere sie dadurch immer weiter. Schreibe Artikel, die du immer wieder updatest und mit neuem Content (im oberen Drittel) versorgst. Deine digitale Marketingstrategie sollte nicht nur aus einer Komponente bestehen, sondern sich aus mehreren zusammensetzen.

Wie der Blog Lilies Diary gegründet wurde

Als studierte Modedesignerin hatte Christine ein Praktikum bei der deutschen *Vogue* absolviert und im Rahmen ihrer Tätigkeit ergab sich die Möglichkeit, für einen Monat lang nach New York in das Korrespondentenbüro der *Vogue* zu gehen. Diesen Monat wollte Christine mit ihrem eigenen Blog begleiten, den sie schon seit langer Zeit zu starten plante, da ihr schon damals das Schreiben sehr viel Spaß bereitete. Gesagt, getan, und Christine startete ihr Projekt Blog. Zu dieser Zeit gab es noch kaum Modeblogger, die es heute ja wie Sand am Meer gibt. »Eine Zeit, die man sich heute kaum mehr vorstellen kann. Fast schon ein bisschen Retro.« Christine durfte auf viele Modeschauen von großen Marken gehen und diese Erlebnisse hat sie natürlich auch in Bild- und Schriftform auf ihrem Blog festgehalten. Zusätzlich kamen zahlreiche Tipps und Sehenswürdigkeiten zu New York hinzu inklusive vieler persönlicher Dinge aus Christines Leben. Während ihres Studiums führte sie den Blog weiter, der am Ende sogar ein Teil ihrer Diplomarbeit wurde. Das Thema Reise – heute eines ihrer wichtigsten Themen – kam erst zu einem späteren Zeitpunkt hinzu. Nach dem Studium durchlief sie eine Vielzahl an weiteren

Praktika in verschiedenen Städten, bis sie für ein weiteres dreimonatiges Praktikum in Berlin landete. Alleine zu wohnen oder eine Wohngemeinschaft kamen für Christine nicht in Frage, da sie hiermit keine guten Erfahrungen in der Vergangenheit gemacht hatte. Auf ihrer letzten Reise lernte sie einen Couchsurfer kennen, der über die Community-Plattform Couchsurfing.com kostenlos bei Einheimischen auf der Couch geschlafen hatte und dadurch viele spannende Menschen kennenlernte. »Das ist es. Ich könnte in Berlin für drei Monate Couchsurfing machen. Ist bestimmt ganz witzig und dabei lerne ich obendrauf noch viele spannende Leute kennen«, dachte sich Christine. Sie verbrachte die folgenden 90 Nächte jeweils auf einer Couch bei einem anderen Gastgeber und begleitete das Ganze auf ihrem Blog. Diese Erfahrungen waren die Grundlage für ihr erstes Buch *90 Nächte, 90 Betten* und brachte sie auch zu ihrem heutigen Kernthema Reisen. Ein Freund von Christine riet ihr damals, mit dem Thema an große Redaktionen und Magazine heranzutreten, um etwas mediale Aufmerksamkeit und Traffic zu erhalten. Sie verschickte Hunderte E-Mails an zahlreiche Info@-Adressen, dann kam das große Ding: Die *Bild* hatte sich auf ihre Nachricht gemeldet und wollte über ihre Couchsurfing-Story einen Bericht drucken. Ihr erster Impuls war: *Bild*, auf keinen Fall. Man kennt ja die reißerischen Überschriften, die dort gerne verwendet wurden. Aber Christine gab dem Ganzen eine Chance und wurde, auch was die Headline betrifft, nicht enttäuscht. Der Artikel »Diese Frau schläft sich durch Berlins Betten« sollte die Grundlage für viele weitere Artikel und Aufmerksamkeit seitens der Medien werden. »Den *Bild*-Artikel zu machen, war damals eine sehr gute und wichtige Entscheidung«, sagt Christine heute.

Direkt nach der Veröffentlichung bei der *Bild* kam *Spiegel Online* auf Christine zu und fragte sie, ob sie eine wöchentliche Kolumne über ihr Projekt bei ihnen machen wolle. »Nach der ersten *Spiegel*-Kolumne waren plötzlich über 3.000 Besucher auf meinem Blog, mein absoluter Rekord zu diesem Zeitpunkt.« Nachdem Christines Buch zu *90 Nächte, 90 Betten* erschien, passierte direkt das nächste Highlight: ein Besuch bei *TV Total*. Dank der Pressearbeit ihres Verlags folgte ein gemeinsamer Auftritt mit Stefan Raab im Fernsehen. Das war damals für Christine wahnsinnig aufregend. Auf der einen Seite hatte sie etwas Bammel, auf der anderen freute sie sich aber auch wahnsinnig über die Chance. Und natürlich, mutig und aufgeschlossen wie sie ist, hat sie auch das durchgezogen. Nach dem Auftritt bei *TV Total* wurden dann aus den 3.000 Besuchern schnell mal 30.000 Besucher und Christine spürte den Effekt, den man durch gute PR-Arbeit erzielen kann.

Bonus PR Hack: als Gastautor Reichweite aufbauen

Wenn du deine Reichweite ausbauen möchtest, aber nicht das nötige Budget zur Verfügung hast, um crazy Marketingmaßnahmen zu starten, empfehle ich dir die Strategie, als Gastautor tätig zu werden. Warum? Weil du dadurch deine Autorität und deinen Expertenstatus in deinem jeweiligen Fachgebiet sofort steigern und zusätzlich Traffic für dein Projekt generieren kannst. Meist ist es so, dass du innerhalb der Texte auch einen Backlink zu deiner Website setzen kannst, der dir nicht nur Traffic bringt, sondern dir auch auf lange Sicht im Google-Ranking helfen wird. Natürlich solltest du dir im Vorfeld Gedanken machen, mit welchen Medien du gerne zusammenarbeiten möchtest. Der Zielgruppen- und Content-Fit muss natürlich an dieser Stelle gegeben sein. Regionale Tageszeitungen, News-Portale, Magazine oder Blogs sind immer auf der Suchen nach aktuellen und oft auch fachspezifischem Content, von dem sie teilweise nur wenig Ahnung haben. Und genau hier kommst du als Experte ins Spiel. Durch deine Tätigkeit als Gastautor lieferst du wichtigen Input und Mehrwert, der anderweitig schwer oder teuer für das jeweilige Portal zu beschaffen wäre. Die Kirsche auf dem Sahnehäubchen: Nach Rücksprache mit den Verantwortlichen kannst du das Logo der Tageszeitung etc. auf deiner Webseite unter »Bekannt aus« einbinden, was wiederum

Vertrauen bei deinen Website-Besuchern und möglichen Neukunden auslöst. Eine absolute Win-win-Situation für alle Beteiligten.

Christines (kleiner) Fuckup

Der Super Fail ist Christine bisher erspart geblieben, was aber nicht heißt, dass sie nicht bereits eine Vielzahl an kleineren Misserfolgen auf ihrer Reise als Unternehmerin erlebt und durchgemacht hat. Ihr letztes größeres internes Projekt, der Launch eines eigenen E-Commerce-Shops, fällt aber definitiv in die Kategorie der kleineren Fails. Entstanden ist das Projekt Online-Shop bei einem ihrer zahlreichen Besuche auf Pinterest, bei dem sie sich Inspiration holte. Hier ist sie immer wieder auf Rucksäcke und andere Artikel gestoßen, die man ihrer Meinung nach als Weltenbummler und Reisesüchtiger unbedingt brauchen würde. Die Produkte waren immer nur in Online-Shops aus den USA erhältlich und somit nur nach einen ziemlich umständlichen Bestell- und Lieferprozess in Deutschland erhältlich. Also dachte sich Christine: »Warum nicht eigene Produkte entwickeln, die in diese Richtung gehen?« Nach intensiver Recherche ist sie auf ein paar Hersteller gestoßen, die genau diese Produkte produzierten. »Jackpot«, dachte Christine, »dann verkaufe ich diese Produkte in meinem eigenen Online-Shop, thematisch passen diese ja eigentlich wunderbar zu meinem Blog.« Christine musste relativ schnell feststellen, dass ein Online-Shop nicht nebenbei aufzubauen ist, sondern viel Aufmerksamkeit benötigt, auch wenn man bereits eine gewisse Reichweite aufgebaut hat. »Vor allem, wenn man sich Produkte von mehreren Herstellern aus verschiedenen Ländern zusammensucht, wie zum Beispiel Rucksäcke aus der Türkei, kann es ganz schnell zu Problemen kommen. Plötzlich musste ich mich um Zollangelegenheiten kümmern oder mit den Herstellern diskutieren, wenn es mal wieder zu Lieferschwierigkeiten oder Problemen bezüglich der Qualität der Produkte kam.« Ganz aufgegeben hat Christine ihren Shop aber noch nicht. Sie betreibt diesen mittlerweile seit knapp zwei

Jahren und hat ihren Ehrgeiz, einen erfolgreichen Umsatzbringer daraus zu generieren, noch nicht aufgegeben.

Was Christine aber immer wieder in ihrem Leben als öffentliche Person zu schaffen macht, sind die Medien. Ein Erlebnis ist Christine hier in Erinnerung geblieben und zwar bei der TV-Sendung eines bekannten Fernsehkanals. Eigentlich ist sie ziemlich sattelfest im Umgang mit den Medien, gefühlt hatte sie ja bereits ein paar Hundert Interviews zu ihren bereits veröffentlichten Büchern *90 Nächte, 90 Betten* und *40 Festivals in 40 Wochen* gegeben. Die Redakteure jener News-Sendung stellten Christine eine Anfrage zum Thema Snapchat und ob sie Lust hätte, dazu einen kleinen Bericht aufzuzeichnen. Christine willigte ein und es folgte ein TV-Dreh, der sich über drei Stunden in ihrer Wohnung in Berlin hinzog. Das Fernsehteam wollte möglichst viele Aufnahmen in unterschiedlichen Räumen von Christine aufnehmen, die sie beim »Snappen« zeigte. Nachdem die Dreharbeiten abgeschlossen waren, wollte sich das Redaktionsteam eigentlich bei Christine melden, bevor der Beitrag im Fernsehen ausgestrahlt werden sollte, doch Christine hörte nichts mehr vom Sender. Bis sie eines Tages von einer guten Freundin den Hinweis bekam, dass sie gerade im TV zu sehen wäre. »Interessant, du bist absolut snapchatsüchtig, hängst sechs Stunden am Handy und dein Freund schämt sich für dich«, sagte die Freundin zu ihr am Telefon. Der Sender hatte aus den Aufnahmen einen Beitrag zusammengeschnitten, der Christine in einem wirklich schlechten und vor allem nicht realen Licht darstellte. Zudem wurde auch noch ohne Quellenangabe ein kurzer Part aus einem YouTube-Video von Christine herausgeschnitten, in dem sie kurz und eher spaßeshalber erwähnte, sie sei total snapchatsüchtig. Und schon war ein Beitrag fertig, der Christine bei Menschen, die sie nicht kannten, in einem völlig falschen Licht darstellte.

Christine hat durch diese Erfahrung etwas Wichtiges gelernt: nämlich nicht allen Menschen – vor allem aus der Medienwelt – grundlos zu vertrauen. Denn wie man sieht, haut einen auch mal »die Mutti mit zwei Kindern, die als Redakteurin beim Fernsehen arbeitet, gerne in die Pfanne«. Mittlerweile hat sich Christine eine dicke Haut angeeignet, wenn es um negative Beiträge, Kommentare oder Erwähnungen in der Presse geht.

Christines Ratschlag für angehende Unternehmer(innen)

»Ehrgeiz und Ausdauer. Viel Fantasie. Denke immer ganz groß und weiß, was du mit deinem Unternehmen erreichen möchtest, auch wenn es anfangs etwas utopisch ist.«

– Christine Neder

Lass dich auf keinen Fall unterkriegen, auch wenn es mal nicht mit einem bestimmten Projekt oder einer Task klappt. Es hilft sehr, optimistisch zu bleiben und keine Furcht vor einem möglichen Misserfolg zu haben. »Bei einer Selbstständigkeit spielt auch immer ein Sicherheitsbedürfnis eine Rolle. Das war auch ein Grund für mich, vor sieben Jahren nach Berlin zu ziehen. Hier wusste ich, dass ich mir die Miete leisten kann, egal was kommt, auch wenn es mit dem Business mal nicht so rund läuft.« Dadurch konnte Christine sich ihr kleines Imperium nach und nach aufbauen, ohne auf Mittel von außen angewiesen zu sein. »Sei auch manchmal auf einem Ohr taub!« Damit meint Christine, nicht immer auf die Stimmen im Freundeskreis zu hören, die sich negativ zu deinem Vorhaben äußern und dich damit runterziehen können. In Christines Fall waren es sehr viele Freunde, die damals zu ihr sagten, der Blog sei kompletter Schwachsinn und sie solle sich doch etwas anderes suchen, das mehr Potenzial hat. Trotzdem hat Christine sich nicht unterkriegen lassen und mit ihrem Blog weitergemacht, der heute zu den größten Reise- und Lifestyle-Blogs im deutschsprachigen Raum zählt.

Christines Buchtipp

Wie vielen Unternehmerinnen fehlt Christine etwas die Zeit zum Lesen. Deshalb ist sie vor einigen Monaten auf Hörbücher ausgewichen. Einer der Titel, der sie stark geprägt und inspiriert hat ist *Fünf Dinge, die Sterbende am meisten bereuen* von Bronnie Ware. »Egal welchen Fuckup man auch im Business hat, wenn man weiß, auf was es im Leben ankommt – Familie, Freunde, Gesundheit – dann ist der Rest eigentlich total egal. Es hilft einem, mit mehr Gelassenheit an das eigene Business heranzugehen, weil am Ende ist es nur ein Business. Hauptsache, man kann von dem Geld leben, und der Rest sollte Spaß machen.«

Robert Kresse, Mindset Coach & Gründer
@ http://robertkresse.de

Start-up Hack:
Mit dem richtigen Mindset die richtigen Kontakte schließen

Hack Level: Pro

Wie hat Robert es gemacht?

»Zu wem möchte ich werden?« Diese Frage stellte sich Robert damals, als er mit seinem Business als Mindset-Coach durchgestartet ist. Eine Liste war hierfür der Startschuss, mit deren Hilfe Robert Auswahlkriterien festhielt, wie er zum Beispiel zukünftig Freunde für sein engstes Netzwerk auswählt. »Du bist der Durchschnitt der fünf Personen, mit denen du die meiste Zeit verbringst.« Dieses Zitat stammte nicht von Robert, aber von dem bekannten Motivationstrainer Jim Rohn (1930 – 2009).[6] Diese Regel ist auch bekannt als »Peer-Group-Effekt«, was zusammengefasst so viel bedeutet, dass sich manche Menschen gegenseitig kopieren und die Verhaltens- und Denkweisen voneinander übernehmen. Das bedeutet am Ende: Man bildet die Schnittmenge von den Personen, mit denen man die meiste Zeit verbringt und von denen man sehr viele Eigenschaften übernimmt, vor allem was das Thema Mindset angeht.

Diesen Ansatz übernahm Robert nun auch auf die Auswahl seiner Klienten – weil er mit diesen teilweise mehr Zeit verbringt als mit seinen Freunden –, um am Ende auch mit den richtigen Menschen zusammenzuarbeiten und nicht mit irgendwelchen

»Deppen«. »Ich will mehr zum Thema Online-Marketing und generell zu Marketing-Themen lernen. Mit wem kann ich arbeiten, um diese Ziel zu erreichen?« Anhand dieser Kriterien wählte Robert nun Unternehmer aus, die in der Szene bekannt für ihre Fähigkeiten im Online-Marketing waren. Zum damaligen Zeitpunkt fiel Roberts Wahl auf Ole Kannapinn, der als Online-Marketing-Experte mit seiner Firma Sport-Starter unter anderem bereits den renommierten Tiger-Award als »Online-Marketer des Jahres 2017« gewinnen konnte. »Zu dem muss ich hin«, dachte sich Robert. Seiner Erfahrung nach ist es immer sehr von Vorteil, sich Menschen zu suchen, die bereits hervorragend vernetzt sind. Für Robert bedeutet das Menschen, die zum Beispiel in speziellen Masterminds unterwegs sind und ein großes Netzwerk an Experten haben. »Wenn ich diesen Menschen dann einen echten Mehrwert liefern kann, was passiert dann? Sie geben das weiter an ihr Netzwerk aus hochkarätigen Unternehmern und erzählen, wer ihnen bei ihren Herausforderungen helfen konnte.« Genau das ist dann auch eingetreten. Robert konnte sich sozusagen durch sein Netzwerk zu seinem jeweiligen Wunschklienten »hochhacken«. »Am Ende war es dann viel einfacher, als ich immer dachte.« Im weiteren Verlauf der Zusammenarbeit konnte er Ole starke Mehrwerte liefern und das für seinen Klienten auch erst mal völlig ohne Risiko, denn als Einstieg bot Robert das Coaching für den ersten Monat komplett kostenlos an. Im Vorfeld hatte er aber klar kommuniziert, dass es sich nach dem ersten kostenlosen Monat um ein hochpreisiges Coaching handelt.

Was hatte Robert mit diesem Ansatz erreicht? Er konnte seinem »Traumkunden« im Vorfeld Mehrwerte liefern, ihn von seinem Können als Coach überzeugen und am Ende als Diamanten in seinem Netzwerk aufnehmen. Und Roberts Plan ging noch weiter auf. Sein Klient Ole war dermaßen überzeugt von Roberts Arbeit, dass er in seiner Mastermind-Gruppe (eine Gruppe aus Experten, die sich zu einem bestimmten Thema austauschen und gegenseitig voneinander lernen) über die Arbeit mit Robert sprach.

Auf Oles Empfehlung hin meldeten sich dann fast alle Teilnehmer seiner Expertengruppe und Robert hatte plötzlich anstelle eines Kunden eine Vielzahl an Traumkunden, die basierend auf einer Empfehlung zu ihm kamen. Diese neuen Kunden sorgten nicht nur für einen guten Umsatz, sondern bereicherten auch sein Netzwerk extrem. »Wenn du ein bestimmtes Ziel vor Augen hast und hoch hinaus möchtest, gehe davon aus, dass alles möglich ist. Es sind alles Menschen da draußen, da ist keiner besser oder schlechter, versuch einfach dich selbst auch auf Augenhöhe mit deinem Mentor zu betrachten. Niemand will jemanden, der hechelnd und lechzend auf einen zukommt, sondern Mehrwerte liefert und einen unterstützt. Was braucht derjenige, wo kann ich ihn unterstützen? Du wirst merken, es werden plötzlich Wunder passieren, wenn du mit diesem Mindset vorangehst.«

Wie ein Schneeballsystem, aber im positiven Sinne, hat sich dadurch das Coaching-Business von Robert immer weiter entwickelt und er kann heute viele weitere namhafte Klienten zu seinen Kunden zählen. Der Hack ist, dass Robert sich das Denken erlaubt hatte. Er wollte mehr zum Thema Online-Marketing wissen und mit mehr Menschen aus der Szene verbunden sein, um diese auch in seinem Telefonbuch zu haben. Gleichzeitig wollte er seinen »Mehrwert« nicht umsonst anbieten, sondern damit auch Geld verdienen. »Ist doch super, dann kombiniere ich einfach beides und helfe diesen Menschen einfach«, dachte er sich. Genauso wie der Aufbau eines Business Zeit braucht, benötigt dieser Hack auch etwas Zeit. »Ich achte immer darauf, wem ich helfen und wen ich unterstützen kann. Wie kann ich Leute zusammenbringen? Mache ich das richtig, kann gar nichts anderes passieren, als dass das Universum sagt: Hey, da ist jemand, der es ernst meint. Der lange genug dranbleibt, Menschen hilft. Dadurch ist dir selbst schon automatisch geholfen.«

Roberts zweiter Hack ist der Einsatz von sozialen Netzwerken wie zum Beispiel Instagram, wenn er jemanden »verführen« will, damit er beispielsweise Zeit mit ihm verbringt. Wenn du auf der Suche nach einem Mentor bist, schaue dir bei Instagram an, was die Person gerne isst. »Das ist das Geile an Instagram. Ich schaue mir genau an, was jemand isst und wo er vor allem gerne zum Essen hingeht. Wenn ich die Person dann zum Lunch einlade, weiß ich genau, was für Vorschläge ich mache.« Das sind die kleinen, aber feinen Details, um die es Robert geht. Robert macht sich dadurch ein sehr klares Bild von der Person, mit der er in Kontakt treten möchte. »Welche Bilder hängen an der Wand, wo bewegt er sich, wie kleidet er sich. All diese Informationen sind für mich schnell greifbar und ich nutze diese für meine Akquise.« Das Vorgehen von Robert ist ziemlich leicht umsetzbar und kann dir extrem dabei helfen, mehr Informationen zu den Personen in Erfahrung zu bringen, mit denen du entweder gerne zusammenarbeiten möchtest oder die du für dein Netzwerk gewinnen möchtest.

Wie du Roberts Hack für dich nutzen kannst

>*Wir erinnern uns viel mehr an die Leute, die uns geholfen haben, als an die, die nur was von uns wollten.*«

– Robert Kresse

Konntest du jemandem mit deinem Wissen in einem bestimmten Fall helfen, wird er sich dafür höchstwahrscheinlich revanchieren. Wenn wir es im Kopf abgelegt haben, dass uns eine Person bei einer Herausforderung geholfen hat, passiert es ganz natürlich und automatisch, dass wir uns die Frage stellen, wie wir dieser Person auch helfen können. Durch die Recherche zu den Vorlieben und dem Umfeld einer Person kannst du es schaffen, direkt einen positiven Eindruck zu hinterlassen. Alles natürlich in einem gesunden Maß. Wir wollen die Person ja nicht »stalken«. Das wiederum könnte einen etwas negativen Eindruck hinterlassen und ein komisches Gefühl bei unserem zukünftigen Kontakt hervorrufen. Durch die gewonnenen Informationen hast du direkt Gesprächsstoff für einen ersten Small Talk und kannst direkt eine Verbindung aufbauen. Robert setzte hier geschickt die sozialen Medien ein, um sich im ersten Schritt mit seiner Zielperson zu verbinden. In einem Businesskontext empfehle ich dir auf jeden Fall hierfür ein berufliches Netzwerk wie LinkedIn oder Xing zu nutzen, anstelle von Instagram oder Facebook. Dies ist die perfekte Ausgangslage für deinen nächsten Schritt und auch wichtigster Zug im Aufbau neuer geschäftlicher und privater Beziehungen. Zuerst gibst du etwas, bevor du etwas einforderst. Das Geben von Mehrwerten hinterlässt bei Menschen einen starken Eindruck, der auch für lange Zeit im Gedächtnis bleiben wird. Viele bekannte Unternehmer predigen diese Vorgehensweise schon seit langer Zeit, der bekannte US-Unternehmer und Social-Media-Star Gary Vaynerchuk allen voraus[7], so wie er es auch in seinem Buch *Jab, Jab, Jab, Right Hook* beschreibt: »I like to give as much as I can up front before I muster up the audacity to go in for the ask.« Am Ende wird dieses Vorgehen dafür sorgen, dich deinem Ziel wieder ein Stück näher zu bringen. Egal ob es sich um einen Termin mit einem potenziellen neuen Kunden handelt oder du einen Mentor davon überzeugen möchtest, mit dir in Kontakt zu treten.

Geben, geben, geben und dann erst fragen. Integriere das Liefern von Mehrwerten als zentralen Bestandteil in diese Strategie und du wirst sehen, wie leicht es dir in Zukunft fallen wird, neue interessante Kontakte in dein Netzwerk zu holen oder als Kunden zu gewinnen.

Mit der A-B-C-Methode zum High Performance Mindset

Die von Robert entwickelte A-B-C-Methode steht für Achieve, Believe und Celebrate und ist immer im Gesamtkontext zu betrachten und anzuwenden. »Bei Achieve geht es darum, die richtigen und wichtigen Dinge zu tun und nicht nur das Dringende.« Wie kann ich bestimmte Aufgaben delegieren, um mich auf die Tasks zu konzentrieren, in denen ich richtig gut bin und einen maximalen Impact damit habe? Darum geht es im Achieve-Bereich hauptsächlich. Der Believe-Teil steht für den Glauben an einen selbst. Selbstliebe und Selbstwert sind hier die zentralen Bestandteile in Kombination mit einer Vision. Einer der wichtigsten Punkte dieser Methode ist der Teil »Celebrate«. »Dieser Punkt kommt bei Unternehmern sehr kurz, meist zu kurz.« Warum ist das so? Nach meiner eigenen unternehmerischen Erfahrung liegt das Problem meist in der Arbeitsbelastung, die einen als Unternehmer tagtäglich begleitet. Ist die eine Aufgabe gelöst, wartet bereits die nächste darauf, dass man sich ihrer annimmt. Robert hat mir hier mit seiner A-B-C-Methode die Augen geöffnet und mich daran erinnert, Erfolge auch zu feiern und nicht gleich zur nächsten Aufgabe weiter zu »rennen«. Seitdem, auch wenn es mir manchmal noch schwer fällt, erinnere ich mich an Roberts Worte und feiere meine erreichten Ziele, egal wie klein oder groß diese sind.

Mindset Hack: Feier dich selbst!

Es gibt eine relativ einfach Methode, mit der man sein Mindset morgens Richtung Erfolg und positive Gefühle stellen kann. Stelle dich im Badezimmer oder Raum deiner Wahl vor einen Spiegel, nehme eine Siegerpose ein, setze ein Lächeln auf und lobe dich für eine Minute selbst. Wie bitte, selbst loben und feiern? Ich gebe zu, das Ganze hört sich erst mal ziemlich komisch an und sorgt umgehend für ein Fremdschamgefühl. Machst du dich dadurch zum Idioten? Keineswegs! Schließlich machst du diese Performance nur für einen sehr exklusiven Kreis, nämlich für dich und dein Mindset. Jetzt mal ehrlich: Wann hast du dich das letzte Mal wirklich selbst gelobt und warst stolz auf dich? Als ich mir die Frage stellte, konnte ich keine Antwort finden. Das letzte Mal, dass ich mich selbst gefeiert habe, muss schon eine ganze Weile zurückliegen. Mit der »Feier dich selbst«-Methode hat sich dieser Umstand in meinem Leben schlagartig geändert und zählt nun zum festen Bestandteil meiner Morgenroutine.

Was passiert, wenn du dich für eine Minute selbst feierst, dich lobst und stolz auf dich bist? Dein Gefühlszustand ändert sich schlagartig. Du bist plötzlich voller positiver Gefühle und du fühlst dich einfach nur gut in deiner Haut. Du bist stolz auf deine Leistung und startest mit einem Lächeln im Gesicht in den Tag. Hört sich gut an? Dann leg morgen gleich los und feiere dich selbst.

Roberts größter Fuckup als Unternehmer

»Mein größter Fail damals war, dass ich dachte, es geht alles nur ums Geld.« Robert lachte laut auf, als er über diese Zeit in seinem Leben mit mir im Interview sprach. »Wenn ich viel Geld habe, dann lösen sich alle Probleme.« Robert organisierte sich daraufhin für dieses Vorhaben einen Kredit in Höhe von knapp 30.000 Euro und stieg ins Network-Marketing ein. Das sind klassische Pyramidensysteme, bei denen es sich meistens um Betrug handelt. Robert dachte sich aber: »Ich muss nur auf das richtige Pferd setzen und dann Bäm!« Gesagt, getan, und er investierte den vollen Betrag auf einer Plattform, was damals nicht gerade der smarteste Zug von ihm war. Denn zwei Tage später, nachdem er sein Geld dort investiert hatte, war die Plattform plötzlich offline und aus dem Netz verschwunden. Roberts Geld war weg. Heute kann er darüber lachen, damals war es für ihn das schlimmste Erlebnis, das er sich vorstellen konnte. Er verbucht diese Entscheidung als Lehrgeld, den Kredit zahlt er heute noch ab. »Es war ein sehr gutes Lehrgeld, es hat mich gut in Bewegung gebracht. Ich habe wirklich gemerkt, worum es denn im Leben geht. Dass Geld nicht die Lösung für alle Probleme ist, sondern es sich viel geiler anfühlt, wenn es zu mir kommt, nachdem ich Menschen geholfen habe. Wenn ich ein Unternehmen habe und Menschen dabei helfe, ihr Business aufzubauen, ihr Business besser zu gestalten, ihr Leben besser zu gestalten und es einen gewissen Wert für sie hat, dann fühlt sich das gut an, Geld dafür zu nehmen. Das war mein Fokus-Shift.« Damals dachte Robert, mit viel Geld würde alles besser und leichter gehen. Sein System war hierfür aber noch nicht vorbereitet und er musste zuerst noch einiges lernen.

Wie Robert zu einem der gefragtesten Mindset-Coaches Deutschlands wurde

Robert hat früh bemerkt, dass er eine bestimmte Gabe hat, wenn es darum geht, sich mit Menschen und Systemen zu verbinden und einen Mehrwert zu einen bestimmten Thema zu liefern. Robert öffnet mit seinen Coachings Türen und Möglichkeiten für seine Klienten und hilft Unternehmern dadurch, schneller von A nach B zu kommen. »Plötzlich werden die Dinge möglich und sie setzen die Schritte nach und nach um. Dementsprechend helfe ich dadurch Unternehmern, die größere Sachen vorhaben, auf ihrem Weg mehr Klarheit zu erlangen.« Der Weg dorthin, um sich solch ein Wissen und Tool-Set als Coach aneignen zu können, war laut Robert ein sehr spannender. »Wenn ich Coaching zusammenfassen möchte, bedeutet es, Menschen zu helfen, schneller voranzukommen.« Robert ist irgendwann zur Persönlichkeitsentwicklung gekommen und dabei stieß er immer wieder auf dieselben Herausforderungen. Er stellte dabei Folgendes fest: »Wenn ich die Dinge immer wieder so wiederhole, dann hilft mir das nicht und ich komme nicht weiter.« In dieser Zeit hatte Robert seinen Coach getroffen, der unter anderem auch mit Robert Kiyosaki, dem bekannten Autor des Bestsellers *Rich Dad, Poor Dad* zusammenarbeitete. Dieses Treffen war für Robert der Startschuss seiner eigenen Coaching-Karriere und er begann, sehr viel Zeit und Geld in seine eigene Entwicklung zu investieren, weil er merkte, dass sein

Mindset eine entscheidende Rolle bei all seinen unternehmerischen Entscheidungen spielte. Robert erzählt an dieser Stelle gerne immer ein Geschichte: »Stelle dir zwei Menschen vor, die eine Straße in einer nicht so tollen Gegend hinunterlaufen. Der eine sieht nur das Negative und die Nachteile dieser Gegend. Der andere aber, der nur ein paar Meter hinter ihm läuft, erkennt die Potenziale dieser Gegend. Alles nur eine Frage der Wahrnehmung. Der eine sieht Probleme, der andere sieht Möglichkeiten. Das hatte ich für mich auch verstanden. Ich komme nicht aus einer Unternehmerfamilie oder sowas. Das kenne ich nicht. Deshalb sage ich immer: Nicht erfolgreich gewesen war ich schon, was ist die Alternative. So habe ich jetzt einfach gemerkt, das Mindset und auch das Netzwerk, die Menschen um mich herum, sind maßgeblich entscheidend dafür, was ich machen kann. Wenn ich mehr Geld habe, dann kann ich mehr machen. Wenn ich ein größeres Netzwerk habe, dessen Mitglieder auch mehr machen, dann kann ich auch mehr machen.« Robert lernte sein Coaching-Handwerk dadurch, dass er selbst gecoachet wurde und diese Coachings auch immer noch macht. Diese Erkenntnisse, die er durch seine Coachings mit namhaften Mentoren erhält, nimmt er als Impulse auf und gibt diese in Verbindung mit seinen eigenen Erfahrungen an seine Coachees weiter.

Roberts Buchtipp

Little Voice Mastery von Blair Singer ist wohl eines der Bücher, welches den größten Einfluss auf Roberts Leben hatte. Der Autor, der auch zu Roberts Mentoren zählt, gehört wohl zu den bekanntesten Persönlichkeitsentwicklungscoaches der USA, vielleicht sogar der Welt. »Alles, was wir tun, ist abhängig von den kleinen Stimmen in unserem Kopf. Wenn wir mit diesen Stimmen gut oder auf eine clevere Art und Weise umgehen, also die produktiven, die uns dienen, von den nicht-produktiven, die uns nicht dienen, unterscheiden können, dann kommen wir viel schneller voran im Leben«, so Robert. In dem Buch findest du unglaublich viele, spannende Werkzeuge, um mit diesen Stimmen im Kopf umzugehen und diese auch so umzuprogrammieren, dass sie dir am Ende noch mehr dienen und behilflich sind. Für Robert eine absolut wichtige Lektüre zum Thema positives Mindset.

Roberts Morgenroutine

Für Robert beginnt der Morgen bereits am Abend davor. »Plan tomorrow today«. Hier geht es ihm vor allem um die Art, wie er einschläft und welches Mindset er sich hierfür für den nächsten Tag einprogrammiert. Kurz bevor er einschläft, stellt sich Robert zwei Fragen:

1. Warum war der heutige Tag so genial? Was habe ich heute gut gemacht?

2. Warum wird der morgige Tag ein genialer Tag?

Mit diesen beiden Fragen entlässt Robert sein Unterbewusstsein in den Schlaf. Laut Robert überlegt sich das Unterbewusstsein dann, warum und wie der morgige Tag für ihn zu einem guten Tag wird. Der nächste Schritt in seiner Morgenroutine beginnt für ihn am nächsten Tag, welchen er erst mal ohne Smartphone startet. In der ersten Stunde des Tages konzentriert er sich komplett auf sich selbst und analysiert, wofür er eigentlich dankbar ist im Leben. Relativ einfach funktioniert dies mit einem sogenannten 5-Minuten-Tagebuch, das ich auch selbst täglich führe. Kurz und knapp geht es hierbei darum, aufzuführen, für was du dankbar bist, warum der heutige Tag für dich wunderbar wird und wie deine Affirmation (Beteuerung/Glaubenssätze dir selbst gegenüber) für den Tag lautet. Diese Punkte füllst du direkt morgens aus, am Abend lässt man dann den Tag Revue passieren und notiert sich, welche guten Dinge heute passiert sind und was man besser hätte machen können.

Das ist ziemlich schnell erledigt – die fünf Minuten sind auf jeden Fall machbar und keine große tägliche Investition –, hat dafür aber eine große Wirkung. Roberts Rat an dieser Stelle lautet, die Dankbarkeit auch auf das Thema Zeit auszuweiten, also für Dinge dankbar zu sein, die du zum jetzigen Zeitpunkt noch nicht hast. »Wenn du Ziele und Träume hast, die in der Zukunft liegen – zum Beispiel deine Villa am Meer – und bereits eine genaue Vorstellung hast, wie diese aussieht, passiert etwas Grandioses in deinem Gehirn. Durch die genaue Vorstellung schärfen wir unsere Gedanken auf dieses Ziel und bauen einen Magneten auf, der Materie anzieht, damit diese Villa auch tatsächlich gebaut wird. Dieser Hack ist einfach der Hammer, denn durch die Dankbarkeit für Dinge, die in der Zukunft liegen, passieren diese einfach schneller.«

Meditation ist ein weiterer wichtiger Teil von Roberts Morgenroutine, damit zentriert Robert sich und geht eine tiefe Verbindung mit sich selbst ein. »Wenn ich mit mir verbunden bin, können Störfaktoren von außen mir viel weniger anhaben. Meditation ist eine gute Möglichkeit für mich, um mit mir verbunden zu sein, aber auch um Herr über meine Motivation zu sein.« Die kalte Dusche und eine kleine Sporteinheit gehören für ihn zur Standardausrüstung und natürlich feiert Robert sich erst mal so richtig selbst am Morgen. Um sich selbst weiter aufzubauen, sagt Robert sich zusätzlich Sätze wie: »Jeder Mensch, der mir heute begegnet, darf glücklich sein, mir über den Weg gelaufen zu sein.« Dieser Satz richtet Roberts Körper und sein Mindset ganz anders aus, wenn er sich draußen auf der Straße bewegt. »Ich erreiche dadurch eine ganz andere Präsenz. Diese Strategie funktioniert vor allem gut, wenn du im Sales und Marketing unterwegs bist. Denn der mit der höchsten Energie gewinnt. Wenn du eine höhere Energie hast, wirst du immer mehr Menschen zu dir ziehen und wirst es viel weiter bringen als derjenige mit einem niedrigen Energielevel.« Mit der Morgenroutine von Robert wirst du dir definitiv das nötige Energielevel aufbauen, um den Tag für dich zu einem erfolgreichen Tag zu machen.

Michael Brehm, CEO & Founder @i2x https://i2x.ai/

Start-up Hack: Mit künstlicher Intelligenz zum Superverkäufer

Hack Level: Pro

Wie hat Michael es gemacht?

Michael ist wohl einer der bekanntesten Start-up-Unternehmer und Gründer im deutschen Raum. Als Co-Founder und Geschäftsführer von StudiVZ konnte er damals einen der größten und aufmerksamkeitsstärksten Exits in der Deutschen Gründerszene erzielen. Was macht nun einer, der das größte soziale Netzwerk in Deutschland, wahrscheinlich sogar in Europa gründete, an dem sogar Mark Zuckerberg von Facebook interessiert war und dieses erfolgreich zum Exit führen konnte? Bestimmt ruht er sich nicht auf seinem Ruhm aus, ganz im Gegenteil. Nach StudiVZ ging es für Michael erst richtig als Investor und Förderer erfolgversprechender Start-ups los. Nach dem StudiVZ-Exit sollten noch viele weitere Exits folgen, unter anderem mit Kreditech, kaufDA, brands4friends, Amiando, DailyDeal und Scoreloop. Als Investor konnte er vieles an die Gründer-Community zurückgeben, neben einer Finanzierung natürlich auch einiges an wertvollen Learnings und Wissen. Aber Michael juckte es in den Fingern und er wollte wieder etwas Eigenes starten, das auch eine Auswirkung auf das Leben der Menschen hat. Und genau hier liegt auch der Hack von Michael. Mit seinem neuem Unternehmen i2x, einer Echtzeit-Kommunikationsanalyse und Coaching-Lösung für Vertriebs- und Kundenservice-Teams, bietet er eine künstliche

Intelligenz als Software an, um immer das Meiste aus jedem Telefonat herauszuholen. Durch den Einsatz von AI (Artificial Intelligence) bei Kundentelefonaten verspricht sich Michael eine Art Standardwerkzeug, mit dessen Hilfe ganze Teams nicht nur ihre KPIs (Key Performance Indicator) verbessern und zum Beispiel ihre Verkaufszahlen steigern können, sondern auch die Kundenzufriedenheit angehoben und Mitarbeiterfluktuation gesenkt werden kann. Vor allem im Bereich Sales ist die Frustration oft relativ hoch, vielleicht weil der Pitch noch nicht zu 100 Prozent sitzt oder der Verkäufer am Telefon unsicher ist. So erging es auch knapp 2.500 von 10.000 Mitarbeitern eines von Michael gegründeten E-Commerce-Inkubators (Michael war hier als Managing Director tätig), die vorwiegend im Bereich Tele-Sales tätig waren. »Wenn man 2.500 Tele-Sales-Leute in zwei Jahren in 30 Ländern einstellt, dann hat man ziemlich viele Kopfschmerzen. Zumindest hatte ich damals ziemlich viele Kopfschmerzen. Und da eine gute, konsequente Qualität reinzubekommen, war fast unmöglich. Vor allem auch deshalb, weil man extrem viel persönliches Training geben müsste, aber man findet einfach die Leute, also die Trainer, hierfür nicht.« Dieses Problem ließ Michael seit Anfang 2010 nicht mehr los und war immer wieder in den verschiedensten Unternehmen präsent. »Man müsste hier doch eigentlich eine automatisierte Software bauen, die einen bei dieser Herausforderung unterstützen kann«, dachte Michael sich. Diese Software sollte den Menschen auf keinen Fall ersetzen, ganz im Gegenteil, sie sollte den Menschen in seinem täglichen Tun unterstützen und besser machen. »Das heißt i2x nimmt jedes Telefonat auf, welches über die Software geführt wird, speichert es und lässt dann über verschiedene Algorithmen Analysen darüber laufen und prüfen, was bei den Telefonaten gut funktioniert hat und was weniger gut. Dadurch, dass wir alles selbst entwickelt haben, auch den Spracherkennungsalgorithmus, greifen wir nicht auf irgendwelche Drittanbieter zurück, sondern es kommt alles direkt von uns. Damit haben wir ein extrem flexibles System gebaut, mit dem wir viermal schneller die Inhalte transkribieren können, als es mithilfe menschlicher Analyse möglich wäre. So können wir bereits jetzt schon in Echtzeit Feedback geben, was verbessert werden kann. Das fängt bei relativ einfachen Sachen an, wie zum Beispiel die Gesprächsgeschwindigkeit anzuheben oder zu reduzieren. Dies geht weiter bei linguistischen Themen und bezieht sich beispielsweise auf den Einsatz von Füllwörtern. In einem gewissen Umfang ist das ok, dies macht menschliche Sprache ja am Ende sogar aus. Aber wenn jedes dritte Wort ein ›Ähm‹ oder ›Quasi‹ ist, dann wirkt das irgendwann nicht mehr gut auf meinen Gesprächspartner. Ein häufiges Problem bei Vertrieblern ist, dass sie so überzeugt sind von ihrem Produkt und ihren Gesprächspartner nicht fragen, was eigentlich die Probleme und Herausforderungen der anderen Seite sind, um dann spezifisch darauf eingehen zu können. Das sind alles Dinge, die i2x als Software automatisch erkennen und somit auch trainieren kann. Dies gibt den einzelnen Mitarbeitern und Gründern beziehungsweise Unternehmern eine unglaublich gute Hilfestellung, sich selbst zu verbessern und ein optimales Konversationsdesign zu etablieren.«

Jeder von uns ist am Ende ein Verkäufer und muss sich oder seine Dienstleistung in einer bestimmten Situation verkaufen können. Und genau das macht den Einsatz von Software an dieser Stelle zu einem Hack, den du als Wettbewerbsvorteil gegenüber deiner Konkurrenz unbedingt einsetzen oder zumindest testen solltest. Es ist mir wichtig an dieser Stelle zu erwähnen, dass es sich hier um keine Werbung für i2x handelt. Im Gespräch und Austausch mit Michael hat sich die Entwicklung des Programms als sein größter Hack herausgestellt, den er jemals als Unternehmer erreicht und umgesetzt hatte.

Michaels größter Fuckup

»Eine der wahrscheinlich größten unternehmerischen Fehlentscheidungen, die ich damals auch mitgemacht habe, war, als wir unkommentiert neue AGBs bei StudiVZ rausgeschickt haben. An damals in Summe fünf bis sechs Millionen Nutzer. Wir dachten, jede Online-Firma schickt mal so alle ein bis zwei Jahre neue AGBs an die Nutzer raus und wir haben uns auch nichts weiter dabei gedacht. Wir haben aber eine elementare Sache vergessen, und zwar, dass wir ein soziales Netzwerk waren. Das bedeutete auch, dass wir unsere AGBs an Hunderttausende Jura- und Journalistik-Studenten rausgeschickt hatten. Und zwar kommentarlos. Was passierte natürlich? Unser Vorgehen wurde so gut wie in jeder Jura-Vorlesung als Fallbeispiel verwendet, bis in das kleinste Detail analysiert, was gut oder falsch an unseren AGBs war. Ich kenne fast niemanden, der zur damaligen Zeit Jura studiert hatte und nicht unsere AGBs durchgenommen hatte. Wenn man dann natürlich 100.000 Juristen hat, die sich deine AGBs ansehen, dann findet man natürlich ganz viele mögliche Interpretationen. Das andere waren natürlich die ganzen Journalistik-Studenten, die auch teilweise schon als Volontäre in Redaktionen arbeiteten und alle über diesen Fall berichten wollten. Die Folge war ein gigantischer Shitstorm, der nach drei Tagen anfing. Wir haben das vollkommen unterschätzt, wir dachten halt, es werden so ein bis zwei negative Artikel publiziert und dann ist es auch wieder gut. Leider kam es komplett anders und innerhalb von sechs Wochen wurden über 1.000 Artikel und Beiträge in Zeitungen, Fernsehsendungen und Radiosendungen über das Thema veröffentlicht. Das Ganze gipfelte darin, dass damals die Abendnachrichten um 20 Uhr nur ganze 42 Sekunden über die Exekution Saddam Husseins berichteten, während über unsere neuen AGBs ein Beitrag von 1:20 Minuten gesendet wurde. Hier merkt man das ganze Ausmaß des Shitstorms. Das war sowohl für die Firma als auch für mich, was das Image betrifft, eine Katastrophe. Dieser Vorfall passierte ca. ein Jahr nach unserem Exit und ich habe mich in diesen Weihnachtsferien eigentlich nicht mehr raus vor die Tür getraut, weil ich Angst hatte, dass die Leute auf mich schimpfen. Das war für mich persönlich und auch für die Firma eine extrem schwierige Erfahrung, die ich hoffe, in dieser Form nicht wieder machen zu müssen.«

Michaels erster Exit: der Verkauf von StudiVZ

Die »offizielle« Story zum StudiVZ-Exit ging wie wild durch die Presse, viel interessanter ist aber die inoffizielle und sehr amüsante Background Story zum Exit, die mir Michael im Gespräch mitteilte:

»Wir waren in einer sehr komfortablen Situation, hatten verschiedene Angebote auf dem Tisch und uns dann letztendlich für eines entschieden. Ich weiß noch genau, es war Ende 2006, an einem Freitag vor dem Neujahrswochenende. Zu dem Zeitpunkt waren wir in Berlin und wollten eigentlich neue Pressefotos machen. Wir hatten uns damals extra schäbig für das Shooting angezogen, die dreckigste Jeans in Kombination mit den kaputtesten Schuhen, die wir in unserem Schrank finden konnten. Meinen Kapuzenpulli hatte ich am Vorabend noch extra in den Rucksack gesteckt, damit er so zerknittert wie nur möglich war. Unrasiert, mit verstrubbelten Haaren, so sahen wir drei damals zu diesem Zeitpunkt aus. Unser eigentliches Ziel mit den Bildern war es, der Öffentlichkeit zu zeigen, dass wir uns selbst nicht allzu ernst nehmen, aber auch um presseseitig etwas zu polarisieren. Plötzlich, auf dem Weg zum Fotoshooting, kam ein Anruf von unserem Anwalt. Er meinte, sie wären jetzt doch schon weiter als gedacht und wollten den Deal noch vor dem neuen Jahr durchbringen, und wir sollten sofort den nächsten Flieger nach München nehmen. ›Alles klar‹, sagte ich, ›wir müssen nur noch kurz nach Hause und uns umziehen, duschen und rasieren etc.‹ Daraufhin meinte unser Anwalt nur: ›Nein, der Flieger geht in etwas unter einer Stunde und die Tickets sind bereits gebucht.‹ Wir mussten direkt zum Flughafen, in unseren schmuddeligen Klamotten. In München warteten bereits unsere Anwälte plus die Anwälte des Käufers und verschiedener Investoren auf uns. An dieser Stelle muss erwähnt werden, dass es sich damals um den größten Technologie-Exit nach dem Platzen der Dotcom Bubble handelte. Ca. 15 Anwälte empfingen uns, alle in tollen, schicken Anzügen, in einer schicken Kanzlei. Und dann kamen wir zur Tür rein. Die Mittzwanziger, die aussahen, als ob sie unter der Brücke hausen würden. Ich weiß noch genau, wie sich der Moment anfühlte, als wir die Tür zum Konferenzraum öffneten. Viele der Anwälte sahen wir an diesem Tag zum allerersten Mal. Das anfängliche Gemurmel im Raum war plötzlich weg und es herrschte eine absolute Stille. Für fünf Sekunden. Für zehn Sekunden. Die Leute starrten uns von oben bis unten an und musterten uns. Die Menschen in diesem Raum konnten es nicht glauben, dass wir, die Jungs, die eben hier reinmarschierten, jetzt ihre Firma verkaufen sollten. Das Schweigen hielt für ganze 15 Sekunden an, bis unser Hauptinvestor, Martin Weber von Holtzbrinck Ventures, meinte, in dem Business müsse man wohl so aussehen. Somit war das Eis gebrochen und alle im Raum lachten. Zehn Stunden später war der Deal durch und StudiVZ ging an einen neuen Eigentümer über. Das wollten wir natürlich dementsprechend feiern. Wir waren durch den Exit in Hochstimmung und dachten, wir müssten unbedingt in den damals tollsten Club Münchens – in das P1. Wir blieben realistisch und sahen schnell ein, nie im Leben ins P1 zu kommen, so wie wir gekleidet waren. Also gingen wir dahin, wo wir dachten, auf jeden Fall reinzukommen. In den Kunstpark Ost. Unser Plan war, den schäbigsten Club zu suchen, in den wir auf jeden Fall reinkamen, um zumindest mit einem Drink auf unseren Deal anzustoßen. Die Realität sah leider anders aus und wir wurden aufgrund unseres Aussehens an drei Türen abgewiesen. Am Ende haben wir unseren StudiVZ-Exit mit einem Döner im Kunstpark Ost gefeiert, weil die Dönerbude der einzige Laden war, in dem man uns bedienen wollte. Kein Witz. Es war aber natürlich im Nachgang trotzdem eine tolle Erfahrung, die uns zwei Sachen gebracht hat. Zum einen, da StudiVZ zur damaligen Zeit unglaublich groß war – knapp 50 Prozent der Internetnutzer in Deutschland waren in 2007/2008 fast jeden Tag auf StudiVZ unterwegs –, konnten wir ein großes Netzwerk aufbauen. Zum anderen war ich finanziell dadurch in einer Lage, viele von den Unternehmen, die ich nach StudiVZ als Investor begleitete, mit einem Investment zu unterstützen.«

Der beste Ratschlag, den Michael als Unternehmer erhalten hat

»Man sollte nie durch Steuern steuern.«

– ein befreundeter Unternehmer
aus Michaels Netzwerk

Dieser Ratschlag hört sich laut Michael erst mal ziemlich simpel an, aber es steckt eigentlich eine tiefgründige Bedeutung dahinter. »Fokussiere dich auf dein Geschäft. Mache erst einmal Umsatz und Gewinn. Und dann schaust du weiter.« Denn was laut Michael viele Leute oder Unternehmer machen, ist das Fell des Bären bereits zu verteilen, bevor dieser überhaupt erlegt ist. »Viele Entrepreneure machen sich zu früh Gedanken, was könnte sein, wenn, oder versuchen in neue Bereiche hereinzugehen, anstatt sich um das Kerngeschäft zu kümmern und dort hervorragende Leistungen zu erbringen.«

Michaels Ratschläge für angehende Unternehmer

»Ein Thema in Deutschland ist, dass man zu früh verkauft. Und dass man teilweise als Gründer und Unternehmer zu wenig selbstbewusst ist. Es gab ca. zwei bis drei Firmen, an denen ich beteiligt war, die verkauft wurden, was ich im Nachhinein aber sehr schade finde. Wir hatten dort letztendlich zu viel Angst. Und zwar sowohl die Unternehmer als auch die Investoren. Wir hatten Angst vor den großen Playern im Markt und dass sie uns plattmachen würden. Ich glaube heute, wenn man eine gute Firma hat, mit einer nachhaltigen Position beziehungsweise Technologie oder Marke, dann kann man ziemlich selbstbewusst sein. Mit totalem Fokus braucht man häufig auch keine Angst vor den großen Playern zu haben.«

Michaels Appell an dieser Stelle an dich als Unternehmer: Denke langfristig. Wenn du eine gute, nachhaltige Firma betreibst oder leitest, dann ergeben sich dadurch alle nötigen Optionen. Ein viel schönerer Weg laut Michael wäre es, einen Börsengang anzupeilen. »Es sieht derzeit so aus, als ob das Fenster hierzu wieder etwas mehr aufgehen würde. Das ermöglicht jedem Gesellschafter, individuell ein paar Anteile zu verkaufen und einen möglichen hohen Wert auf dem Papier auch mal zu Geld zu machen. Dadurch kann man diese Firma fokussiert und unabhängig weiterführen.«

Der zweite Ratschlag richtet sich eher an größere Unternehmen oder Corporates. »Große Firmen sollten den Bereich MMA viel stärker als Chance für Entwicklung und Weiterentwicklung sehen. Man sieht zum Beispiel, dass erfolgreiche Unternehmen ein gutes, strukturiertes M&A-Programm (Merger and Aquisitions, Transaktionen im Unternehmensbereich wie z. B. Unternehmenskäufe, Fusionen etc.) haben. Es gibt ja einen guten Grund, dass die ganzen großen US-Tech-Firmen fast schon wöchentlich Start-ups zukaufen. Der Grund ist am Ende ganz einfach: Dadurch werden wahnsinnig viel Innovationen und Impulse in die Firma gespült. Nicht jede Firma kann natürlich der neue gigantische Börsengigant werden, auch wenn das am Anfang jeder Gründer glaubt und das auch glauben sollte. Wenn man dann irgendwann eine gute, mittelständische Firma hat, die möglicherweise extrem innovativ ist oder eine Gruppe von sehr innovativen Menschen versammelt, dann ist das vielleicht kein Indiz dafür, dass diese Firma die nächsten 100 Jahre besteht, aber dass sie für eine etablierte Firma einen extrem großen Wert haben könnte. Ich denke, wenn wir in Deutschland oder in Europa generell eine Kultur etablieren würden, dass auch die großen Firmen mehr zukaufen, dann würde das so viel Innovation sowohl auf Start-up-Seite als auch bei den Corporates hervorrufen, dass wir damit in der Summe im Wirtschaftsraum Europa extrem vorankommen würden.«

Michaels Buchtipp

»Da gibt es viele. Aber eines, das ich lustigerweise erst letztes Wochenende beendet habe, war die neue Biografie von Elon Musk. Finde ich extrem toll. Tolles Buch, extrem inspirierend. Wahnsinn, was Elon Musk schon alles durchgemacht hat. Kann ich sehr empfehlen.«

Die Biografie habe ich selbst auch gelesen und kann sie dir nur wärmstens ans Herz legen. Elon Musk, einer der inspirierendsten, aber auch verrücktesten Unternehmer, den es wahrscheinlich gerade auf unserem Planeten gibt. Das Buch trägt den Titel *Elon Musk – Tesla, SpaceX and the Quest for a Fantastic Future* von Ashlee Vance.

Michaels Morgenroutine

»Es gibt eine Sache, die ich jeden Morgen machen muss: duschen. Das mache ich nun bereits schon mehr als 15 Jahre so. Wenn ich wirklich mal ganz spät dran sein sollte und es klappt nicht, dann ist mein kompletter Vormittag schon so halb im Eimer.« Die Wassertemperatur liegt bei Michael nicht im Fokus, Hauptsache, er schafft es unter die Dusche. Die Auswirkung einer kalten Dusche auf deinen Körper wird übrigens noch näher im Kapitel mit Rafael Frenk beschrieben.

Lea Ernst, CEO @Tobias Beck University
https://publicspeakinguniversity.de/
und Gründerin @Classy Confidence https://lea-ernst.com/

Start-up Hack: Personalisierte Instagram-Direktnachrichten als Traffic Booster

Hack Level: Pro

Wie hat Lea es gemacht?

Als Lea ihren Podcast »Classy Confidence« startete, der sich dem Thema Female Empowerment im Leben und Business widmet, stand sie vor einer Herausforderung, die wir alle nur zu gut kennen. Woher bekomme ich den initialen Traffic für mein neues Produkt, ohne hierfür ein großes Marketing- und Werbebudget zu investieren? Leas Vorsatz zum Launch war ganz klar: »Wenn ich was mache, dann mache ich es richtig, und der Podcast muss in den Top-Charts als Nummer 1 einsteigen.« Zu diesem Zeitpunkt hatte sich Lea bereits eine gute Anzahl an Followern bei Instagram aufgebaut, mit denen sie viel interagierte und die gute Engagement-Raten aufweisen konnten.

Am Tag des Podcast-Launches stellte sich Lea folgende Frage: »Wie kann ich mich von den anderen Podcastern abheben, damit meine Follower, aber auch neue Zuhörer, meinen Podcast abonnieren und hören?« Plötzlich kam ihre eine geniale Idee. Wie wäre es, all ihren Instagram-Followern, mit denen sie bis dato per Direktnachricht in Kontakt war, eine persönliche Videobotschaft mit Hinweis auf ihren Podcast-Launch zu schicken? Daraufhin investierte sie ganze sechs Stunden und schickte all diesen Menschen ein persönliches 15-Sekunden-Video mit dem Hinweis auf ihren Podcast-Launch und warum dieser genau das Richtige für die jeweilige Person sei. Zu dem Zeitpunkt hatte Lea ca. 3.000 Follower auf Instagram, verschickte also Hunderte von Videos an ihre Community. Innerhalb des Videos hatte sie einen Link zu ihrem Podcast platziert mit der Aufforderung, den Podcast doch bitte zu abonnieren und ihr eine ehrliche Bewertung zu hinterlassen, wie ihnen der Podcast gefallen hat. »Das Ende vom Lied war, dass mein Podcast ein Nummer-1-Wirtschaftspodcast wurde, und ich glaube, dass dies nur durch die Community möglich wurde. Ich möchte dir hiermit mit dieser Story einfach sagen, denke nicht, du hast keine Chance, alleine mit einem Podcast groß zu starten oder mit Social Media anzufangen. 3.000 Follower mag wenig klingen im Vergleich zu großen Influencern mit mehreren 100.000 Followern. Aber es sind immerhin 3.000 echte Menschen, die dir folgen.«

> »An dieser Stelle möchte ich dir Mut machen, mit deiner Message, deinem Produkt oder deiner Dienstleistung mit der Hilfe von Social Media nach außen zu gehen. Denn wenn du im 21. Jahrhundert dein Produkt oder deine Dienstleistung nicht online platzierst, kann ich dir garantieren, dass es langfristig nicht funktionieren wird.«
>
> – Lea Ernst

Wie du Leas Hack für dich nutzen kannst

Für diesen Hack ist es erforderlich, deine bestehende, eigene Reichweite innerhalb der sozialen Medien gezielt einzusetzen und dich durch ein besonderes Konzept von deiner Konkurrenz abzuheben. Solltest du noch keine eigene Reichweite mitbringen, baue deinen Personal Brand innerhalb der sozialen Medien auf. Schaue dir hierzu das Kapitel mit Lars Müller zum Thema Personal Branding an, hier findest du eine Vielzahl an Tipps, wie du damit erfolgreich durchstarten kannst. Egal wie groß aber die Anzahl deiner Follower zum Start deiner Kampagne ist, jeder Mensch, der dir bereits folgt, ist wertvoll für dich. Starte also auf jeden Fall mit deinem privaten Account, jeder von uns bringt hier bereits mehrere Hundert Follower mit, die eine solide Basis für dein Vorhaben sind. Leas Beispiel zeigt, dass man sich durch eine smarte Strategie und eine gewisse Zeitinvestition effektiv von der Konkurrenz abheben kann und auch bereits schon mit einer überschaubaren Reichweite starke Ergebnisse erzielen kann.

Reid Hoffman, Co-Gründer von LinkedIn, bringt es in seinem Podcast »Masters of Scale« ideal auf den Punkt: »To scale, do things that don't scale.«[8] Reid Hoffman meint mit dieser Aussage, man soll am Anfang seiner Unternehmung Dinge tun, die einen hohen Aufwand mit sich bringen und auf keinen Fall skalieren können, aber wichtig sind, um die erste Traction zu erhalten. Dies wird deutlich am Beispiel von Airbnb, denen es anfangs wie fast jedem Start-up erging: kaum Traffic, nur ein paar Verkäufe beziehungsweise Buchungen und ein dickes Minus auf dem Konto. Der Wendepunkt für Airbnb kam, als die Gründer nach New York reisten, damals ihr wichtigster Markt, und sich persönlich mit ihren Hosts (die Anbieter von Wohnungen auf Airbnb) ausgetauscht haben. Sie gingen von Tür zu Tür und stellten den Airbnb-Gastgebern Fragen zu ihren täglichen Erfahrungen mit der Plattform und generierten dadurch wertvolle Insights und Feedback, welches direkt in die weitere Entwicklung von Airbnb eingeflossen ist. Solche Schritte sind extrem zeitintensiv und hören sich erst einmal nach einem falschen Fokus an, sind aber extrem kraftvoll. In einer Podcast-Folge mit dem Co-Founder von Airbnb, Brian Chesky, erwähnt Reid Hoffman, dass er in den letzten 20 Jahren in mehrere Unternehmen investierte, die auf über 100 Millionen User und mehr skalierten.[9] Hier kommt der Catch: Diese Unternehmen sind nicht mit Millionen von Usern gestartet, sondern nur mit ein paar wenigen. Deshalb solle man an dieser Stelle aufhören, groß zu denken, sondern eher klein.

Respect-Based Marketing als Grundlage für Leas Erfolg

Respect-Based Marketing, noch nie gehört? Bei diesem Marketing-Ansatz geht es darum, sich möglichst tief in seine Zielgruppe hineinzuversetzen, um dadurch eine emotionale Verbindung zu seinen Kunden aufzubauen, die für mehr Vertrauen und Umsatz sorgt, trotzdem aber authentisch ist. »Ich habe mich hier einfach in meinen Kunden-Avatar hereinversetzt und mir die Frage gestellt, worüber würde ich mich freuen, wenn ich in der Haut meiner Follower stecken würde. Über eine Copy & Paste-Nachricht? Bestimmt nicht, da hat keiner mehr Bock drauf. Wenn du was machst, dann mache es richtig und sorge für einen authentischen Mehrwert. Was ich sehr oft beobachte, vor allem am Anfang, ist, dass es vielen Menschen schwerfällt, auf Social Media authentisch zu sein. Wir müssen aufhören, die Leute im Internet für dumm zu verkaufen. Menschen kaufen aufgrund von Emotionen und weil sie dich als Brand oder dein Produkt toll finden und nicht weil du Hardselling betreibst. Langfristig funktioniert das nicht, wir müssen unseren Kunden auf Augenhöhe begegnen.«

Reichweite ist die neue Währung. Entweder du erzeugst selbst Reichweite und nutzt diese für dein Business, oder du kaufst diese teuer ein. Der erste Weg ist langwierig und steinig, aber wenn du dir die Reichweite aufgebaut hast, ist diese extrem authentisch und effektiv für die Vermarktung.

Leas größter Fuckup

»Oh Gott, da habe ich richtig viele. Der Fail, der aber richtig hängen geblieben ist und krass war, ist mir etwa vor zwei Jahren passiert. In dieser Zeit habe ich meine Bachelor-Arbeit in der Bordküche während meines Jobs als Flugbegleiterin bei der Lufthansa geschrieben. Bei Tobias haben wir zeitgleich das Team aufgebaut und es stand die zweite Veranstaltung der Masterclass an. Ich hatte damals keine Zeit, mir die Location vor Ort anzusehen, und habe in Wiesbaden aufgrund von Bildern eine wunderschöne Location für unseren Event gebucht. Damals habe ich darauf vertraut, dass alles passen würde. Die Bilder, die mir geschickt wurden, sahen ja sehr vielversprechend aus. Zum Zeitpunkt der Buchung der Location hatten wir bereits knapp 400 Tickets verkauft, die hauptsächlich durch Word-of-Mouth zustande kamen. Damals, in 2016, hatten wir auch noch keine große Social-Media-Reichweite. Ich bin dann einen Tag vor der Veranstaltung mit einem Kollegen von mir in die Halle gekommen und wir dachten uns einfach nur: ›Oh mein Gott, was sollen wir denn jetzt machen? ‹ Wir haben einen Faktor, mit dem wir rechnen. Pro Person multiplizieren wir das Ganze mit 1,6, dann kommen wir auf die Quadratmeterzahl, die wir mindestens brauchen, um das Event stattfinden zu lassen. Eigentlich hatte der Raum wunderbar von der Quadratmeterzahl her gepasst, das Problem war nur, mitten im Raum standen riesige große Säulen, die auf den Bildern gar nicht so groß wirkten. Das Ding war: Hier hätten niemals im Leben 400 Leute hereingepasst. Dann standen wir also in diesem Raum, mit der verantwortlichen Dame der Location. Ich fragte sie nach einer Ausweichmöglichkeit in einem anderen Raum, was aber nicht möglich war, weil in dem anderen großen Saal noch ein bekannter Sänger an diesem Abend sein Konzert geben würde. Die Dame meinte dann zu mir – an dieser Stelle sei erwähnt, dass wir die Tobias Beck University mit Null Euro Schulden aufgebaut haben und alles immer reinvestiert hatten –: ›Wenn du mir bis heute um 24 Uhr 10.100 Euro hier bar auf den Tisch legst, dann könnt ihr die Veranstaltung morgen in dem großen Saal machen.‹

Es gab zwei Probleme: Dies war das komplette Geld, was wir von der ersten Veranstaltung angespart hatten, damit wollten wir eigentlich neue Produkte entwickeln. Das zweite Problem war. Wo sollten wir um kurz vor Mitternacht in Wiesbaden 10.100 Euro herbekommen? Daraufhin haben mein Kollege Stefan und ich alle unsere Kreditkarten genommen und bis auf das maximale Limit ausgereizt und dadurch das Geld zusammengekratzt. Am Ende haben wir es geschafft, die Veranstaltung in dem größeren Saal stattfinden zu lassen, ohne Tobias die Geschichte zu erzählen. Ihm haben wir es erst am Abend nach der Veranstaltung gesagt. Hierfür bin ich ihm noch heute dankbar, dass er mich durch diesen Fehlgriff hat wachsen lassen. Mein Fehler war einfach, dass ich mir nicht die nötige Zeit genommen und mir die Location nicht im Detail angesehen hatte. Ein kleiner Dämpfer für das Unternehmen, der uns aber nicht am weiteren Wachstum gehindert hatte. Im Endeffekt war es für irgendetwas gut, denn wir hatten ein Videoteam vor Ort, das die tollsten Aufnahmen in diesem wunderschönen Raum machen konnte, um daraus den besten Trailer aller Zeiten für die Veranstaltung zu entwickeln. Zu 100 Prozent war das einer meiner größten Learnings in den letzten Jahren.«

Wie Classy Confidence gegründet wurde

Parallel zu ihrem Job als CEO der Tobias Beck University, einem Seminaranbieter zu den Themen Persönlichkeitsentwicklung, Motivation und Rednerturm, startete Lea ihren eigenen Brand Classy Confidence. Lea war auf der Suche nach weiblichen Vorbildern, die jung sind, in Führungspositionen arbeiten und sich mit Leadership-Themen beschäftigen. Trotz eines ausgiebigen Researchs wurde sie auf dem deutschen Markt nicht fündig und konnte niemanden finden, der sie ansprach. »Hallo liebe Frauen, wo seid ihr denn?«, fragte sie sich. »Daraufhin habe ich mir gesagt: Ok, das ist auch ein Learning für mich, wenn ich mich hinsetze und meine Gedanken mit der Community teile und mich mit ihnen austausche. Es ist einfach wunderbar, was mittlerweile für eine Community an Frauen entstanden ist, die wachsen wollen und zu mehr Selbstbewusstsein kommen möchten. Frauen, die ein besseres Leben und Business für sich haben wollen. Dafür bin ich unfassbar dankbar. Classy Confidence steht für Frauen, die selbstbewusst sind und nach draußen gehen wollen und mit ihren Stärken einen Mehrwert für die Welt schaffen wollen. Ich bin der Überzeugung, wenn wir Menschen beginnen, uns mehr mit uns selbst zu beschäftigen, dass daraus eine große Veränderung entsteht. Ich habe mir oft die Frage gestellt, warum so viele Menschen nicht wachsen wollen und sich mit dem Status quo zufriedengeben. Jeder Mensch hat seine eigene Definition von Erfolg und Glück und wir sollten uns erst einmal bewusst machen, was dies für uns bedeutet. Viele Menschen setzen sich abends vor die Einkommensvernichtungsmaschine namens Fernseher, gucken sich das Leben von anderen Menschen an, um sich ja nicht mit ihrem eigenen Leben beschäftigen zu müssen. Denn der Weg zum eigenen Kern, der ist oft wirklich beschissen und anstrengend. Wir können uns das vorstellen wie eine Zwiebel: Im Kern ist deine Fülle das, was du immer haben wolltest. Dein eigenes Business, dein Selbstbewusstsein. Außen herum sind ganz viele Schichten, die sich über die Jahre hinweg abgesetzt haben. Da sind mal schöne Schichten, aber auch nicht so schöne Schichten dabei. Wenn es außen still wird, dann beschäftigen wir uns meist automatisch mit uns selbst. Dies blocken wir dann oft ab und wir betäuben uns mit äußeren Einflüssen. Mit Classy Confidence möchte ich die Frauenwelt dazu einladen, dass wir wieder zu unserer weiblichen, inneren Stärke kommen und somit die Leader der neuen Zeit werden. Heute stehen immer noch sehr viele Männer auf den großen Bühnen, sind in Podcasts zu hören, besetzen Führungspositionen in Unternehmen, während Frauen sich selbst klein machen. Jetzt ist unsere Zeit gekommen, Leaderinnen der neuen Zeit zu werden. Ich bin der festen Überzeugung, dass die Powerfrau von heute alles schaffen kann. Mit Classy Confidence gebe ich diesen Frauen den Mut, um in diese Position zu kommen. Das ist Classy Confidence.«

Leas Prozess zur Entwicklung und Implementierung von neuen Produkten

Laut Lea ist es ist wichtig, für alles, was du vorhast – sei es, dass du ein neues Business starten oder ein kleines Projekt etablieren möchtest –, dir für diesen Prozess genug Zeit zum Nachdenken zu gönnen. Das bedeutet, setze dich an deinen Schreibtisch, mach die Musik aus, mach das Handy aus, und gönne dir einfach mal Zeit, um zu überlegen, und gehe durch die verschiedenen, möglichen Optionen. Für Lea bedeutet das, dass sie sich mit einen weißen Blatt Papier und einem Stift hinsetzt und überlegt, wie ihr aktueller Istzustand aussieht. Sie analysiert die Schwächen und die Dinge, die sie noch weiter ausbauen kann und schreibt das alles auf. Daraus formuliert sie dann Fragen, denn sie ist überzeugt davon, dass clevere Menschen immer die richtigen Antworten haben, Genies aber die richtigen Fragen stellen. Wie können wir das Unternehmen skalieren, ohne große, neue Kosten entstehen zu lassen? Es ist wirklich überraschend und hört sich im ersten Moment nicht so an, aber dein Gehirn sucht umgehend nach den richtigen Antworten auf diese Fragen.

Im nächsten Schritt, sobald eine Lösung auf dem Tisch liegt und Lea sich die nötige Zeit zum Nachdenken gegönnt hat, erstellt sie ein Konzept daraus. Sie stellt sich die Frage nach dem Output und danach, was sie mit diesem Projekt erreichen möchte. Im Anschluss versucht sie herauszufinden, wie der Input aussieht, den sie dafür investieren muss, also wie viel Ressourcen hierfür gebündelt werden und wie hoch die finanziellen Ausgaben sein müssen. Das sind zwei ganz wichtige Faktoren. Am besten wird dieses Vorgehen durch ein kleines Beispiel klar: Wenn Lea feststellt, dass ihre

CI (Corporate Identity) einen neuen Anstrich benötigt, stellt sie sich umgehend die Frage: Was für ein Input benötigt dieses Projekt, muss eine Person hierfür eingestellt werden oder muss das komplette Online-Team ein halbes Jahr nonstop daran arbeiten? Welche Opportunitätskosten entstehen hieraus für das Unternehmen? Kosten für Alternativen, die Lea möglicherweise nicht wahrgenommen hat. Wenn ein Team ein halbes Jahr geblockt ist, um ein bisschen die CI zu verschönern, ist das ja keine geldbringende Aktivität. Deswegen lautet Leas Rat: »Als Unternehmer solltest du Folgendes immer im Auge behalten: Was bringt dir Umsatz und Geld? Klar bringt es langfristig etwas, wenn die CI auf ein neues Level gebracht wird, aber kurzfristig sorgt dieses Projekt nicht für den Umsatz, den du brauchst, um dein Unternehmen am Leben zu halten. Also stelle hierfür einen externen Mitarbeiter, einen Praktikanten oder eine 450-Euro-Kraft ein, die sich des Projekts annimmt, um das Tagesgeschäft nicht negativ zu beeinflussen. Das ist grob der Rahmen, nach dem ich arbeite.«

Der beste Ratschlag, den Lea als Unternehmerin erhalten hat

»>Der Bewusstere ist immer in der Verantwortung.< Dieser Satz hat unfassbar viel in sich, du kannst ihn auf alles Mögliche übertragen, du darfst dir bei allem die Frage stellen – bei Verhandlungen, Vertragsunterzeichnungen, Konflikten – bist du der Bewusstere? Du darfst dich immer wieder selbst fragen, was würde der Bewusstere in dieser Situation machen. Diese Frage hat mich bereits in sehr vielen Dingen weitergebracht.«

Leas Buchtipps

Lea empfiehlt dir besonders zwei Bücher. Zum einen *Expert Secrets* von Russell Brunson für deine Positionierung innerhalb deiner

Zielgruppe. Lea selbst hat Freundinnen, die mit der Hilfe dieses Buches ihr Unternehmen aufgebaut haben und in jungen Jahren damit zu Multimillionären geworden sind. Das zweite Buch, welches Alexander Müller, der CEO von GEDANKENtanken, Lea empfohlen hat, ist *Scaling Up –Skalieren auch Sie* von Verne Harnish. Bitte jetzt nicht gleich denken: »Was soll ich denn skalieren? Ich habe ja noch nicht einmal ein Business.« In der Kombination mit *Expert Secrets* schaffst du dir hier eine perfekte Basis für deinen zukünftigen Erfolg als Unternehmerin bzw. Unternehmer.

EXPERT HACKS

>*»Growth hacking is more of a mindset, than a tool-kit.«*

– Aaron Ginn[10]

Wie es der Titel bereits verrät, steigen wir nun tiefer in die Materie ein, und die Hacks nehmen bezüglich ihres Schwierigkeitsgrads zu.

Die Umsetzbarkeit und Implementierung der **Expert Hacks** ist immer noch im Rahmen des Möglichen und Planbaren, erfordert aber auf jeden Fall ein tiefgründiges Verständnis und auch das nötige Growth Hacking Mindset von deiner Seite.

Dr. med. Roman Rittweger, CEO & Co-Founder @Ottonova
https://www.ottonova.de/

Start-up Hack:
Smartes Guerilla-Marketing zur Bundestagswahl

Hack Level: Expert

Wie hat Roman es gemacht?

Roman und sein Team nutzten die Bundestagswahlen für einen wirklich smarten Marketing Hack, der in den Medien schnell für Aufsehen sorgte und ihnen zahlreiche Erwähnungen bescherte. Für sein neues Unternehmen Ottonova, Deutschlands erste digitale private Krankenversicherung, waren Roman und sein Team auf der Suche nach einem Weg, ihr Start-up auch außerhalb des Internets mit effektiven Maßnahmen zu bewerben. Ihre Idee war, die zu diesem Zeitpunkt stattfindenden Bundestagswahlen für sich zu nutzen und statt mit den Vertretern der jeweiligen Parteien bedruckten sie die Plakate mit den Gründern von Ottonova. Farben, Schriften, Bilder und sogar die Claims – die Plakate sahen den Originalen zum Verwechseln ähnlich, man musste schon zweimal hinsehen, damit man diese nicht als echte Wahlkampfplakate wahrnahm. Wenn du einen Eindruck von der Kampagne haben möchtest, gehe einfach zur Suchmaschine deiner Wahl und suche nach den Keywords »Ottonova« und »Bundestagswahlen«, und schaue dir die Bilder an. Eine wirklich geniale Kampagne.

Mit dieser smarten, sehr gelungenen Aktion – insgesamt gab es 14 verschiedene Motive – nutzte Ottonova die Zeit um die

Bundestagswahl perfekt, um sich als freches Start-up zu positionieren und die Wahlversprechen der jeweiligen Parteien auf die Schippe zu nehmen. Die Plakate wurden aufmerksamkeitsstark auf über 100 Großflächen an hochfrequentierten Stellen in München, Berlin und Hamburg angebracht. Und das Beste daran: Die Kampagne wurde komplett inhouse umgesetzt. Es wurde keine Agentur für die Entwicklung dieser gelungenen Out-of-Home-Marketingkampagne hinzugezogen und das zeigt, wie kreativ und innovativ das Team rund um Roman denkt. Die Aktion war natürlich nicht ganz billig. Man benötigt als Start-up schon das nötige Kleingeld, um solch eine Kampagne auf die Beine zu stellen. Der Return on Invest war aber immens, denn so ziemlich alle großen Werbe-, Marketing- und Tageszeitungen berichteten über die Aktion.

Wie du Romans Hack für dich nutzen kannst

Offline-Marketing kann trotz Digitalisierung extrem erfolgreich sein, denn offline zu werben bedeutet nicht gleich auch alte Schule. Hier kommt es aber extrem auf die Kampagnenidee und das Timing an. Um eine vergleichbare Aktion wie Roman zu starten, solltest du auf ein großes Ereignis oder Event warten, das aufmerksamkeitsstark von der Bevölkerung und der Presse verfolgt wird. Investiere genug Zeit mit deinem Marketing- und Kreativ-Team (natürlich kannst du auch eine externe Agentur hinzuziehen), um ein wirksames Konzept auszuarbeiten. Dein Plakat sollte auf jeden Fall ein echter Hingucker sein und die Betrachter zum Schmunzeln oder Staunen bringen. Als Inspiration empfehle ich dir folgende Wörter in der Google-Suche einzugeben: »Billboard Guerilla Marketing«. Klicke auf den Reiter »Bilder«, und du erhältst zahlreiche inspirierende Kampagnenideen für deine nächste Plakat- oder Out-of-Home-Werbekampagne.

Sollte dir das nötige Kleingeld für eine Plakatkampagne fehlen, kannst du auch ohne Weiteres auf günstigere Alternativen ausweichen, um eine Guerilla-Kampagne durchzuführen. Mögliche Ideen sind hier Sticker, Poster oder sogar Graffitis. Höre dich in deinem Netzwerk um, ob jemand ein Gebäude im öffentlichen Raum hat, wo du eine Wand mit deiner Marketing-Botschaft bekleben oder sogar anmalen könntest. Weitere Ideen wären schwarze Bretter in Supermärkten, Aufkleber in Bars/Restaurants/Coffee Shops etc. Solltest du die Möglichkeit haben, ein Graffiti an einer gut frequentierten Stelle zu platzieren, nutze diese. Oft gibt es für hochwertige »Street-Art« auch öffentliche Flächen der Stadt, die zur Verfügung gestellt werden. Achte hier aber darauf, nicht deine Marke oder dein Logo miteinzubinden. Denn auch ohne direkte Markennennung kannst du deine Marketing-Botschaft über ein Bild oder einen Schriftzug transportieren, den deine Kunden wiedererkennen. Ein sehr gelungenes Beispiel liefern zahlreiche Coffee Shops und Bars derzeit weltweit, die sich Engelsflügel in Form eines Graffitis auf ihre Außenfassaden sprühen. Sie schlagen damit gleich zwei Fliegen mit einer Klappe: Auf der einen Seite ziehen sie Menschen an, die ein tolles Bild für Instagram schießen möchten und neue Kunden, die nach dem Fotoshooting Lust auf einen Kaffee oder einen kleinen Snack haben.

Romans größter Fuckup

Romans größter Fuckup, rein in Zahlen gemessen, war wohl der abgebrochene Börsengang seines ersten Start-up-Unternehmens in der New Economy um die Nuller-Jahre (man erinnere sich an die Dotcom Bubble). Im Nachhinein, so Roman, hätte man die Firma besser mit der Hilfe eines Trade Sale (ein Verkauf des Unternehmens an einen strategischen Investor) verkauft anstatt einen Börsengang durchführen zu wollen.

Seinen größten Fail ordnet Roman Personalentscheidungen zu, die er teilweise heute noch bereut. Vor allem die ersten Mitarbeiter, die zudem Schlüsselpositionen im Unternehmen besetzen, sind die wichtigsten. Passen die Mitarbeiter nicht für den Job, führt das schnell zu Frust auf beiden Seiten. Hier zeigt sich, wie wichtig diese ersten »Hires« sind, sie müssen zur DNA der Company passen und diese auch durch und durch leben. Deshalb ist es umso wichtiger, sich für die ersten Mitarbeitergespräche und Interviews die nötige Zeit zu nehmen und keine voreiligen Schlüsse zu ziehen, nur weil der Lebenslauf des Bewerbers eine tolle Corporate-Karriere aufweist. Sollte es dennoch zu einer falschen Rekrutierung gekommen sein, so Roman, sollte man auf keinen Fall zu viel Zeit verstreichen lassen, um diese Entscheidung zu berichtigen.

Der beste Ratschlag, den Roman als Unternehmer erhalten hat

>*»Roman, du musst dir überlegen, was du eigentlich erreichen möchtest. Um das dann zu erreichen, musst du jeden Tag eine Aktion machen, die in die Richtung dieses Zieles geht.«*

>— Pierre-Alain Cotte

Diesen Ratschlag hat Roman von Pierre-Alain Cotte erhalten, dem ehemaligen Vorstand des Internet-Urgesteins Web.de. Diese Aussage klang erst einmal ziemlich harmlos für Roman, aber nimmt man sich den Tipp zu Herzen, hat man eine große Anzahl an Arbeitstagen zu Verfügung – als echter Entrepreneur 365 Tage –, in denen man jeweils eine Aktion täglich durchführen kann, die auf dieses eine Ziel ausgerichtet ist. Genau daran scheitern aber viele Unternehmer, denn man lässt sich zu oft und zu schnell vom Tagesgeschäft verschlingen und kann dann eben nicht eine tägliche

Aktion zur Erreichung des eigentlichen Ziels durchführen. Am Ende des Jahres sagt man dann: »Schade, aber war wohl nichts.« Romans Rat an dieser Stelle: pro Tag eine bewusste Aktion starten, die in diese Richtung geht. Klingt harmlos, aber je größer die Organisation ist, die man unter sich hat, desto schwieriger wird es.

Wie Deutschlands erste digitale Krankenversicherung gegründet wurde

Nach abgeschlossenem Medizinstudium startete Roman ein Praktikum bei der Consulting-Firma McKinsey, welches er extrem spannend fand. Statt Arzt zu werden, wurde Roman so Unternehmensberater. Er legte noch einen MBA drauf und gründete aus der Unternehmensberatung heraus noch sein erstes Start-up (einen Dienstleister für Krankenversicherungen), welches erfolgreich am Ende der New Economy an die DKV verkauft wurde. Zwei Jahre hielt es Roman hier als CEO aus, als Gründertyp aber hatte er einen inneren Antrieb verspürt, wieder ein eigenes Unternehmen zu starten. Dieser Gedanke musste vorerst etwas ruhen, da Roman ein Angebot von BBDO als Partner erhielt, um dort den Health-Care-Bereich aufzubauen. Nach zwei Jahren und vielen gesammelten Erfahrungen gründete er dann seine eigene Beratungsagentur in diesem Bereich. Zehn Jahre sollte es in der Summe dauern, bis das nächste große, eigene Projekt von Roman kommen sollte. Mit einigen Mitarbeitern seiner Beratung kam er auf die Idee, eine digitale private Krankenversicherung zu gründen, um den Bereich Krankenversicherung und Health Care zu innovieren. Gedacht, getan. Durch die Digitalisierung ergab sich die Chance für die Gründer, eine neue Krankenversicherung zu gründen, genau nach ihren Vorstellungen und Vorbildern wie Apple, Amazon, Google oder andere große Unternehmen aus der Technologiewelt.

Zum Start suchte Roman noch weitere Mitgründer für sein Vorhaben, denn nur Experten und Expertise aus der Health-Branche machen ein Tech-Start-up noch lange nicht erfolgreich. Fündig wurde Roman bei seinen heutigen Mitgründern: Frank Birzle, der früher bei Rocket Internet gewesen war, kam als CTO an Board, Sebastian Scheerer (Ex-Mitbegründer von 6Wunderkinder) als CDO. Mit diesem schlagkräftigen Team war nun eine Disruption (Prozess, bei dem ein bestehendes Geschäftsmodell, eine Branche oder sogar ein kompletter Markt durch eine neue, innovative Lösung abgelöst oder sogar zerstört wird) der Krankenversicherungsbranche möglich und es wurde der Grundstein für Deutschlands erste digitale private Krankenversicherung gelegt: Ottonova war geboren.

Romans Morgenroutine

Roman startet seinen Morgen mit einer kurzen und knackigen Morgenmeditation. »Du musst kein Full-Time-Yogi sein, um morgens zu meditieren«, so Roman. Manchmal greift er auch als Allererstes zu seinem Smartphone, um sich die neuesten Updates und Pressemitteilungen von Ottonova zu holen. Bisher ist noch kein Zen-Meister vom Himmel gefallen, learning by doing. Die einfachste Art und Weise ist, mit drei langen Atemzügen zu starten und sich dabei auf seinen Atem zu konzentrieren und unseren sogenannten »Monkey Mind« loszulassen. Gemeint ist damit unser Geist, der wie ein kleines Äffchen von Baum zu Baum springt und nicht zur Ruhe kommen will. Genau wie das Äffchen springen wir in unseren Gedanken ständig hin und her. Sogar wenn wir an »nichts« denken wollen, stellen wir uns vor, wie das »Nichts« aussehen könnte. Die Meditation hilft dir, den kleinen Affen in den Griff zu bekommen. Funktionieren die drei tiefen Atemzüge für dich, kannst du dich schnell zum nächsten Level begeben, einer zehnminütigen Meditation. Als Hilfestellung gibt es hier zahlreiche Apps auf dem Markt, zu meinen Favoriten gehören »Calm« und »Headspace«.

Romans Buchtipps

Roman ist ein absoluter Fan von Richard Branson (wer nicht?) und liest derzeit den zweiten Teil seiner Biografie *Finding my Virginity*. Branson ist ein wahnsinnig inspirierender Unternehmer, der es durch seine genialen Marketing- und PR-Stunts immer wieder versteht, sein Unternehmen Virgin medial in Szene zu setzen. Eines ist sicher: Von Richard Branson können wir uns auf jeden Fall alle eine Scheibe »Selbstvermarktung« abschneiden. Mit welchem PR-Stunt könntest du deine Company auf die Titelbilder der Tageszeitungen heben? Tonnenweise Ideen findest du auf jeden Fall in diesem Buch, egal ob du durch die Straßen Berlins mit einem Panzer fährst und deine neueste Getränkemarke vorstellst oder mit einem selbst gebauten Heißluftballon als Erster die Welt umrundest. Mister Branson hat es auf jeden Fall bereits getan.

Christoph Kruse, CEO & Co-Founder @bookingkit
https://bookingkit.net

Start-up Hack: Out-of-Home-Kampagnen als smarte Alternative zum Event-Sponsoring

Hack Level: Expert

Wie hat Christoph es gemacht?

Als Gründer von bookingkit, einer Software-as-a-Service-Plattform (SaaS) für den internationalen Markt für Erlebnisangebote, unterschätzte Christoph anfangs den Impact eines guten PR-Teams und was dieses hinsichtlich der Gewinnung von Geschäftskunden erreichen kann. Als er aber das Potenzial erkannte, gingen er und sein Team ziemlich schnell und intensiv an das Thema heran. Das Marketing- und PR-Team von bookingkit versuchte durch gezielte Below-the-line-Maßnahmen – also alle nicht-klassischen Werbe- und Kommunikationsmaßnahmen wie zum Beispiel Eventmarketing – ihre Geschäftskunden, die untereinander sehr gut vernetzt sind, ideal anzusprechen und dabei ihre Marke bookingkit zu platzieren. Christoph rief sich hierzu eine Maßnahme in Erinnerung, die er in seiner Zeit beim Radio durchgeführt hatte, die ziemlich smart und effektiv war. Christoph stellte sich damals die Frage, ob es nicht einen smarteren Weg gäbe, als offiziell einen Event für viele Tausend Euro zu sponsern. So kam er auf die Idee, den Weg, den alle Konferenzteilnehmer zum Veranstaltungsgelände zurücklegen müssen, mit seiner Werbebotschaft zu plakatieren. Der Clou an der Sache: Die Kosten für eine solche

Aktion sind um ein Vielfaches geringer als die Sponsoring-Kosten, die bei einem Event – egal welcher Art – aufgerufen werden. Zudem kann sich die Werbebotschaft besser abheben und wirkt einprägsamer auf den Betrachter, als wenn sich das Company-Logo zwischen vielen anderen Sponsoring-Logos einreiht.

Ein tolles Beispiel zu dieser Vorgehensweise beschreibt der Autor Malcolm Gladwell in seinem Buch *Tipping Point – wie kleine Dinge Großes bewirken können.* Coca-Cola zahlte im Jahr 1992 satte 33 Millionen Dollar für das Recht, sich als offizieller Sponsor der Olympischen Spiele bezeichnen zu dürfen. Trotz einer riesigen Werbekampagne, die weitere Millionen von Dollar verschlang, begriffen nur ca. 12 Prozent der TV-Zuschauer, dass Coca-Cola der offizielle Drink der Olympischen Spiele war. Und jetzt kommt es: Fünf Prozent der TV-Zuschauer dachten sogar, Pepsi-Cola sei der offizielle Sponsor von Olympia.[11] Ist das nicht verrückt? Da gibt ein Konzern mehrere Millionen Dollar für ein Sponsoring aus und wird im Nachhinein nicht mal als offizieller Sponsor von den Zuschauern wahrgenommen. Pepsi-Cola hatte sich smart zu helfen gewusst und konnte mit einer ausgeklügelten Werbekampagne extrem gut beim Publikum punkten.

Vielleicht diente Christoph der Fall Coca-Cola vs. Pepsi-Cola auch als Inspiration für seinen Marketing Hack. Dadurch schaffte er auf jeden Fall ein hohes Markenbewusstsein bei den Fachbesuchern, ohne als offizieller Sponsor auf der Messe vertreten gewesen zu sein. Ihre witzige, freche Plakatkampagne blieb den Besuchern in Erinnerung und sorgte für zahlreiche Besucher auf ihrem Messestand.

Wie du Christophs Hack für dich nutzen kannst

Wie beim Wellenreiten benötigst du hierfür ein perfektes Timing. Nur dass es in deinem Fall nicht die Welle ist, die du reiten möchtest, sondern es sich um die Plakatwände im öffentlichen Raum handelt, die sich auf dem Weg zum Messegelände befinden. Gehe idealerweise mindestens einmal selbst den Weg ab, den die Messebesucher zurücklegen werden. Kommen die Teilnehmer mit dem Auto? Oder doch eher mit den öffentlichen Verkehrsmitteln? Du siehst, alleine schon diese Frage beeinflusst die möglichen Plakatwände, die zur Option stehen, extrem. Was wir auf keinen Fall wollen, ist verschwendetes, falsch eingesetztes Marketingbudget. Also schnappe dir einen Kollegen, oder gib das Ganze an einen verlässlichen Praktikanten ab, der vor Ort die Lage checkt. Die Messe oder Veranstaltung findet in deiner Stadt statt? Ein Heimspiel für dich. Nachdem du nun weißt, welche Plakatwände du buchen möchtest, stellst du eine Anfrage beim jeweiligen Vermarkter. Nutze hierfür einfach die Suchmaschine deiner Wahl oder überprüfe die einzelnen Plakatwände, die für deine Kampagne infrage kommen – am unteren Rand findest du meistens einen Hinweis auf den jeweiligen Vermarkter. Die Flächen sind für den benötigten Zeitraum verfügbar? Perfekt. Jetzt geht es an den nächsten, ausschlaggebenden Part für den Erfolg dieser Aktion: die Kampagnenidee. Um nicht im Plakatdschungel unterzugehen, solltest du hier mit viel Kreativität an die Sache herantreten. Was findet deine Zielgruppe witzig? Mit was könntest du provozieren? Wie kannst du ihnen einen Aha-Effekt vermitteln? Setze dich mit den kreativsten Menschen aus deiner Firma und deinem Netzwerk zusammen und brainstorme einfach mal wild drauf los. Je verrückter, desto besser. Vielleicht schaffst du es auch, deine Kampagne auf ein aktuelles Thema zu beziehen. Das zieht natürlich. Viel wichtiger ist es aber, den Nerv deiner Zielgruppe zu treffen. Auf keinen Fall sollte die Kampagne langweilig sein. Versuche sie direkt mit deinem Messestand in Verbindung zu bringen und drucke auf jeden Fall deine Standnummer inklusive Lageplan auf das Plakat. Kombiniere das Ganze mit einem feinen Call-to-Action, wie zum Beispiel einem Gewinnspiel oder starken Gratisproben, und du hast einen Winner. Als Inspiration für gelungene Maßnahmen dieser Art empfehle ich dir folgende Keyword-Suche bei Google: »best out of home guerilla marketing ideas«. Manche Marketing- und Werbeprofis kommen auf Ideen, bei denen man sich einfach nur fragt, was die wohl genommen haben? Egal, gib es mir auch.

Bonus Hack: Nutze die analoge Inbox deiner Kunden

»Die analoge Inbox deiner Kunden, also der klassische Briefkasten, ist wesentlich leerer als die digitale Inbox, also das E-Mail-Postfach.« Dieser Satz eines Freundes hatte Christoph direkt zu seinem nächsten Hack inspiriert. »Wenn wir über Growth Hacking sprechen, bewegen wir uns hauptsächlich immer in der digitalen Welt des Online-Marketings oder Direct Sales, aber manchmal ist auch das Thema Offline-Marketing gar nicht so unsexy.«

Bist du in einer Branche unterwegs, die nicht nur digital, sondern auch analog unterwegs ist, kann eine gut gemachte, klassische Postwurfsendung (ja, ein echter Brief, keine E-Mail) bleibenden Eindruck bei deiner Zielgruppe hinterlassen und auch einen kleinen Growth Hack darstellen. Die grundsätzliche Frage, die du dir stellen musst: Wo erreiche ich meine Zielgruppe, wo noch keiner meiner Mitbewerber ein Auge drauf hat? Bookingkit konnte durch diesen kleinen Hack sehr gute Ergebnisse erzielen. Der Hack ist auf jeden Fall mal einen Test wert.

Christophs größter Fuckup

Diesen hat Christoph bei seiner Zeit als Geschäftsführer bei 90elf erlebt, Deutschlands erfolgreichstes Digitalradio und mobile Audio-App im Fußballbereich. Das Unternehmen basierte hauptsächlich auf Rechten, die 90elf damals von der DFL (Deutsche Fußball Liga) zu einem hohen Preis erstanden hatte. Für den Aufbau einer solchen Unternehmung benötigt man ein Team aus

Experten, welches mit voller Leidenschaft, 100 Prozent Einsatz und extrem viel Herzblut dabei ist. Christoph und sein Team hatten an dieser Stelle alles richtig gemacht. Sie konnten mit 90elf eine tolle Marke aufbauen, ein starkes digitales Produkt entwickeln und dadurch eine große Anzahl an Nutzern gewinnen und diese auch begeistern. Als die neue Ausschreibung der Bundesliga-Rechte für den Bereich digitales Radio anstand, wurden diese aber an eine andere Firma vergeben, und 90elf ging somit leer aus. Das Geschäftsmodell wurde kurzerhand durch eine Entscheidung, die nicht in Christophs Händen lag, zerstört. Eine sehr schmerzhafte Erfahrung für das komplette Team, allen voran natürlich Christoph, der noch einige Zeit damit zu kämpfen hatte, diese von ihm nicht beeinflussbare Entscheidung zu akzeptieren. »Egal, wie stabil ein Gebilde der eigenen Meinung nach ist. Am Ende des Tage ist es fragiler, als man annimmt, und man muss jeden Tag dafür kämpfen, dieses Gebilde möglichst stabil zu erhalten.«

Wie bookingkit gegründet wurde

Der Background von Christoph hat eigentlich überhaupt nichts mit dem Thema Software-as-a-Service (SaaS) zu tun. Seitdem Christoph 12 Jahre alt ist, macht er Radio, angefangen im Kinderzimmer mit seinem eigenen kleinen Studio, später dann bei großen Radiosendern. Er ist sozusagen ein Medienmann durch und durch. Vom Lokalradio ging es weiter mit einem BWL-Studium im Bereich Medienmanagement. Sein Ziel war es, Radio nicht nur von der Produktionsseite zu machen, sondern auch im Management tätig zu sein. 2006 hatte er dann das große Glück, in eine große deutsche Radioholding einzusteigen, die sich zu einem frühen Zeitpunkt die Chance der Digitalisierung auf die Fahne geschrieben hatte. Als Mitarbeiter Nummer eins hatte Christoph zu dieser spannenden Zeit die Chance, die Digitalisierung des Radios mitzugestalten. »Wie produzieren wir Radio in der digitalen Zukunft? Wie vermarkten wir Radio in der digitalen Zukunft?

Welche Produkte muss es hierfür geben?« Zu dieser Zeit gab es weder Spotify noch das iPhone, eine ganz andere, heute für viele gar nicht mehr vorstellbare Zeit. Er beschäftigte sich viel mit der Digitalisierung von Medien, aber wie es so oft im Gründerleben ist, kreuzte eine andere Person den Weg von Christoph – sein heutiger Mitgründer von bookingkit – Lukas. Beide hatten großen Spaß an ihren Jobs, hinterfragten nur, ob das nun alles sei. In diesem Zuge entschieden sie sich, nebenbei ein kleines, aber feines E-Commerce-Business aufzuziehen, um hier Learnings zu generieren und erste Schritte als Gründer zu gehen. Wie lernt man es am besten? Indem man es einfach selber macht, so das Credo von Christoph.

Als Feierabend- und Wochenendprojekt gingen die beiden mit ihrem E-Commerce-Brand an den Start. Ihr erstes Produkt waren Smartphone-Handschuhe für den Winter, die sie als einer der Ersten nach Deutschland importierten und online verkauften. Um aber damit nicht zu viel Aufwand zu haben, fokussierten sich die Gründer bereits früh auf Prozessoptimierung und Automatisierung, denn als Geschäftsführer eines aufstrebenden Radiounternehmens blieb nicht viel Zeit für anderes. Sie versuchten ein Unternehmen aufzubauen, bei dem man nur eingreifen sollte, wenn es zu Abweichungen im Tagesgeschäft kam. Der Rest war komplett automatisiert. Diese Zeit schweißte die beiden sehr zusammen, nicht nur privat, sondern auch auf einer unternehmerischen Ebene. Sie merkten, dass sie auf eine gewisse Weise komplementäre Menschen sind, die sich im Business aber perfekt zusammenfügen. Lange Rede, kurzer Sinn: Das war die Geburtsstunde ihrer gemeinsamen unternehmerischen Tätigkeit.

Einige Jahre später, als Christoph sich nach einer sehr intensiven Zeit beim Radio für eine Auszeit entschied und nach einer neuen Tätigkeit umsah, fragten sich beide, ob es nicht noch ein anderes Projekt geben würde, das sie zusammen umsetzen könnten. Auf die Idee zu bookingkit kam Christoph dann auf einer seiner vielen

Reisen während seiner Auszeit. In Südamerika hatte er es mit einigen Anbietern von Freizeitaktivitäten zu tun, den heutigen Kunden von bookingkit. Als Digitalisierungsexperte fiel ihm schnell auf, dass bei der Buchung von Aktivitäten so gut wie nie eine Software verwendet wurde, sondern alles manuell ablief. Zu Hause in Deutschland erzählte er Lukas von seinen Erfahrungen und die beiden fingen mit ihren Recherchen an. Und so ging ihre Reise mit bookingkit los und dem Ziel, der Reisebranche – immerhin die drittgrößte Branche der Welt – etwas bei der Digitalisierung unter die Arme zu greifen.

Beide Gründer hatten keinen Entwickler-Background und waren anfangs auch noch zusätzlich mit anderen Jobs zu beschäftigt, um bookingkit zu finanzieren. Wie so viele Start-ups ging bookingkit »bootstrapped« an den Start, was bedeutet, dass die Unternehmung erst mit eigenen Mitteln finanziert wurde, um schnell den Geschäftsbetrieb aufnehmen zu können und ihr Produkt mithilfe eines MVPs (Minimum Viable Product, ein minimal funktionsfähiges Produkt) am Markt zu testen. Ein gängiges Vorgehen unter Start-ups, denn es ermöglicht einen schnellen Start, ohne die meist langwierige Investorensuche. Je nachdem, wie hoch der finanzielle Aufwand und was das Herzstück des Start-ups ist – ein Softwareprodukt ist weitaus aufwendiger und kapitalintensiver als zum Beispiel eine Digital-Agentur – muss hier eine individuelle Strategie gewählt werden. Manche Start-ups, vor allem solche, bei denen es um die Entwicklung eines technischen Produktes geht und keine Mitgründer mit Tech-Background vorhanden sind, benötigen eine frühe Finanzspritze, um die Entwickler an Bord zu holen. Christoph und Lukas hatten Glück, denn sie konnten nach den ersten Wochen zwei Entwickler als Mitgründer gewinnen, die sich um die technische Umsetzung kümmerten.

Die ersten zahlenden Kunden gewann bookingkit aber mit einer anderen Strategie. Noch bevor die beiden Entwickler an Bord waren und Christoph eine funktionierende Software präsentieren konnte, musste er kreativ werden. Sie hatten einen guten Designer an der Hand, der ihnen erste Screens anfertigte. Mit diesen Mockups bewaffnet ging Christoph zu den ersten Kunden und präsentierte getreu dem Motto »Fake it till you make it« ihr Produkt. Die Designs, die fast schon einem Clickdummy (interaktiver Prototyp) ähnelten, überzeugten die ersten Kunden, das Produkt zu testen. Zahlreiche Sales Calls später, die natürlich von den Gründern persönlich geführt wurden, kamen mehr und mehr Kunden dazu, die auch tatsächlich bereit waren, für das Produkt zu zahlen. »Entschieden wird das Spiel im Vertrieb«, so Christoph. »Für uns ist der Bereich Direct Sales ein sehr wichtiger, welcher durch Online-Marketing und große Distributionspartnerschaften unterstützt wird. Wir als B2B-Software-Anbieter sind hauptsächlich im Direct Sales tätig und konnten eine starke Sales-Maschine aufbauen. Wir werfen oben einen Lead hinein und am Ende kommt in sehr kurzer Zeit ein hochwertiger Kunde dabei heraus.«

Vertrieb als wichtiger Baustein

Das Beispiel von bookingkit zeigt, wie wichtig das Thema Sales gerade am Anfang ist. Sei dir nicht zu schade und lasse auf keinen Fall das Potenzial auf der Straße liegen, das mit Direktvertrieb möglich ist. Erstelle dir im Vorfeld eine Leadliste von potenziellen Kunden mit Ansprechpartner, Telefonnummer und E-Mail-Adresse und telefoniere einen nach dem anderen ab. Studiere vor den Gesprächen deinen Sales Pitch perfekt ein, denn eines muss dir klar sein: Du musst innerhalb der ersten Minute deinen Gesprächspartner von dir und deinem Produkt überzeugen und seine Aufmerksamkeit erlangen. Wie schaffst du das? Vertrauen (Trust) ist hier das Zauberwort. Aber wie bekommst du Wertschätzung von einem Kunden, der noch nie etwas von dir und deiner Firma gehört hat? Eine Taktik, die sich als sehr erfolgversprechend herausgestellt hat, ist, Vertrauen durch die Nennung von bestehenden großen Partnerfirmen oder Kunden aufzubauen. Verstehe mich nicht falsch, du sollst auf keinen Fall etwas erfinden oder sogar lügen, nutze nur die positiven Abstrahleffekte von großen Namen in deiner Branche (sehe dir hierzu das Kapitel mit Christian Häfner an). Du arbeitest zum Beispiel über eine Schnittstelle mit einem anderen großen Software-Anbieter zusammen? Perfekt, bau das in deinen Pitch ein. Du hast bereits einen großen Kunden gewinnen können? Noch besser, schreib dir das in fetten Buchstaben auf die Brust (idealerweise hast du dir davor die Freigabe von der jeweiligen Firma geholt. Sollte dies nicht der Fall sein, kannst du auch getreu dem Motto von Grace Hopper, einer US-amerikanischen Informatikerin und Computer-Pionierin agieren: »It's easier to ask forgiveness than it is to get permission.« Welche Strategie du wählst, liegt am Ende bei dir) Durch die Nennung eines deiner Zielgruppe bekannten Unternehmens kannst du innerhalb der ersten Sekunden Vertrauen zu deinem möglichen Neukunden aufbauen. Stelle also sicher, dies direkt in deinen ersten Sätzen einzubauen.

Unsere Pitch Line bei kinoheld war wie folgt: »Hallo Herr/Frau xy, mein Name ist Bernhard Kalhammer von kinoheld. Wir sind exklusiver Partner Ihrer Kassensoftware xy (Trust) und helfen Ihnen mit unserer e-Ticketing-Software, Ihr Online- und Mobile-Ticketing auf das nächste Level zu bringen, sodass mehr Kunden im Vorfeld online Ihre Tickets kaufen, anstatt nur zu reservieren (Interest). Dies bedeutet für Sie als Kinobetreiber bereits Umsätze zu generieren, bevor der Kinokunde den ersten Schritt in Ihr Kino gemacht hat (Benefit). Für Kinobetreiber ist kinoheld komplett kostenlos und Sie erhalten sogar noch on top einen mobilen Ticket-Scanner im Wert von xy von uns dazu (Login). Hört sich das interessant für Sie an? (Kunde muss reagieren).«

In den meisten Fällen hat dies direkt für eine positive Grundstimmung des Gesprächs gesorgt und wir konnten zu unserem Ziel übergehen, einen persönlichen Termin vor Ort zu vereinbaren. Ein Abschluss am Telefon – die Königsdisziplin im Direktvertrieb – ist natürlich auch möglich, kam aber in unserem Fall eher selten vor. Wenn es einer von uns doch schaffte, haben wir es natürlich wie blöd gefeiert. Ähnliche Szenen wie bei *Wolf of Wallstreet* liefen dann im Büro ab, nur ohne die Drogen und die Frauen, versteht sich. Im Vertrieb ist es auf jeden Fall ein sehr hilfreiches Tool, sich gegenseitig hochzuschaukeln und Erfolge zu feiern, denn als Sales-Mitarbeiter hast du es auch sehr häufig mit negativen Reaktionen und Erlebnissen zu tun. Du musst schnell lernen, mit Rückschlägen umgehen zu können. Mir hat es damals sehr geholfen, das Ganze als Spiel zu sehen und nicht zu ernst zu nehmen, wenn ich mal abgewiesen wurde. Und das passierte relativ häufig, vor allem am Anfang, als uns noch kaum jemand in der Branche kannte.

Bist du erstmal zum persönlichen Termin vor Ort (oder in digitaler Form per Skype Call/Webinar) gekommen, sei perfekt vorbereitet. Bringe deinem Kunden physische Unterlagen zu deinem Produkt mit oder schicke ihm diese zu, sodass er etwas Greifbares in der Hand hat. Jetzt ist der Zeitpunkt für einen Homerun gekommen und »das Ding nach Hause zu holen«. Mach den Sack zu und hole dir die Unterschrift auf dem Vertrag. Und sollte es das eine oder andere Mal nicht klappen, notiere dir sorgfältig die Gründe hierfür. Idealerweise hast du ein CRM-System, in dem du alle »Lost-Reasons« aufzeichnest, die du dann wiederum in deinen Sales Pitch und in dein Produkt einfließen lassen kannst.

Zurück zu Christoph und bookingkit. Um eine bessere Einschätzung abgeben zu können, wie gut ihr Produkt am Markt funktioniert, legten sie eine Kennzahl für sich fest. »Wenn wir die ersten zehn Kunden mit unserem Clickdummy überzeugen können, die auch tatsächlich bereit sind, dafür zu zahlen, ohne einen Cent ins Marketing zu investieren, dann sind wir auf dem richtigen Weg.« Diese selbst auferlegte Kennzahl war der Tipping Point für die beiden Gründer, sich zu 100 Prozent ohne Nebenkriegsschauplätze auf ihr Start-up zu fokussieren. Mit diesem neuen Selbstvertrauen und ersten Umsätzen konnte die technische Entwicklung immer weiter vorangetrieben werden, bis es zur ersten Finanzierungsrunde kam. Es war ein langer, steiniger Weg bis dahin, aber ohne das anfängliche Bootstrapping wären sie nicht da, wo sie jetzt sind. Heute beschäftigt bookingkit mehr als 80 Mitarbeiter, ist international aktiv und konnte mehrere renommierte Preise in der Reise- und Tourismusbranche gewinnen.

Der beste Ratschlag, den Christoph als Unternehmer erhalten hat

>> *Team changes everything* <<

– ein befreundeter Unternehmer
aus Christophs Netzwerk

Keinen Satz würde Christoph mehr unterstreichen und bejahen als diesen. Dieser Ratschlag zum Thema Personal ist Christoph sehr stark in Erinnerung geblieben. Die richtigen Mitarbeiter zur richtigen Zeit einzustellen und sich vor allem in einer »Hire-Hire-Mentalität« doch auch mal eine Minute länger Zeit für Personalgespräche und neue Mitarbeiter zu nehmen. Keinesfalls sollte der Bereich HR & Recruiting bei Start-ups unterschätzt und stiefmütterlich behandelt werden. Nimm dir den Ratschlag von Christoph zu Herzen, damit deine Personalentscheidungen nicht auch zu einem Fuckup werden.

Christophs Podcast-Tipp

Steli Efti, Gründer von close.io und ein wahnsinnig interessanter Gründertyp, betreibt zusammen mit dem Gründer von KISSmetrics, Hiten Shah, einen der spannendsten Podcasts im Bereich Sales und Marketing: »The Start-up Chat with Steli & Hiten«. Laut

Christoph einer der interessantesten und inspirierendsten Podcasts im Bereich Start-up, Sales und Marketing. »Neben Startup Hacks, versteht sich«, fügt Christoph mit einem Lächeln hinzu.

Huy und Dung Vu, Founder @Distorted People
https://www.distortedpeople.com/

Start-up Hack: Exklusive Partys als Tool zum Aufbau einer Brand Community

Hack Level: Expert

Wie haben es Huy und Dung gemacht?

Huy und Dung hatten die Idee, sich mit einem eigenen Mode-brand zu verwirklichen, nur hatten sie leider überhaupt keine Ahnung vom Modebusiness. Sie stellten sich die Frage, wie sie ihre ersten Kunden gewinnen und eine Community für ihre Lifestyle-Modemarke Distorted People aufbauen könnten. Als Barkeeper im Münchner Szene-Club »P1« waren sie bestens im Nachtleben vernetzt und so nutzten sie ihre Connections, um eine Partyreihe namens »Distorted.tv« ins Leben zu rufen. Jede Party hatte ein spezielles Motto und die Besucher waren aufgerufen, sich dementsprechend zu verkleiden. Die Partys fanden einmal pro Monat im »Baby!« statt und die Brüder schafften es ziemlich schnell, eine exklusive Veranstaltung daraus zu machen. Jeder Münchner, der damals etwas auf sich hielt und in der Mode- und Clubszene unterwegs war, feierte hier ausgiebig. Die Partys sollten der Kickstart für ihre Brand Community werden und die ersten echten Fans von Distorted People hervorbringen, denn die Besucher waren nicht nur einfache Gäste, vielmehr dienten sie den beiden als Inspirationsquelle und waren auch ihre ersten zahlenden Kunden. Aus distorted.tv heraus gründeten sie den Online-Shop 48hours, bei dem alle 48 Stunden ein spezielles, limitiertes T-Shirt-Design verkauft wurde. Die T-Shirt-Designs waren damals eher im Mainstream angesiedelt, irgendwann konnten sich die beiden Brüder aber nicht mehr mit ihrem Projekt 48hours identifizieren und starteten ihren Fashion-Brand Distorted People, den sie heute sehr erfolgreich auf dem Fashion-Markt etabliert haben.

Huy und Dung können heute zahlreiche bekannte Fußballer, wie zum Beispiel Bastian Schweinsteiger oder David Alaba vom FC Bayern München, Celebrities oder Musiker zu ihren Fans zählen, die sich gerne mit ihren Klamotten ablichten lassen und die Bilder anschließend auf ihren jeweiligen Social-Media-Profilen teilen. Dies sorgt natürlich immer wieder für einen stetigen Fluss an neuen Kunden und Followern. Wenn du dich jetzt fragst, wie die beiden an solche hochkarätige und schillernde Influencer kommen: Sie nutzen ihr hervorragendes Netzwerk, auf welches sie extrem großen Wert legen und das sie wie ihren Augapfel pflegen. Huy und Dung sind der festen Überzeugung, wer für Mehrwerte in seinem Netzwerk sorgt und auch mal ohne eine Gegenleistung zu erwarten aushilft, bekommt dies doppelt und dreifach zurück. Mit diesem Mindset ausgestattet, sollte der nächste PR- und Marketing-Coup nicht lange auf sich warten lassen. Zum Start des Münchner Oktoberfests in 2018 entwickelte Distorted People gemeinsam mit dem Münchner Traditionshaus Angermaier Trachten eine Lederhose im Distorted Look. Über einen befreundeten Kontakt aus ihrem Netzwerk lernten sie Jerome Boateng kennen (zum derzeitigen Tag Spieler des FC Bayern München und Teil der Deutschen Nationalmannschaft), der bereits ein großer Fan ihrer Marke war. Jerome war auf einer Charity-Veranstaltung eingeladen und traf dort den US-Basketballspieler LeBron James. Was nun passierte, sollte einer der genialsten Marketing-Schachzüge in der Geschichte von Distorted People werden. Jerome übergab LeBron die Lederhose in XXL-Ausführung, ein Schnappschuss für Instagram wurde gemacht, und das Bild ging durch die Decke, nachdem es Jerome Boateng auf seinem Instagram-Account mit über 6 Millionen Followern teilte. Die Lederhose war natürlich umgehend im Online-Shop ausverkauft und Distorted People um ein paar Tausend Follower reicher.

Wie du den Hack von Huy und Dung für dich nutzen kannst

Überlege dir, welche Art von Events zu deiner Zielgruppe passen könnte. Durch Umfragen in deiner Community, bei den Kontakten deiner E-Mail-Liste oder bei deinen treuesten Kunden erhältst du schnell ein erstes Feedback, ob deine Zielgruppe an diesem neuen Format interessiert wäre. Du hast einen Lifestyle-Brand wie die Jungs, perfekt, dann sind Partys die richtige Wahl für dich. Als Proof of Concept dient hier die Dating-App Tinder aus den USA. Um die ersten User für ihre App zu generieren, veranstalteten die Gründer Partys auf zahlreichen College-Geländen quer über die USA verteilt. Whitney Wolfe, die damals den Posten des Chief Marketing Officers bekleidete, hatte diese smarte Idee entwickelt. Bevor die Partys stattfanden, ging Whitney zu den jeweiligen Studentenverbindungen, um Tinder zu präsentieren. Zuerst schlug sie natürlich bei den weiblichen Verbindungen auf, die sich danach auf Tinder registrierten und ein Profil anlegten. Im nächsten Schritt wurde sie bei den männlichen Verbindungen vorstellig, die sich natürlich, sobald sie die ganzen hübschen Frauen in der App sahen, ebenfalls umgehend registrierten. Dadurch wurden sie schnell zur Dating-App Nummer 1 bei ihrer Kernzielgruppe. Im Anschluss organisierten sie mithilfe von studentischen Vertretern Tinder-Partys, bei denen man nur Einlass bekam, wenn man am Eingang die installierte Tinder-App mit einem angelegten Profil vorweisen konnte.

Tipp: Konzentriere dich bei der Wahl deiner Zielgruppe, für die du das jeweilige Event veranstalten möchtest, auf Menschen, die eine hohe Wahrscheinlichkeit aufweisen, dein Produkt via Word-of-Mouth (Empfehlungsmarketing) weiterzuempfehlen. Beim

Beispiel von Tinder waren es College-Studenten, die den demografischen Anforderungen des Start-ups perfekt entsprachen und aus hoch sozialen Umfeldern kamen. Whitney Wolfe war sich sicher, wenn College-Studenten Gefallen an Tinder fanden, würde sich das Produkt am Markt durchsetzen. Und sie sollte recht behalten. Tinder kann heute (Stand 2018) mehr als 57 Millionen[12] registrierte Nutzer zählen und konnte durch den innovativen, neuen Ansatz des »Wischens« den Dating-Markt revolutionieren.[13]

Huys und Dungs größter Fuckup

Vor allem in der Modebranche geht viel über Vorfinanzierung und die größten Fuckups im Leben der Vu-Brüder waren immer finanzieller Natur. Um eine neue Kollektion beim Produzenten in Auftrag geben zu können, muss diese in den meisten Fällen vorfinanziert werden. Das bedeutet, ohne eine Anzahlung beim Produzenten zu tätigen, startet dieser nicht mit der Produktion. Auf der anderen Seite stehen die Großkunden bei Modemessen, die eine Kollektion schreiben, also eine Order tätigen. Hier sind meist Zahlungsziele mit 30 bis 90 Tagen üblich. Das Geld geht also mit extremer Verzögerung auf dem Konto des Empfängers ein. Dies hat zur Folge, dass, wenn nicht genügend liquide Mittel vorhanden sind, immer wieder eine Zwischen- oder Vorfinanzierung nötig ist. Zum Start einer Partnerschaft mit einem neuen Produzenten gelten strengere Zahlungsziele, arbeitet man aber länger zusammen, entspannt sich auch hier die Lage und es werden längere Zahlungsziele für die Produktionskosten eingeräumt.

Huys und Dungs Ratschläge für angehende Unternehmer

»Baue dir ein Netzwerk aus Journalisten, Celebrities, Influencern, Experten, anderen Unternehmern etc. auf und pflege dieses mit der größten Sorgfalt.«

– Huy und Dung Vu

Ohne ihr Netzwerk wären die beiden Brüder nicht da, wo sie heute mit ihrer Marke Distorted People stehen. Ihre Kontakte haben ihnen stets wichtige Türen geöffnet und standen ihnen mit Rat und Tat zur Seite. Ihr Netzwerk hat es ihnen erlaubt, die Marke relativ schnell in München zu etablieren, da sie auf die Unterstützung von zahlreichen Influencern, Bloggern, Fußballern und Journalisten zurückgreifen konnten, um Distorted People einem breiten Publikum zugänglich zu machen. Einer der wichtigsten Unterstützer war Bastian Schweinsteiger. Über einen befreundeten Unternehmer entstand damals der Kontakt zu dem Ex-FC-Bayern-Spieler, der bis heute einer der wichtigsten Unterstützer der beiden Brüder ist und mit seinen ersten Beiträgen auf Instagram und Facebook für eine Vielzahl neuer Fans der Marke gesorgt hatte. Das Beste daran: Bastian trug die Klamotten damals aus freien Stücken, weil er die Marke einfach cool fand. Das hat natürlich für ordentliches Selbstvertrauen im Hause Distorted gesorgt. Daraufhin ergab sich eine enge Freundschaft mit »Schweini«, der bis heute immer mal wieder als Markenbotschafter für Distorted People auftritt. Man kann demnach gut nachvollziehen, warum die Brüder Vu einen so großen Wert auf ihr Netzwerk legen.

Ebenso wichtig ist es, deinen Mitbewerbern, Kollegen und anderen Unternehmern Erfolg zu gönnen. Neid oder Missgunst werden dich nicht weiterbringen, ganz im Gegenteil. Durch Offenheit und mit einer positiven Einstellung gegenüber deinem Umfeld wirst du mehr erreichen als mit einer negativen Einstellung. Dadurch gewinnst du sogar Menschen als Fürsprecher, die dich im Vorfeld vielleicht nicht akzeptierten und nicht leiden konnten. Selbst wenn du gerade den Erfolg deines Lebens hast, bleibe demütig, bescheiden und hebe nicht ab. »Es ist ein Geben und Nehmen, so wie man andere Menschen behandelt, so bekommt man es auch zurück.« Du musst Leidenschaft mitbringen, aber auch eine gewisse Leidensfähigkeit und benötigst ein langes Durchhaltevermögen. Als Unternehmer wirst du immer wieder auf die Probe gestellt, ob du diesem Druck standhältst und der Lebensentwurf als Entrepreneur der richtige für dich ist. Verliere nie den Glauben in dich und dein Unternehmen, egal was andere zu dir sagen. Wenn du nicht an dein Unternehmen glaubst, wie sollen dann deine Kunden an deine Marke glauben? Aufgeben ist keine Option, auch wenn erst einmal alles gegen dich arbeitet. »Fehler kann man machen, aber sollte diese nur einmal machen und daraus lernen«, sagen die Vu-Brüder. »Als Unternehmer musst du immer wieder aufstehen und nicht den Kopf in den Sand stecken. Ansonsten bist du im falschen Job gelandet.«

Jan Göktekin, CEO & Co-Founder @Pumperlgsund
https://www.pumperlgsund-bio.de/

Start-up Hack:
Rezeptbücher als effektiver
Marketing- und Vertriebskanal

Hack Level: Expert

Wie hat es Jan gemacht?

Mit ihrem Produkt »Good Eggwhites« haben es die beiden Gründer geschafft, eine komplett neue Lebensmittelkategorie in den Supermarkt zu bringen, nämlich Eiprodukte und flüssiges Eiweiß. Die Rezeptbücher hatten für Jan und seine Firma Pumperlgsund mehrere Funktionen. Als es ihr Produkt in die Regale der Supermärkte geschafft hatte, fanden die Gründer heraus, dass eine Frage immer wieder beim Kunden aufkam: Wofür verwende ich das Produkt und was mache ich damit? Ein Super-GAU für jeden Lebensmittelhersteller, denn wenn der Kunde nicht weiß, was er mit dem Produkt anfangen soll, wird er es höchstwahrscheinlich auch nicht kaufen. Deshalb mussten sich Jan und sein Mitgründer Fabian etwas einfallen lassen, um dem Kunden vor Ort eine Inspiration zu geben, was er mit ihrem Produkt alles machen kann. Aus diesem Grund haben sie für ihre drei Hauptzielgruppen – Sportler, figur- und gesundheitsbewusste Menschen – jeweils ein Rezeptbuch mit den passenden Rezepten dazu entwickelt und im Supermarkt, in direkter Nähe zu den Pumperlgsund-Produkten, platziert.

»Die Entwicklung der Bücher hat riesigen Spaß gemacht, war aber auch eine wahnsinnige Aktion. Wir haben die Bücher damals im

Hauruckverfahren mit professionellen Autoren geschrieben. Wir hatten zum Glück ein professionelles Autorenteam und viel Unterstützung bei der Buchherstellung, um dieses Projekt erfolgreich nach vorne zu treiben. Die Rezepte aus dem Buch kommen alle von uns, die Ernährungskonzepte haben wir mit namhaften Autoren geschrieben. Als Schirmherr konnten wir Deutschlands bekanntesten Sportwissenschaftler, Herrn Prof. Dr. Ingo Froböse, gewinnen. Er fand, das Thema Functional Eiweiß-Food als natürliche Proteinquelle zu etablieren, so spannend, dass er dafür auch seinen Namen als Schirmherr hergab. Das war für uns ein wirklicher Zugewinn für unsere Marke und die Rezeptbücher, da es umgehend für Vertrauen gegenüber dem Inhalt der Rezeptbücher sorgte.«

Das Team von Pumperlgsund ist somit den Schritt vom Produkt zum Konzeptverkauf gegangen – »Genau das war unsere Hauptintention damit.«

Das zweite Ziel war, mehr Aufmerksamkeit für ihre Produkte zu erhalten. Aber wie schafft man das am Point-of-Sale (POS) im Supermarkt? Die Lösung hierfür hast du bestimmt schon das eine oder andere Mal bei deinen Einkäufen gesehen: Es handelt sich um sogenannte Displays (Warenaufsteller). Das Problem mit den Displays ist nur, dass diese extrem teuer für den Hersteller sind. »Wenn du als Hersteller Displays an den Handel lieferst, benötigst du im Idealfall sehr margenträchtige Produkte, damit das Display sich überhaupt finanziert. Ein Display voll aufgebaut und vorkonfektioniert in den Handel zu bringen, ist mit relativ hohen Kosten verbunden. Auch muss ein Display immer voll aufgebaut sein, der Handel akzeptiert nicht, dass er es selbst aufbauen muss. Das macht das Ganze sehr kapitalintensiv.« Rezeptbücher stellten sich daher als die ideale Lösung für die Gründer heraus. Der Preis war absolut erschwinglich und es ergab sich sofort ein verständliches Konzept für den Endkonsumenten, welche Gerichte mit den Good Eggwhites gekocht werden können. Für den Handel auf der anderen Seite war es sehr leicht zu verwenden, da alles sofort einsatzbereit war. »Und wir als Unternehmen konnten unser Produkt erklären und verdienten auch noch Geld dabei, ein absoluter Traum.«

Sehr häufig handelt es sich bei Display-Geschäften um Minusgeschäfte, die du dir als Start-up nicht leisten kannst. Dies ist der Fall, wenn Produkte im Display stehen, die keine hohe Marge aufweisen können. Das Beispiel von Pumperlgsund mit ihrem Produkt zeigt, dass dies aber auch anders möglich ist. Bei dem Drogeriehändler DM schafften die Gründer es mit ihrem Produkt sogar zeitweise auf Platz 2 in der Kategorie Schlankheitskost, wohlgemerkt von insgesamt 37. Mittlerweile sind sie leicht abgerutscht, können sich aber immer noch in den Top 10 gegenüber starker Konkurrenz behaupten. Ihr smartes Konzept aus Information, Inspiration und Aufmerksamkeit hat ihnen die erfolgreiche Platzierung im Lebensmitteleinzelhandel eingebracht und ihr flüssiges Eiweiß zum Verkaufsrenner gemacht. Sie konnten damit ihrem Investor Freigeist Capital (die Investmentfirma von Frank Thelen[14]) ein perfektes Beispiel liefern, wie man ein Display im Einzelhandel profitabel macht.

Wie du Jans Hack für dich nutzen kannst

Diese Strategie kannst du am Ende für physische und digitale Produkte anwenden. Es muss ja nicht gleich ein physisches Rezeptbuch sein, das du über den Handel vertreibst. Es kann sich bei deinem Add-On-Produkt ja zum Beispiel auch um ein E-Book oder Booklet handeln, welches du per E-Mail oder Post verschickst. Es geht in erster Linie darum, eine Art Bonusprodukt zu schaffen, das eine unterstützende Funktion für dein bestehendes Produkt einnimmt. Dadurch schaffst du es, ein beispielsweise erklärungsbedürftiges Produkt mithilfe von zusätzlichem Content einfach an deine Käufer zu vermitteln. Oder es dient als Einstieg in deine

Produktwelt und du bietest deinem potenziellen Neukunden hierüber eine Möglichkeit, dich als Experte oder dein Produkt mittels einer niedrigen Einstiegsbarriere kennenzulernen.

Oft handelt es sich bei dieser Art von Produkten/Büchern (egal ob Booklet oder E-Book) um sogenannte Tripwire-Produkte (Lockangebote), die dem Kunden zu einem günstigen Preis angeboten werden (circa 1 Euro bis maximal 20 Euro). Der Preis muss an dieser Stelle so günstig sein, dass kein potenzieller Käufer zögern würde, dieses Produkt zu kaufen. Das Ziel des Tripwire-Produktes ist es, einen Interessenten – einen sogenannten Lead – schnell in einen Käufer zu verwandeln. Denn ein Kunde, der bereits bei dir ein Produkt gekauft hat, egal wie gering auch der Preis dafür war, wird mit einer sehr viel höheren Wahrscheinlichkeit wieder ein Produkt bei dir kaufen. Und die Chancen stehen viel besser, dass er bei seinem nächsten Kauf ein teureres Produkt bei dir kaufen wird, da er dich und dein Produkt bereits kennengelernt hat und somit die Hürde für seinen nächsten Kauf gesenkt wurde.

Der Auftritt bei *Die Höhle der Löwen* als Marketing und Sales Booster

In der vierten Staffel von »Die Höhle der Löwen« dann der große Auftritt von Pumperlgsund, welcher zu einem vollen Erfolg für das noch junge Unternehmen werden sollte, denn sie konnten hier Frank Thelen als Investor gewinnen und von ihrer Idee überzeugen. »Nach der TV-Aufzeichnung ist das komplette Team erst einmal feiern gegangen«, erzählt Jan. Das war auch wichtig, denn nach der Aufzeichnung fing die Arbeit für das Pumperlgsund-Team erst richtig an. »Danach geht jeder Gründer durch die Hölle«, so Jan wortwörtlich. Die Vorbereitungen, die man zur Ausstrahlung treffen muss, sind immens. Laut Jan hat keine TV-Sendung einen so starken Einfluss auf die Online-Verkäufe wie *Die Höhle der Löwen (DHDL).* »Es ist das Format, das die meisten

Online-Bestellungen in einem E-Commerce Shop auslöst.« Deshalb musst du deine Webseite komplett anders aufsetzen, um sie für den Besucheransturm zu wappnen und so viele Besucher wie nur möglich zu Käufern zu verwandeln. Zentrale Faktoren dabei sind die Server. Der Online-Shop von Pumperlgsund lag zum Beispiel auf 40 verschiedenen Servern. Hier kam den Gründern die Erfahrung von Frank Thelen zugute. Als erfahrener Technologieinvestor kannte Frank das Problem, dass viele Webseiten zusammenbrachen und dem Besucheransturm nicht standhalten konnten, sobald die TV-Zuschauer die Webseite der *DHDL*-Startups aufsuchten. Um den großen Reinfall zu verhindern, sorgten sie also für ausreichende Serverkapazitäten und konnten jeden einzelnen Besucher mit einer funktionierenden Seite begrüßen und die erhofften Online-Bestellungen ermöglichen. Es gäbe nämlich nichts Schlimmeres, als Unmengen von Traffic auf dem eigenen Online-Shop zu verzeichnen, aber keine Bestellungen aufnehmen zu können, weil die Server kollabieren und der Website-Besucher mit einer 404-Fehlerseite begrüßt wird.

Nach dem Auftritt bei DHDL konnte das Team um Jan innerhalb kürzester Zeit – nach dem Investment von Frank Thelen – Termine bei DM, REWE, Real und Edeka wahrnehmen. Und das nicht nur auf einer regionalen Ebene, sondern in den jeweiligen Hauptniederlassungen. »Man hat einfach direkt ein extrem gutes Standing.« Als noch junges Unternehmen ist es ein sehr wichtiger Punkt, mit Rückendeckung von einem namhaften Start-up-Unternehmer und Investor in solche Termine zu gehen. »Wenn du mit einem neuen Produkt an den Handel herantrittst, bist du als Start-up immer schnell in der Bettelstellung und musst sehr viele Klinken putzen, bis du mal zu einem Termin kommst.« Mit der Hilfe ihres Mentors und Investors war die Erfahrung von Pumperlgsund eine ganz andere: Sie wurden von allen Lebensmitteleinzelhändlern, bei denen Frank Thelen einen Termin für sie vereinbaren konnte, mit offenen Armen empfangen. Durch die Empfehlung und ihren Auftritt bei *DHDL* drehte sich die Stellung von Pumperlgsund um

180 Grad und der Handel wollte unbedingt ihre Produkte im Sortiment aufnehmen. »Das machte richtig Spaß«, so Jan.

Die Problematik, die im nächsten Schritt auf die Gründer zukam, war eine ganz andere. Es ist eigentlich ein Luxusproblem, welches aber sehr schnell zum existenziellen Problem werden kann. Aufgrund der hohen Anzahl an Bestellungen aus dem Handel, die Pumperlgsund innerhalb nur einer Woche sammeln konnte, mussten die Gründer einen Stopp für Neubestellungen einlegen. Der Grund war ein Lieferengpass am Markt für Eier, die sie für ihr Produkt nutzen konnten. Pumperlgsund verwendet für ihr Produkt nur die Eier, die entweder zu groß oder zu klein sind oder aus Überproduktionen stammen. Also nicht die Eier, die normalerweise als sogenanntes Schalenei im Regal deines Supermarktes landen würden. »Bei uns im Produkt landen nur die ›Außenseitereier‹.« Der Run, der aber durch den Auftritt bei *DHDL* und das damit verbundene Investment von Frank Thelen ausgelöst wurde, war enorm und konnte nicht mehr durch diese »Außenseitereier« abgedeckt werden. Dennoch war diese gesteigerte Aufmerksamkeit in der Öffentlichkeit ein sehr wichtiger Schritt für das damals noch junge Start-up.

Diese Eigenschaft solltest du als Start-up bei *DHDL* unbedingt mitbringen

»Du musst ein skalierbares Produkt haben«, sagt Jan. Im Schnitt sehen 2,5 – 3,5 Millionen Zuschauer bei *DHDL* zu. »Wenn du es als Start-up schaffst, einen Bruchteil dieser Menschen auf deinen Online-Shop zu leiten, die dann auch tatsächlich eine Bestellung ausführen, kann es sehr schnell zu einer Überforderung kommen.« Und hier handelt es sich laut Jan nur um den Austrahlungstag der Aufzeichnung. Nicht zu vergessen sind die Geschäftskunden und Händler, die dein Produkt im Vorfeld bestellen und in ihr Sortiment aufnehmen möchten. Pumperlgsund hatte knapp

3.000 Display-Bestellungen, wobei ein Display 16 – 48 Einheiten beinhaltet. »Als Gründer wird dir schnell die Dimension bewusst, die du abdecken musst, vor allem produktionsseitig. Da bist du schnell bei den Hunderttausender-Einheiten angekommen, die du auf den Markt geben möchtest. Wenn da etwas mit der Produktion nicht klappt, bist du wortwörtlich aufgeschmissen.«

Ebenfalls nicht zu vergessen ist die Vorfinanzierung der Produkte, die durch das Start-up geschehen muss. »In der Sekunde, in der du bei *DHDL* bist, hast du schon wieder ein Geldproblem. Die klassischen Banken gucken in dieser Situation auf die Vergangenheit und schlussfolgern, da war noch kein Umsatz, also bekommst du auch kein Geld. Somit musst du wieder Kredite aufnehmen, um die Produktion vorzufinanzieren oder zu alternativen Banken gehen, die dir das Geld leihen, die Sendung kennen und wissen, dass sie das Geld wieder zurückbekommen.« Das ist eine der größten Herausforderungen, die eine erfolgreiche Ausstrahlung bei *DHDL* mit sich bringt. Auch in diesem Fall konnte das Team rund um Frank Thelen für einen perfekten Start sorgen und die richtigen Intros zu den jeweiligen Partnern machen.

Wie Pumperlgsund gegründet wurde

Der Name »Pumperlgsund« bedeutet so viel wie kerngesund oder vom Herzen aus gesund. Mit ihrer Firma wollen Jan und sein Mitgründer Fabian gesunde und vor allem nachhaltige Lebensmittel anbieten, die einen positiven Einfluss auf den Konsumenten haben. Ihre Vision mit der Marke Pumperlgsund ist es, im Segment der gesunden, natürlichen Lebensmittel einen derartigen Stellenwert zu erlangen, wie es beispielsweise der Marke Tempo mit dem Taschentuch gelungen ist. Der eigentliche Produktname soll im öffentlichen Bewusstsein also irgendwann durch den Markennamen abgelöst werden. Da haben sich die Gründer auf jeden Fall etwas vorgenommen, aber alleine ihre Liebe zum Detail, die bei der Auswahl des Namens für ihr Unternehmen – in einem Zeitraum von knapp acht Wochen haben sie aus über 200 möglichen Namen den Namen Pumperlgsund gewählt – deutlich wird, zeigt, wie ernst es ihnen damit ist. Für Jan und das Team war es sehr wichtig, keinen austauschbaren Fantasienamen als Markennamen zu haben, sondern etwas Einzigartiges, an das man sich gut erinnern kann. Ihr erstes Produkt, Good Eggwhites, nannten sie zum Start »Good Whites«. Dabei passierte ihnen bereits der erste kleine Fauxpas, denn ein Mitarbeiter der Kommunikationsagentur, die für Pumperlgsund Werbeplakate entwarf, gab den Gründern den Hinweis, der Markenname könnte etwas rassistisch wirken. Dieses Feedback haben Jan und sein Mitgründer sich sehr zu Herzen genommen, denn das Letzte, was sie mit ihrem Produkt bewirken wollten, war, jemandem auf die Füße zu treten. Deshalb entstand der Arbeitstitel Good Eggwhites, bei dem es lange Zeit geblieben ist. Die Erfahrung, die sie letzten Endes aus dem Umgang mit dem Handel gemacht haben, war, dass Lebensmittel viel besser funktionieren, wenn sie beschreibend sind. Dies hat oft auch direkten Einfluss darauf, wo du mit deinem Produkt im Handel im Regal stehen wirst, entweder auf der Poleposition und auf Augenhöhe oder irgendwo im unteren Drittel und damit versteckt. Aus diesem Grund haben Jan und sein Team sich dann für den Namen »7 Flüssige Eiweiß« entschieden. Ihr Ziel ist es, im Ei-Regal neben den ganzen anderen Ei-Produkten zu landen – die Poleposition für Pumperlgsund. »Wir wollen schnell gefunden werden, deshalb gehen wir ins Ei-Regal.« Mit ihrem sehr klaren Markennamen und der Nähe zum Produkt Ei versteht der Konsumenten sofort, um was es bei ihrem Produkt geht, was den Abverkauf stark steigern kann.

Wie so oft entstand Pumperlgsund aus einem eigenen Problem heraus. Jan stand eines Morgens in seiner Küche und hat brav seine Frühstückseier getrennt, denn als ernährungsbewusster Sportler wollte er nur den eiweißreichen Teil des Eis für sein Frühstück verwenden. Jedes Mal, wenn er morgens in seiner Küche stand und so sein Eierfrühstück zubereitete, kamen die gleichen Gedanken: »Das kann doch nicht sein. Das tut dir so im Herzen weh, wenn du gute Lebensmittel wegschmeißt, die andere noch essen könnten.«

Eines Tages stieß Jan zufälligerweise auf ein Rezeptvideo aus den USA, in dem flüssiges Eiweiß aus einem Tetrapak zum Kochen verwendet wurde. »Das ist doch super, das löst mein Problem und ich muss nichts mehr wegschmeißen.« Von diesem Video inspiriert, machte sich Jan auf die Suche nach flüssigem Eiweiß im Tetrapak aus Deutschland. Aber die Suche blieb erfolglos und er konnte keinen Anbieter finden, der seinen Vorstellungen entsprach. So entstand die Idee zu Good Eggwhites, also flüssigem Eiweiß. Aber warum überhaupt flüssiges Eiweiß? »Flüssiges Eiweiß ist pures Protein, ohne Fett und ohne Kohlenhydrate. Es ist geschmacksneutral und du kannst es überall dazumischen. Aus einem Müsli wird ein Protein-Müsli. Aus einem Shake wird ein Protein-Shake. Aus einem Tiramisu wird ein Protein-Tiramisu. Somit wird deine Eiweißversorgung auf ganz natürlich Art gedeckt. Und das ist das, was wir gut finden und uns mit Pumperlgsund auf die Fahne geschrieben haben.«

Jans größter Fuckup

Dieser ereignete sich in der Produktion, als Jan und sein Mitgründer den Zuschlag von Frank Thelen in *DHDL* erhielten. Die Aufträge prasselten nur so herein, das Geschäft nahm richtig Fahrt auf, doch dann passierte etwas, was nicht in der Macht von Jan lag. Der Fipronil-Skandal in 2017, der Ei-Skandal in Holland und Belgien. Dieser Lebensmittelskandal, bei dem die Eier mit dem Insektizid Fipronil belastet waren, brachte den kompletten Markt zum Einsturz und die Preise für den Rohstoff Eiklar explodierten ins Unermessliche. Es gab einfach keine Eier mehr auf dem Markt. Dies war eine wirklich existenzgefährdende Situation für die noch junge Firma, die scheinbar alles richtig gemacht hatte, aber durch externe Umstände fast zum Stillstand gebracht wurde. Die Ausstrahlung ihres Auftritts bei *DHDL* und die Auslieferung an den Handel wurde daraufhin verschoben, um das Produkt, dessen zentraler Bestandteil der Rohstoff Ei ist, so weit wie nur möglich von diesem Skandal fernzuhalten. Diesen Fuckup haben die Gründer noch eine lange Zeit danach in ihrem Unternehmen gespürt und knabbern sogar noch heute daran. Es war ein wirklich einschneidendes Erlebnis für die Gründer.

Der beste Ratschlag, den Jan als Unternehmer erhalten hat

>*Mache nicht alles selbst und delegiere Aufgaben.*
Das absolute A und O als Unternehmer.«

– ein Mentor von Jan

Es gibt für jede Aufgabe einen Spezialisten, den du im Unternehmen einsetzen kannst und der diese Task – ganz wichtig – besser ausführen und umsetzen kann, als du selbst es je könntest. Dieser Schritt ist für die meisten Unternehmer immer ein schwieriger, vor allem, wenn das erste Mal Aufgaben delegiert werden. Als Gründer erledigt man zum Start der Firma einen Großteil der Aufgaben selbst, arbeitet sich in gewisse Themen eine große Expertise an, umso schwerer fällt es dann, diese Aufgaben wieder abzugeben. Aber warum solltest du dich, wenn deine Firma eine gewisse Größe erreicht hat, immer noch um das E-Mail-Marketing kümmern? Klar, es macht Spaß und du hast es bestimmt auch drauf, super Texte zu schreiben, aber ein E-Mail-Marketing-Experte kann das bestimmt noch etwas besser als du. Und du kannst dich dann auf die wirklich elementaren Dinge in dem Unternehmen konzentrieren, wie zum Beispiel den nächsten großen Kunden an Land zu ziehen oder die nächste Finanzierungsrunde für dein Start-up vorzubereiten. »Was ist der Nutzen für dieses Produkt und für deine Firma, den du am besten stiften kannst und mit dem du einen echten Mehrwert lieferst? Konzentriere dich darauf und mach das aber dafür richtig gut. Sobald du versuchst, hier und da einen Euro zu sparen und bestimmte Aufgaben bei dir zu behalten, in der Sekunde kann man sich sicher sein, dass das Projekt scheitern wird.«

Jans Buchtipp

Die Bücher, die Jan am stärksten in seiner Unternehmerlaufbahn geprägt haben, gehören zu der *Miteinander Reden*-Reihe von Friedemann Schulz von Thun, einem der bekanntesten Kommunikationswissenschaftler Deutschlands. Insgesamt hat die Reihe vier Bände, in denen der Autor aufzeigt, wie wir miteinander kommunizieren und wie unterschiedlich wir dies vor allem tun. Das Lesen der Bücher führt laut Jan dazu, ein besseres Verständnis von sich selbst und von seinem Team oder Gründungspartner zu erhalten. »Dieses Wissen, wenn man in einem Team arbeitet, ist sehr viel wert.«

Jans Morgenroutine

Viele Unternehmer schwören auf diese Morgenroutine, die vor allem durch den Navy-Seal-Trainer und Admiral William H. McRaven bekannt wurde, der eine millionenfach geklickte Rede zu diesem Thema gehalten hat (den Clip hierzu findest du auf YouTube). »Ich mache jeden Morgen mein Bett. Wenn ich das nicht schaffe, starte ich unsortiert in den Tag. Für mich ist das morgens eine Sache, die ich immer mache«, sagt Jan.

Warum ist das so ein wichtiger Part in der Morgenroutine von Jan? Die Erklärung hierzu liefert, wie oben erwähnt, der Navy-Seal-Admiral William H. McRaven. In diesem YouTube-Clip spricht er davon, was es für positive Auswirkungen auf deinen Tagesablauf hat, wenn du jeden Morgen dein Bett machst.[15] Das Ergebnis: Du schließt damit die erste Aufgabe des Tages erfolgreich ab und es wird dir ein Gefühl von Stolz vermitteln, dies bewerkstelligt zu haben. Es wird dir den Mut und den Antrieb geben, die nächste Aufgabe erfolgreich abzuschließen. Und darauf folgt die nächste Aufgabe, somit hat diese eine, kleine Aufgabe am Morgen dazu geführt, etliche weitere Aufgaben im Laufe des Tages erfolgreich zu Ende zu bringen. Weiter im Clip erwähnt er, wie wichtig somit auch die kleinen Aufgaben im Leben sind und was diese für eine Auswirkung auf unser Mindset und Tun haben.

Rafael Frenk, Head of Marketing & Co-Founder @Primal State
https://www.primal-state.de/

Start-up Hack: Mit Content-Marketing und Umfragen in der Community zu echtem Mehrwert und hoch konvertierenden Produkten

Marketing Hack Level: Expert

Wie hat Rafael es gemacht?

Bevor wir mit Rafaels Marketing Hack loslegen, müssen wir kurz auf sein Start-up Primal State eingehen, da er und seine Mitgründer ein Thema bearbeiten, das noch nicht so vielen Menschen ein Begriff ist. Und zwar dreht sich im Hause Primal State alles um das Thema Biohacking. Du fragst dich jetzt vielleicht an dieser Stelle: »Was zum Teufel ist Biohacking?« Hier eine kurze Erklärung:

Biohacker verstehen sich selbst als Do-it-yourself-Biologen, eine Art Wissenschaftler, die ständige Analysen durchführen, welche Reize aus dem Alltag sich wie auf den eigenen Körper und die damit verbundene Leistung auswirken. Was passiert zum Beispiel, wenn man morgens nichts frühstückt und erst ab Mittag Nahrung zu sich nimmt? Oder was passiert, wenn man morgens für drei Minuten eiskalt duscht? Wie wirken sich diese alltagstauglichen Hacks auf unsere Leistungsfähigkeit und Gesundheit aus? Ein Biohacker versucht somit zu verstehen, wie der Mensch funktioniert und was uns wie beeinflusst.

Über ihren Online-Shop primal-state.de vertreiben Jan und sein Start-up spezielle Nahrungsergänzungsmittel und digitale Kurse, um das volle Potenzial ihrer Kunden zu entfalten und die körperliche und mentale Leistungsfähigkeit zu erhöhen. Mir war bis zum Zeitpunkt des Interviews mit Rafael nicht bewusst, wie sehr wir unseren Körper durch Biohacking-Methoden beeinflussen und mithilfe verschiedener Body Hacks programmieren können, um energiegeladener und fokussierter zu sein. Es ist interessant, wie einfach wir durch Foodhacking eine gesunde Ernährung in unseren Alltag integrieren können und wie wir unser Gehirn durch Mindhacking zu noch mehr Leistung und Motivation programmieren können. Im weiteren Verlauf dieses Textes gehe ich exemplarisch auf ein paar Biohacks ein, um dir das Thema etwas näherzubringen. Natürlich kannst du diese Hacks dann auch direkt in deinen Alltag integrieren und dich selbst »biohacken«.

Mit Content-Marketing echte Mehrwerte schaffen

Primal State legt den Fokus beim Thema Content-Marketing auf Video-Marketing und produziert seinen Content inhouse mit einem eigenen Team aus zwei Personen, der dann auf Plattformen wie YouTube oder Facebook gestreut wird. Ihr Hauptfokus liegt nicht auf dem Thema Performance Marketing, sondern darauf, den Primal-State-Kunden und -Interessenten echte Mehrwerte zu liefern. Der Abverkauf der Primal-State-Nahrungsergänzungsprodukte dient als erster Schritt, um relativ schnell einen spürbaren Impact beim Kunden hervorzurufen und den Einstieg ins Biohacking zu erleichtern. Der zweite und weitaus effektivere Schritt aber ist, ihre Kunden auf ihrer Reise zu einem besseren Selbst durch hervorragenden Content und digitale Produkte langfristig zu begleiten.

Primal State fokussiert sich auf drei verschiedene Bereiche im Content-Marketing:

1. Mindhacking

2. Foodhacking

3. Bodyhacking

Mit dem Content will das Team von Primal State den Kunden unterstützen, auf körperlicher und mentaler Ebene seine Ziele zu erreichen, bessere Gewohnheiten zu etablieren und sein Leben bei den Hörnern zu packen. Der Content besteht aus etlichen Live-Streams zum Thema Mindhacking via Facebook/Instagram mit dem Titel »Mindhack-Monday« und Kochvideos zu speziellen Rezepten, die zur ernährungsbewussten Zielgruppe passen. Zusätzlich bietet Primal State Workout-Videos zum Thema Bodyhacking an, in diesem Videoformat werden dem Zuschauer kleine Work-outs und sportliche Betätigungen im Büro zur Verfügung gestellt.

Umfragen in der eigenen Community als Schlüssel zum Erfolg

Um die gewünschten Formate und den passenden Content zu produzieren, führen die Mitarbeiter von Primal State Umfragen in ihrer Community durch und identifizieren dadurch die Wünsche und Bedürfnisse ihrer Kunden.

Die Umfragen werden hauptsächlich mithilfe ihrer E-Mail-Liste durchgeführt. Hier haben die 1.000 treuesten Kunden einen eigenen Tag (Markierung). Jede Woche wird einer dieser Top-Kunden aus der Liste ausgewählt, per Skype angerufen, und es findet ein Austausch zu aktuellen Themen und Content-Formaten statt. Durch das Stellen von themenspezifischen Fragen zu ihren jeweiligen Formaten ergeben sich viele spannende neue Themen, die ihre Kunden wirklich interessieren und auch sehen möchten. Mit diesem Vorgehen erreicht Primal State einen perfekten Zielgruppenfit und verschwendet nicht Zeit und Geld mit der Produktion von Content, der am Ende keine Reichweite erhält und die Kunden nicht interessiert.

Der Fokus bei der Content-Kreation liegt auf Kunden, die bereits mindestens einmal bei Primal State ein Produkt erworben haben. Der Grund hierfür ist ganz einfach: Diese Kunden meinen es ernst und wollen an ihrem Leben etwas durch die Produkte von Primal State ändern und sind deshalb sehr offen für ihren Content.

E-Mail Hack: Automatisierung

Durch eine automatisierte E-Mail-Sequenz erhalten die Kunden Vorschläge zu weiteren Produkten und Content, ergänzend zum bereits gekauften Produkt. Hat ein Kunde Produkt A gekauft, erhält er in den kommenden Tagen Rezeptvorschläge und Kochvideos passend zu Produkt A. Ein paar Tage oder Wochen später schickt ihm Primal State dann Produkt B mit einem kleinen Rabatt zu, ergänzenden digitalen Content (zum Beispiel das E-Book *Schlafoptimierung*) oder eine persönliche Einladung zu einem Event, den Primal State veranstaltet. Die Top-Kunden erhalten zusätzlich auch physische Produkte, wie beispielsweise Kochbücher, die als Kundenbindungsmaßnahme dienen.

Diese komplette E-Mail-Sequenz ist automatisiert und wird »Newsletter Journey« genannt, die im Vorfeld definiert wird. Der große Vorteil: Du versorgst deinen Kunden nach seinem ersten Kauf oder seiner Registrierung über einen längeren Zeitraum mit wertvollen Informationen oder interessanten Produkten, erinnerst ihn immer wieder an dein Unternehmen und steigerst dadurch die Chance, dass er ein weiteres Produkt kauft oder Content konsumiert, den du ihm zuschickst. Und das alles komplett automatisiert.

E-Mail-Marketing-Automatisierung mithilfe eines Newsletter Journey

Fast jeder E-Mail-Marketing-Provider bietet die Möglichkeit der Automatisierung an. Mach dir im Vorfeld Gedanken, was du deinem Kunden über einen Zeitraum von beispielsweise vier Wochen kommunizieren möchtest, und zeichne dies in einer Mindmap auf. Unterteile die Newsletter Journey in verschiedene Kampagnen: Definiere, zu welchem Zeitpunkt du deinem Kunden welche Information mitteilen möchtest.

Starten kannst du zum Beispiel mit einer »Willkommensserie«, in der du dein Unternehmen vorstellst, die Vision deiner Marke kommunizierst und erklärst, wie dein Unternehmen Menschen helfen kann und welche Probleme es damit löst. Abschließen kannst du die erste Kampagne mit einem limitierten Spezialangebot, mit dem du dich für das Abonnieren deines Newsletters bedankst.

Die zweite Kampagne beschäftigt sich mit dem Sales Pitch deines Angebots. Hier willst du den Abverkauf deiner Produkte fördern. Zeige dem Kunden ein aktuelles Problem auf, welches er haben könnte und erkläre, warum ihn dein Produkt bei der Lösung des Problems unterstützen kann. Unterstütze den Kunden mit logischen Punkten, eventuell mit etwas Social Proof (Beispiel: Deine Firma hat bereits Hunderten anderen Kunden bei genau diesem Problem geholfen, binde hierfür Testimonials ein), und wecke etwas Angst, was er verlieren könnte, wenn er dein Produkt nicht kauft. Abschließen kannst du die zweite Kampagne mit einem Follow-up, in dem du freundlich nachfragst, ob der Kunde bereits dein Produkt gekauft hat und er immer noch das Problem hat. Unterstützend kannst du dem Kunden auch hier wieder einen speziellen und limitierten Rabatt anbieten.

Als dritte Kampagne legst du eine E-Mail-Sequenz für »Nach dem Kauf« an. Hier bedankst du dich beim Kunden für den Kauf, gibst

Anreize, sein Kauferlebnis innerhalb der sozialen Netzwerke zu teilen und wie er das Beste aus deinem Produkt herausholt (Rezeptvorschläge, Styling Tipps etc., variiert je nach Produkt). Frage deinen Kunden aktiv nach einer Bewertung seines Kaufs, starte eine Umfrage und nutze die Möglichkeit von Cross-Selling. Das heißt, biete deinem Kunden weitere Produkte an, die zum bereits gekauften passen.

Für die Bewerbung des Contents und ihrer Produkte setzt Primal State vor allem auf Performance-Marketing, im speziellen Facebook-Marketing mit Retargeting Ads. Wenn dir Retargeting kein Begriff ist: Hier wird einem Kunden, der beispielsweise bereits auf der Website von Primal State war und sich danach auf Facebook einloggt, ein kleiner Reminder in Form einer Facebook-Anzeige zum Produkt xy gegeben und zum Kauf animiert. Gut funktionieren hier auch wieder spezielle Rabatte, die den Kunden zum Kauf seines ersten Produktes animieren oder kostenlose Give-aways, die Kunden zur Registrierung animieren sollen. Primal State setzt diese mit Cross-Selling Video Ads innerhalb Facebook um, bei denen Mitgründer Janis in das Bild springt und dem Kunden nach dem Kauf von Produkt A (zum Beispiel Proteinpulver) Produkt B (MCT-Öl) anbietet, alles auf eine sympathische und unterhaltsame Weise.

Zur E-Mail-Leadgenerierung arbeitet Primal State mit kostenlosen Challenges, die ihren Kunden angeboten werden. Bei den Challenges handelt es sich meist um kleinere digitale Kurse, wie die »5 Tage Energizer Challenge«. Dabei handelt es sich um eine 5-Tagessequenz, die per E-Mail an die User ausgeliefert wird und mehrere Biohacks für einen energievollen Start in den Tag beinhaltet. Diese Challenge wird dann als Ad an alle User ausgespielt, die irgendwie in Kontakt mit Primal State standen (weil sie beispielsweise die Website besucht haben). Von dort aus kommen die User dann in den E-Mail-Marketing-Funnel, wo sie dann mit weiteren Angeboten bespielt werden. Alles natürlich komplett automatisiert.

Neben Facebook ist Primal State auch stark auf Google Ads fokussiert und vor allem im Bereich Google Shopping aktiv.

Rafaels erfolgreichster Marketing Hack

Wenn das Team von Primal State neue Produkte entwickelt, macht es dies nur noch auf Nachfrage. Das bedeutet, die Team-Mitglieder entwickeln Produkte nicht aufgrund von eigenen Interessen oder blicken in die Glaskugel, was sich ihre Kunden wünschen könnten, sondern sie fragen ihre Kunden explizit nach ihren Produktwünschen. Hier greifen sie wieder auf ihre treuesten 1.000 Kunden zurück, rufen diese an oder schreiben ihnen per E-Mail. Nachdem sie im Gespräch die Bedürfnisse der Kunden identifiziert haben, entwickeln sie einen Prototypen und holen ein zweites Mal Feedback ein. Dies machen sie so lange, bis das finale Produkt den genauen Vorstellungen der Zielgruppe entspricht. Ziemlich simpel, aber extrem effektiv.

Auch bei der Produktion digitaler Produkte wird bei Primal State das Vorgehen der »Nachfrage« angewandt. So auch bei der Entwicklung der 28-Tage-Zucker-Challenge, die aus einem Videokurs besteht. Die Jungs von Primal State hatten die Idee zu dem Kurs an ihre komplette E-Mail-Liste geschickt und nachgefragt, ob die User Lust auf einen Kurs zu diesem Thema hätten. Nach dem ersten positiven Feedback der Kunden entwickelten Rafael und sein Team einen ersten Prototypen und wählten 30 ihrer besten Kunden aus und gingen mit diesen ins Gespräch. Kunde A wurde der Prototyp vorgestellt, seine Meinung und Verbesserungsvorschläge wurden eingeholt, um diese dann direkt in den weiterentwickelten Prototypen einfließen zu lassen. Danach wurde Kunde B kontaktiert und mit dem neuen Prototypen inklusive den neuen Funktionen von Kunde A konfrontiert. Daraufhin gab Kunde B seine Verbesserungsvorschläge zum Produkt und Kunde C wurde kontaktiert. Das Spiel setzte sich fort bis Kunde Nummer 30 erreicht wurde. Das daraus gewonnene Feedback der Zielgruppe garantiert schon fast einen erfolgreichen Abverkauf des Produkts und hilft extrem dabei, das richtige Wording im Marketing zu verwenden, da man bereits weiß, auf welche Funktionen die Kunden großen Wert legen. Dadurch geht man so gut wie keine Eventualitäten ein und hält das Risiko eines Verliererprodukts relativ gering. Seitdem Primal State auf diese Art der Produktentwicklung zurückgreift, fällt es ihnen um ein Vielfaches leichter, gewinnbringende Produkte zu produzieren und ihre Kunden mit echten Mehrwerten zu beliefern.

Mit digitalen Produkten echte Mehrwerte schaffen

Durch ihre digitalen Produkte erzeugt Primal State einen Mehrwert beim Kunden. Dieser kann zum Beispiel durch die Teilnahme bei einer der vielen Challenges die Theorie direkt in seinen praktischen Alltag integrieren und umsetzen. Die digitalen Produkte sind immer eng mit den physischen Primal-State-Produkten verknüpft, bereichern sich somit gegenseitig und, es findet eine Cross-Promotion oder ein Cross-Selling statt. Zudem benötigen digitale Produkte, wie der Name schon sagt, kein Lager und müssen nicht aufwendig per Post verschickt werden. Die kompletten Kosten für die Infrastruktur fallen weg und übrig bleiben nur die Entwicklungs-, Marketing- und Payment-Kosten, der Rest ist Rohertrag oder Marge. Die digitalen Produkte tragen bei Primal State maßgeblich zur Erhöhung des Customer-Lifetime-Value (Deckungsbeitrag, den ein Kunde während seines gesamten Kundenlebens realisiert) bei und sind ein wichtiger Teil ihrer Erlöse. Derzeit liegt das Verhältnis der Verkäufe physischer und digitaler Produkte bei 80/20, aber Rafael lässt durchblicken, dass er und sein Team dieses Geschäftsfeld auf jeden Fall weiter ausbauen möchten.

Rafaels größter Fuckup (und warum ihn dieser zu einem erfolgreichen Unternehmer gemacht hat)

Rafael hatte sich schon relativ früh mit der Literatur um persönliche Weiterentwicklung beschäftigt und viele Bücher von Tony Robbins und vergleichbaren Autoren gelesen. Die Bücher hatten definitiv eine positive Wirkung auf seine Einstellung, da sie ihm vermittelten, dass er alles erreichen könne, was er nur wollte. Nur leider kam er nie ins aktive Handeln. Er war ein sogenannter »Wantrepreneur«. Ein Wantrepreneur ist jemand, der von der eigenen Firma träumt und immer darüber spricht etwas zu starten, es aber nie in die Tat umsetzt. Während seines ersten Semesters an der Humboldt-Universität in Berlin (Studienfach Betriebswirtschaftslehre) geschah dann ein ziemlich einschneidendes Erlebnis in Rafaels Leben: Er wurde nachts auf offener Straße ausgeraubt und brutal zusammengeschlagen. Dieser Zwischenfall beförderte ihn für mehrere Wochen ins Krankenhaus und sorgte für einen Umbruch in seinem Mindset. »Warum sollte ich das Studium machen, wenn ich eigentlich gar keine Lust darauf habe und das Leben, wie der Vorfall gezeigt hat, auch schnell vorbei sein kann? Warum auf etwas fokussieren, das mich nicht erfüllt?«, fragte er sich. Rafael hatte eine Entscheidung für sich getroffen. Er kam aus dem Krankenhaus heraus und ging ab diesem Zeitpunkt nicht mehr in die Vorlesungen. Dieser Vorfall hatte Rafael vom Wantrepreneur zum Entrepreneur befördert und eine komplette Veränderung in seinem Mindset bewirkt.

Als erstes Unternehmen gründete Rafael eine Marketing-Agentur für Hilfsorganisationen, die zu Beginn gut lief, aber relativ schnell pleiteging. Viel wichtiger war aber die Erkenntnis, dass man Dinge nicht nur träumen, sondern auch wirklich umsetzen kann. Danach folgten in der typischen »Lean Start-up«-Manier (ein Ansatz der Unternehmensgründung, bei dem alle Prozesse so schlank wie möglich gehalten werden) mehrere Projekte, vom spanischen Trinkbeutel zum Selbermachen bis hin zum

Online-Selbstverteidigungskurs für Frauen, die mal mehr, mal weniger gescheitert sind. Dann kam Primal State, was als Projekt relativ schnell Fahrt aufgenommen hatte und erfolgreich wurde. Nur, wie so oft im Unternehmerleben, sollte es auch hier nicht ständig bergauf für Rafael gehen.

Im Sommer 2017 kam der große Knall, der so schlimm war, dass das Primal-State-Team fest davon ausging, ihr Unternehmen durch diesen Vorfall dichtmachen zu müssen. Der Grund hierfür waren zahlreiche Abmahnungen zu bereits veröffentlichten Produktaussagen auf ihrer Website. Im Bereich Nahrungsergänzungsmittel ist man sehr limitiert, welche Aussagen man zur Wirkung seiner Produkte machen darf (die sogenannten »Health Claims«) und das Primal-State-Team hatte hier für manch einen Juristen und Mitbewerber anscheinend zu viel zur positiven Wirkung ihrer Produkte auf ihrer Website veröffentlicht. Eigentlich ist es üblich in der Branche, seine Produkte und deren Wirkung etwas mehr anzupreisen, aber es kann natürlich immer sein, dass Abmahnvereine auf einen aufmerksam werden. Und so geschah es auch in diesem besagten Sommer. Die Folge dieser Abmahnungen war, dass alle Blogartikel entfernt und auch alle Shop-Seiten deaktiviert werden mussten. Für das Gründerteam war das ein absoluter Alptraum. Doch das Team konnte durch ein lösungsorientiertes Mindset einen Turnaround hinlegen und den vermeintlichen Fuckup drehen und das Problem lösen. Das komplette Team hatte sich bei Rafael zu Hause am großen Verhandlungstisch versammelt und einen Strategieplan ausgearbeitet, um daraus Primal State 2.0 zu erschaffen. Die Folge waren ein komplett neu überarbeiteter E-Commerce-Shop und die Geburtsstunde des kreativen, bereits besprochenen Content-Marketings. Rafael hatte in dieser sehr anspruchsvollen Zeit die Effekte des Biohackings für sich nutzen können, denn im Vergleich zu früher – zu seiner gescheiterten Gründerzeit – konnte ihm der hohe Stresspegel nun nicht mehr so viel anhaben. Tools wie die tägliche Meditation, aktives Stressmanagement, das Führen von Tagebüchern und eine gesunde Ernährung waren seine

Hacks, um diese stressige und anspruchsvolle Zeit in seinem Leben als Unternehmer zu bewältigen.

Wie Primal State gegründet wurde

Zur Gründung von Primal State kam es, wie so oft im Unternehmerleben, über mehrere Umwege. Zum einen hatte Rafael durch die Gründung vorheriger Start-ups wertvolle Erfahrungen als Unternehmer sammeln können, die er dann bei Primal State direkt erfolgreich umsetzen konnte. Zum anderen – und das war einer der auschlaggebendsten Punkte – wurden Rafael und seine Mitgründer sehr von Tim Ferris, dem bekannten US-Autor und Unternehmer inspiriert, der unter anderem die *New York Times*-Bestseller *Die 4-Stunden Woche* und *Der 4-Stunden Körper* verfasste.

»Tim Ferris war und ist auf jeden Fall eine große Inspiration für uns. Wir lesen seine Bücher, die auch überall hier im Büro herumliegen und hören seinen Podcast ›The Tim Ferris Show‹. Eine Sache, die uns unglaublich inspiriert hat, ist der Ansatz zum Thema Struktur von Tim Ferris, und deshalb ist unser Tag auch so gut durchstrukturiert und besteht aus einer Vielzahl an Ritualen.«

Ein »normaler« Arbeitstag bei den Biohackern von Primal State

Das erste Ritual des Tages ist das Auslassen des Frühstücks. Stattdessen wird morgens ein sogenannter »Bulletproof Coffee« serviert, ein spezieller Kaffee, der die Performance erhöhen kann und die Fettverbrennung anregt. Dadurch erreicht das Team ein sehr hohes Maß an mentaler Klarheit und kann die täglichen Herausforderungen des Start-up-Lebens meistern.

Jeden Morgen, von 10 Uhr bis 12 Uhr, herrscht bei Primal State absolute Ruhe. Mitten im Büro hängt ein Gong und sobald dieser ertönt, wird die Phase der tiefen Ruhearbeit eingeläutet. Dies bedeutet kein Social Media, keine Kommunikation nach außen, Handys werden auf lautlos gestellt, und es wird mit einer speziell von Primal State entwickelten Produktivitätstechnik gearbeitet. In diesen zwei Stunden wird dann tief und komplett fokussiert gearbeitet. Davor praktiziert das komplette Team eine Meditation (Länge ca. eine Minute), um sich auf die Arbeit einzustellen. Man stellt sich sozusagen vor, wie man später im »Tunnel« ist und die einzelnen Aufgaben mühelos erledigt und von seiner To-do-Liste streicht. Nach den zwei Stunden ertönt wieder der Gong und es gibt eine kurze einminütige Abschlussmeditation, mit der man die Arbeitszeit abschließt. Im Anschluss gibt es ein 4-Minuten-Workout, um den Stoffwechsel nach dieser tiefen Fokuszeit wieder zu aktivieren. Dieses Workout besteht aus Liegestützen, Sit-ups, Kniebeugen oder einer speziellen Atemtechnik, die das Immunsystem stärkt. Um 14 Uhr kocht die Performance-Köchin reines, nährstoffreiches Essen und das ganze Team kommt gemeinsam am Tisch zusammen und isst. Während des Essens erklärt der hauseigene Health Coach Einzelheiten und Hacks zu bestimmten Lebensmitteln und erläutert weitere kleine Foodhacks, die im Alltag einsetzbar sind. Von 15 Uhr bis 16 Uhr startet dann die zweite, kleinere Deep-Work-Phase, die um 17 Uhr mit dem zweiten 4-Minuten-Workout abgeschlossen wird. Und so geht dann offiziell der Arbeitstag im Hause Primal State zu Ende.

> *»Struktur schafft Freiheit, weil Struktur Klarheit in Deinem Kopf schafft.«*
>
> – Rafael Frenk

Was bedeutet dieser Satz? Er bedeutet, du musst dich nicht um die ganzen kleinen Micro-Entscheidungen während deines Tages kümmern und hast mehr mentale und Willenskraft, um dich auf die wirklich wichtigen Dinge zu konzentrieren. »Das war genau das, was mich persönlich bei Tim Ferris so begeistert und inspiriert hat.«

Rafaels Ratschlag für angehende Unternehmer

»Es ist Yin und Yang, zur richtigen Zeit aufs Gas drücken zu können und voll reinzuhauen, aber auch zur richtigen Zeit auf die Bremse zu gehen, dich neu zu sortieren und zu regenerieren. Die richtige Balance und Harmonie zwischen Aktion und Reflektion. Wenn du das auf die Reihe bekommst, bist du wie ein Karate-Meister, der entspannt ist, aber auch gleichzeitig das Brett mit der Faust durchschlagen kann.«

Das bedeutet, als Unternehmer, der bereits viel arbeitet, solltest du auch genauso auf deine Ruhezeiten achten und komplett abschalten. Dadurch schenkst du deinem Organismus die nötige Ruhe, die er braucht, um sich regenerieren zu können. Rafaels Tipp an dieser Stelle: Teile deine Wochenarbeitsstunden durch zehn, bei sechzig Arbeitsstunden sind es beispielsweise sechs, und trage dir für nächste Woche in deinen Kalender sechs Regenerationsstunden ein, in denen du komplett digitalen Detox machst. Das bedeutet: keine elektronischen Geräte und du führst eine oder mehrere Entspannungsgewohnheiten durch, von denen du weißt, dass sie dir guttun. Das kann entweder Schwimmen, Meditation, Yoga oder Laufen sein – Hauptsache du schaltest damit ab und hast keinen Bildschirm vor der Nase. Mit dieser Taktik gönnst du dir die nötige Auszeit und Fokuszeit auf dich, um einen klaren Kopf für all die zukünftigen Aufgaben zu erhalten, die in der nächsten Zeit anstehen. Durch das Einstellen von Terminen in deinen Kalender ergibt sich eine viel stärkere Verbindlichkeit, und du wirst die geplante Zeit, egal ob es eine Massage oder der Besuch im Fitness-Studio ist, auch wirklich umsetzen.

Rafaels Buchtipps

Führe ein Tagebuch, auch bekannt als Journaling. »Jeder, der seinen Tag nicht aufschreibt, verliert dadurch enorme Erkenntnisse, die man über sich selbst gewinnt.«

Beim Journaling schreibst du auf, für was du dankbar bist, was den heutigen Tag für dich großartig macht, mit welcher Intention du in den Tag startest und was für tolle Dinge passiert sind. Aber auch, was besser hätte laufen können. Durch Journaling coacht man sich sozusagen jeden Tag aufs Neue selbst. Als zusätzlichen Buchtipp führt Rafael *Lebe nach deinen eigenen Regeln* von Vishen Lakhiani auf.

Rafaels Morgenroutine

Rafaels Morgenroutine besteht aus den folgenden fünf Routinen, die er uns an dieser Stelle als praktische Tipps zur Implementierung in unseren Alltag zur Verfügung stellt:

#1: Drei-Minuten-Bauchgefühlübung

Wie funktioniert's? Bleibe im Bett mit geschlossenen Augen liegen, und spüre einmal bewusst deinen Körper von deinen Füßen bis hin zum Kopf. Dadurch, dass du deinen Körper wahrnimmst, bist du im Moment und im Hier und Jetzt. Nachdem du die Übung für drei Minuten durchgeführt hast, sagst du zu dir selbst: »Diesen Tag lebe ich, als ob ich extra dafür aufgewacht bin, den Tag nach meinen Vorstellungen zu leben. Nicht weil ich aufstehen musste.«

#2: Siegerpose vor dem Spiegel

Strecke deine Hände in die Luft, nimm eine Siegerpose ein und schau dich dabei im Spiegel an. Was jetzt kommt, ist anfangs etwas komisch. Du feierst dich für mindestens eine Minute selbst und lobst dich für deine Erfolge (wie es auch Robert Kresse praktiziert). Dadurch bist du umgehend stolz auf dich selbst und kommst grundlos in einen positiven Gemütszustand. Die Siegerpose bringt dich zu der Erkenntnis, dass du der Ursprung deiner Gefühle bist und du selbst entscheiden kannst, wie du dich fühlst.

#3: Kalt duschen

Hole dir eine kleine Sanduhr, die du an die Wand in deiner Dusche pinnst. Dusche für mindestens 30 Sekunden kalt – die Profis unter euch, die nicht kälteempfindlich sind, duschen für ganze drei Minuten. Die Wirkung der kalten Dusche ist enorm. Kalt zu duschen ist eigentlich ganz einfach, man muss nur den Regler auf kalt stellen. Aber kaum jemand macht das und verlässt morgens schon seine Komfortzone, weil es unangenehm ist. Kalt duschen kann extrem viele Vorteile für deinen Körper und deinen Geist haben, angefangen bei einer Stärkung des Immunsystems, einer Förderung der Durchblutung, Unterstützung bei der Fettverbrennung bis hin zur Verringerung von Stress und Depressionen.[16] Nicht schlecht, was du alles erreichen kannst, nur weil der Temperaturregler von warm auf kalt gestellt wird, oder?

#4: Tag planen

Setze dich morgens hin, und schreibe dir dein 90-Tagesziel auf, welches du unbedingt innerhalb von 90 Tagen erreichen möchtest. Schreibe es dir auf, jeden Morgen aufs Neue. Zusätzlich schreibst du dir deinen wichtigsten Tagesfokus auf, um dieses Ziel zu erreichen. Was sind die drei kleinen Tagesaufgaben, die du erledigen musst, um diesen Tagesfokus zu erreichen? Wenn du diese drei Aufgaben am Ende des Tages erfolgreich erledigen konntest, war dein Tag ein voller Erfolg. Mach dir im Vorfeld bewusst, mit welcher Intention du in den Tag gehen möchtest. Was will ich heute eigentlich erreichen? Dadurch kannst du viel fokussierter und entspannter agieren. Wenn du genau weißt, was du willst, weißt du auch, was du nicht willst. Und das lässt du dann ganz einfach an dir abprallen und machst es nicht. So einfach ist es am Ende des Tages. Yin und Yang.

#5: Bulletproof Coffee

Dave Asprey, einer der weltweit bekanntesten Biohacker aus den USA, hat dieses Performance-Getränk bekannt gemacht. Bei einem Aufenthalt im Himalaya-Gebiet wurde ihm von den Einheimischen ein Yak-Butter-Tee serviert. Er war sehr von den positiven Effekten dieses Getränks beeindruckt und beschloss, dieses Getränk in seiner Heimat nachzubauen. Anstelle von Tee verwendete er hochwertigen Kaffee, weil dadurch die Wirkung noch kraftvoller war als mit Tee. [17]

Wer mehr über den Bulletproof Coffee, seine Wirkung und Herstellung erfahren will, sollte sich unbedingt auf https://blog.bulletproof.com/how-to-make-your-coffee-bulletproof-and-your-morning-too/ umsehen. Ich kann dir das wirklich sehr empfehlen.

Christian Häfner, Co-Founder @Fastbill
https://www.fastbill.com/, CEO & Co-Founder @happycoffee
https://de.happycoffee.org/, CEO & Founder @LetsSeeWhat-
Works https://letsseewhatworks.com/ und CEO & Co-Founder
@meerdavon http://meerdavon.com/

Start-up Hack:
Mit bekannten Brands und deren positiven Abstrahleffekten zum cleveren Markenaufbau

Hack Level: Expert

Wie hat Christian es gemacht?

Im zweiten Jahr nach der Gründung von FastBill, einer Software, die kleinen Unternehmen und Selbstständigen dabei hilft, die Buchhaltung zu automatisieren und zu erleichtern, entwickelten Christian und sein Mitgründer Rene die »FastBill Start-up Tour« als Maßnahme, um ihr Unternehmen auf die Start-up-Landkarte zu bringen. Sie stellten sich damals folgende Frage: Wie können wir unsere eigene Marke bekannter machen, ohne ein großes Investment in Branding-Kampagnen zu stecken, gleichzeitig aber möglichst viele Menschen aus unserer Zielgruppe und unseren Zielmarkt erreichen? Während ihres Brainstormings kamen sie auf die Idee, bereits bekannte Start-ups in ganz Deutschland zu kontaktieren und sie zu ihren Firmen zu interviewen. Unter den 30 Firmen, die sie für ihre Tour auswählten, waren schon damals in der Start-up-Szene gehypte und coole Unternehmen wie My-Taxi, Jimdo und 6Wunderkinder, die auch direkt ihre Teilnahme an diesem Format bestätigten. Die Jungs von FastBill hatten kein wirkliches Konzept hinter ihren Interviews. Mit einem Camcorder ausgestattet und zwei bis drei vorbereiteten Fragen machten sie sich in ihrem Auto auf den Weg zu den 25 Start-ups, die Lust auf das Konzept hatten. Das Interessante für den Zuschauer waren die Behind-the-Scenes-Aufnahmen in den Büros der Start-ups, zu denen man eigentlich bis dato noch keinen Zugang hatte, weshalb niemand wirklich wusste, wie es dort aussieht und wie diese Unternehmen so arbeiten. Der smarte Hack hinter dieser Idee war die Vermarktung der Clips über einen eigenen YouTube-Channel, den die Gründer hierfür erstellt hatten. Durch diesen YouTube-Channel hatten die Zuschauer plötzlich Zugang zu exklusivem Content aus der Start-up-Szene, den es so davor noch nicht zu sehen gab.

FastBill hatte es durch diese Aktion auf die Start-up-Landkarte geschafft und sie wurden interessant für Portale wie Deutsche Start-ups oder Gründerszene, die mehrmals über ihre Start-up-Tour berichteten. Nur mit einer Kamera bewaffnet haben sie es geschafft, authentischen Content aus der Start-up-Welt zu filmen – sozusagen von Start-up-Unternehmer zu Start-up-Unternehmer, was dem Format eine gewisse Authentizität verlieh.

In der Berichterstattung der Medien drehte sich alles immer um die FastBill Start-up Tour, obwohl es eigentlich nie im Detail um FastBill ging, sondern immer um die anderen, bereits bekannten Start-ups. Und das bringt uns auch direkt zum genialen Hack von Christian und seinem Mitgründer Rene: Ihr Unternehmen FastBill wurde in der Presse mehrmals zeitgleich mit namhaften Start-ups wie MyTaxi oder 6Wunderkinder (das Start-up von Christian Reber wurde von Microsoft für bis zu 200 Millionen Euro gekauft und zählt damit zu einem der größten Exits in Deutschland[18]) genannt, was natürlich für extrem positive Abstrahleffekte auf ihre eigene Marke sorgte. Mit diesem Zug konnten sie ihren Brand mit den anderen Brands gleichstellen und somit fast auf das gleiche Level in der Außendarstellung heben, obwohl sie noch ziemlich am Anfang ihrer Reise standen. Dadurch konnte FastBill relativ schnell Fuß in dem Markt fassen, wo sie mit ihrem Software-Produkt auch hin wollten. Der YouTube-Kanal zur »FastBill-Start-up Tour« kann zwar insgesamt »nur« knapp 25.000 Video-Aufrufe verzeichnen, diese stammen aber hauptsächlich direkt aus der Zielgruppe, die FastBill mit ihrem Produkt auch ansprechen wollte: Start-ups und Freelancer, die sich voll und ganz auf ihr Unternehmen konzentrieren wollen und nicht auf die damit verbundene Belegverwaltung und Buchhaltung.

Laut Christian versuchten sich bereits ein paar andere Start-ups daran, dieses Konzept nachzuahmen, so richtig ist es aber nie aufgegangen. Was aber nicht heißen muss, dass es für dich nicht klappen kann. Du brauchst nur den richtigen Aufhänger. Und den sehen wir uns im nächsten Abschnitt etwas genauer an.

Wie du Christians Hack für dich nutzen kannst

Dein Konzept ist hier der ausschlaggebende Punkt und gleichzeitig auch Erfolgsfaktor. Setze dich mit deinem Mitgründer oder deinem Team zusammen und überlege, wie du deiner Zielgruppe durch die Bereitstellung von exklusivem Content, egal ob als Video- oder Audiodatei, einen Mehrwert liefern könntest, den sie an einer anderen Stelle nicht erhalten würden. Sobald das für deine Zielgruppe und Zielmarkt passende Konzept gefunden ist, kommt der wahrscheinlich wichtigste Part in diesem Hack: deine Interviewpartner oder Brands, mit denen du den Content produzieren willst. Mach dir eine Liste mit den Industry Leaders in deinem Markt – inklusive Ansprechpartner –, die durch ihre Marke einen positiven Abstrahleffekt auf dich und dein Unternehmen haben könnten, und lade sie zu deinem Format ein. Sollte dein gewähltes Format in Richtung Interview gehen, beispielsweise für deinen YouTube-Kanal oder Podcast, hast du einen großen Vorteil, der in der Psychologie der Menschen liegt: die Eitelkeit. Jeder von uns fühlt sich etwas geschmeichelt und besonders, wenn er zu seinem täglichen Tun, Unternehmen oder Hobby von einem anderen Menschen interviewt wird. Hier hast du also große Chancen, tatsächlich auch viele Teilnehmer für dein Vorhaben gewinnen zu können.

Ich gebe dir an dieser Stelle noch ein persönliches Beispiel aus der Praxis. Mein Podcast »Start-up Hacks« ist für mich nicht nur irgendein Format, sondern das ultimative Tool zum Netzwerken und zur Neukundengewinnung für meine Tätigkeit als Digital Consultant. Seitdem ich den Podcast im Jahr 2017 gestartet habe, ist mein Netzwerk um zahlreiche, hochkarätige Unternehmer aus der Start-up-Branche gewachsen, die ich nicht nur zu meinem persönlichen Netzwerk zählen darf, sondern auch teilweise als Kunden gewinnen konnte. Dies war anfangs nicht so geplant, sondern hat sich während des »Machens« ergeben. Es war nie ein wirklich geplantes Vorhaben von mir, durch den Podcast so viele interessante Menschen wie nur möglich kennenzulernen, aber das war ein sehr positiver Nebeneffekt. Mittlerweile muss ich aktiv keine Interviewanfragen mehr stellen, da sich diese durch zahlreiche Intros aus meinem Netzwerk ergeben. Mein Netzwerk erledigt diesen Job sozusagen für mich, was sehr erfreulich ist und wofür ich sehr dankbar bin. Zum Start war dies natürlich anders. Gestartet habe ich mit Unternehmern aus meinem engsten Netzwerk, die eine interessante Gründer-Story hatten. Mit diesen ersten Interviews habe ich mich dann nach und nach hochgearbeitet und habe Start-up-Unternehmer aus meinem erweiterten Netzwerk angesprochen, über die ich durch einen persönlichen Kontakt aus dem Netzwerk desjenigen eine Intro erhalten habe. Wie gesagt, anfangs lief das alles über mich und durch Interviewanfragen, die ich an meine Gäste stellte. Was mich sehr freut und für das Format spricht: In den knapp zwei Jahren habe ich keine einzige Absage von einem Unternehmer erhalten, den ich zu einem Interview eingeladen habe. Natürlich kam mir hier auch mein Trackrecord als Unternehmer entgegen, der Exit mit kinoheld allem voraus. So konnte ich von Anfang an meine Podcast-Interviews auf

Augenhöhe führen, auch wenn mein Gegenüber zum Beispiel Michael Brehm, einer der Gründer von StudiVZ, war, der mit seiner Firma einen legendären Exit in der deutschen Gründerszene hinlegte. Ähnlich wie bei Christians Start-up Tour machte sich bei mir auch schnell der Abstrahleffekt meiner bekannten Interviewgäste bemerkbar. Zwei Monate nach Start des Podcasts konnte ich eine Kooperation mit dem bekannten Gründermagazin *Deutsche Start-ups* einfädeln, die meine Podcast-Folgen wöchentlich auf ihrer Website promoteten. Die Grundlage hierfür war ein Mehrwert für beide Seiten: Ich hatte eine Fläche mit einer gewissen Reichweite zur Verfügung, die meine Zielgruppe direkt ansprach, und *Deutsche Start-ups* konnte ihren Lesern mit meinem Content einen Mehrwert liefern. Und das ganz ohne Kosten. Nicht nur, dass nun der Brand meines Interviewgastes eine positive Wirkung auf meinen eigenen Personal Brand hatte, außerdem kam jetzt auch noch eines der bekanntesten Magazine aus der deutschen Start-up-Landschaft dazu. Ziemlich smarter Deal oder? So, jetzt aber genug mit der Selbstbeweihräucherung und zurück zu Christian und seiner Story als Gründer.

Wie Christian zum Seriengründer wurde

Christian gründet bereits seit mehr als zehn Jahren Unternehmen. Mittlerweile reist er als digitaler Nomade gemeinsam mit seiner Frau Heidi um die Welt und arbeitet von dort aus, wo es eine stabile Internetverbindung gibt. »Ich lebe heute den Lifestyle, für den ich die letzten Jahre viel gearbeitet habe und für den ich mir meine verschiedenen Unternehmen auch aufgebaut habe.« Im gleichen Zuge erwähnt Christian aber auch, dass es harte Arbeit ist und viel Ausdauer benötigt, um die jeweiligen Unternehmen aufzubauen. »An die Get-Rich-Quick-Nummern glaube ich nicht. Die mögen zwar für den einen oder anderen Unternehmer in einer bestimmten Nische funktionieren, waren aber für mich nie eine wirkliche Option«, sagte er.

Christian steht mit seinem Tun als Unternehmer für nachhaltige und vor allem skalierbare Geschäftsmodelle, die immer einen gewissen Vorlauf benötigt haben, bis sie erfolgreich wurden. Als Christian zum Beispiel FastBill mitgründete, dauerte es sechs Jahre, bis er das erste Mal als Nomade unterwegs sein und die Arbeit von der Ferne aus erledigen konnte. »Selbst nach der Gründung hat es ca. 3,5 Jahre gedauert, bis wir den ersten Mitarbeiter einstellen konnten. Und in der Zeit davor war wirklich nur pures Schuften angesagt, 24/7.« Irgendwann nach den Jahren der Enthaltsamkeit kommt dann aber die Belohnung. Christian war und ist laut eigener Aussage Geld nie so wirklich wichtig gewesen, vielmehr geht es ihm bei seiner Tätigkeit als Unternehmer um echte Passion für das Unternehmertum und darum, ein selbstbestimmtes, erfüllendes Leben führen zu können. »Ich wollte mir immer schon meine Zeit frei einteilen, wollte mich frei bewegen können und surfen gehen können, wann ich will und wo ich will. Genau darauf basierend habe ich auch alle meine Unternehmen aufgebaut, damit sie diesen Gedanken und Lifestyle auch ermöglichen. Sie sollen aber auch flexibel genug sein, dass sie in fünf oder zehn Jahren, wenn sich die Anforderungen an mein Leben nochmal geändert haben, trotzdem noch funktionieren.« Dieser Antrieb, den Christian tagtäglich bei seiner Arbeit als Unternehmer verspürt, hat ihn am Ende zum Seriengründer gemacht. Derzeit arbeitet er aktiv an drei verschiedenen Projekten: Happy Coffee (Kaffee-Start-up), LetsSeeWhatWorks (Unternehmer-Blog) und meerdavon (Surf-Blog). Außerdem unterstützt er seine Kollegen von FastBill weiterhin in strategischer Form nach seinem operativen Ausscheiden als Gesellschafter.

Wie lebt es sich als digitaler Nomade? Ein kurzer Auszug aus Christians Unternehmeralltag

Christian beginnt seinen Tag immer mit der gleichen Routine: Wellen checken. Dafür bietet das Haus, das er und seine Frau in

Baleal (Portugal) gemietet haben, ideale Bedingungen. Der nächste Surf Spot liegt gerade mal drei Minuten vom Haus entfernt. Nach mehr als einem Jahr auf Weltreise und digitalem Nomadentum wollten die beiden wieder etwas sesshafter werden, sie fühlten sich laut eigenen Angaben etwas reisefaul. Deutschland war für die beiden begeisterten Surfer keine Option, also machten sie sich mit ihrem Auto in Europa auf die Suche nach einem geeigneten Spot. Erst Spanien. Dann Frankreich. Beide sind extrem schöne Länder, aber so wirklich passte es Christian und seiner Frau dann doch nicht dort. In Portugal wurden sie dann im kleinen, beschaulichen Surfer-Örtchen Baleal fündig.

Christian – Unternehmer, wie er ist – wollte natürlich auch aus dem Thema Haus ein Geschäftsmodell entwickeln. Während der Hauptsaison vermieten sie ihr Haus über Airbnb an Touristen und finanzieren sich daraus die Miete. »Jetzt, nachdem die Saison vorbei ist, kann ich es auch sagen: Es hat sich sehr für uns gelohnt und der Plan mit dem Haus in Portugal ist aufgegangen. Das ermöglicht uns auch jetzt im Winter wieder länger zu verreisen, ohne das Haus nochmal vermieten zu müssen, da alles bereits bezahlt ist.« Hört sich nach einem sinnvollen Plan an, oder?

Zurück zu Christians Alltag in Portugal. Sind die Wellen gut, schnappt sich Christian sein Surfboard und beginnt den Tag mit einer ausgiebigen Surf Session. Spielen die Wellen und die Tide nicht mit, beginnt sein Arbeitstag schon früher, und er widmet sich mit einer Tasse frischem Happy Coffee seinen zahlreichen Projekten.

Wie FastBill gegründet wurde

Gemeinsam mit seinem Mitgründer René Maudrich startete Christian eines seiner ersten Ventures, FastBill. Wie so oft im Gründerleben lernten sich die beiden bei einem Praktikum kennen, in diesem Fall in New York. Nach einiger Zeit und vielen Ideen, die in zahlreichen Brainstorming Sessions entstanden sind, kam die Idee zu FastBill auf, einer Software zur Automatisierung der Buchhaltung für kleine Unternehmen und Freelancer. An den Start gingen sie damals mit der Idee, das Thema Rechnungsstellung zu vereinfachen, mittlerweile ist FastBill zu einer recht umfangreichen Buchhaltungssoftware geworden. Im Kern können damit Selbstständige, kleinere Unternehmen oder Freelancer ihre komplette Buchhaltung erledigen, Belege sammeln und Rechnungen erstellen. »Bei FastBill hast du sozusagen auch direkt deinen Steuerberater mit drin. Wir ersetzen den Steuerberater aber nicht völlig. Wir schaffen die Schnittstelle zum Steuerberater und wir automatisieren das lästige Belegesammeln dadurch.« Diese Belege und Unterlagen landen dann automatisch bei FastBill und werden von einem Assistenten erfasst. Am Ende erhält der FastBill-Kunde, soweit er das möchte, alle zwei Wochen eine Nachricht von FastBill, die seine offenen Belege, Rechnungen etc. beinhaltet. »Viel mehr muss man schon gar nicht mehr machen. Am Ende drückst du auf einen Knopf und dein Steuerberater erhält die Unterlagen und alle Daten werden per DATEV-Schnittstelle übertragen. Für mich persönlich als Unternehmer hat es den Aufwand, mich mit dem Thema Buchhaltung beschäftigen zu müssen, massiv reduziert, ich habe jetzt vielleicht noch eine Stunde Aufwand im Monat damit. Im Vergleich dazu: Vorher war es knapp ein ganzer Tag, den ich investieren musste.« Und genau das war laut Christian auch das Ziel, als sie damals mit Fast-Bill an den Start gingen. »Menschen eine Software an die Hand zu geben, um das Thema Buchhaltung vom Problem zum leichten Spiel für frische Unternehmer und Freiberufler zu machen.« Mittlerweile ist FastBill ein etabliertes Unternehmen am Markt, mit mehr als 60 Mitarbeitern und über 70.000 Kunden. Christian ist mittlerweile aus dem operativen Tagesgeschäft ausgestiegen, um sich seinen zahlreichen neuen Projekten zu widmen und als digitaler Nomade durch die Welt zu ziehen.

Von der Buchhaltungssoftware zum Kaffee-Start-up

»Meine Frau und ich sind beide Kaffee-Fans, und deshalb haben wir vor einigen Jahren das Start-up Happy Coffee gegründet.« Ursprünglich war Happy Coffee mal ein Nebenprojekt von Christian, gestartet als Blog zum Thema Fair Trade Coffee. Vor ein paar Jahren fing Christan aber an, sich immer intensiver mit dem Thema und Produkt Kaffee zu beschäftigten. »Es gibt Supermarkt-Kaffee, und es gibt guten Kaffee.« Dieser Satz hatte mir auch gleich zu denken gegeben und Christian hatte natürlich recht damit. Er vergleicht das gerne mit einem hochwertigen Filet-Steak vom Metzger und billigem Fleisch vom Discounter, der Qualitätsunterschied ist ganz klar. Genauso ist es auch beim Kaffee. Die Idee, einen hochwertigen Speciality Coffee auf den Markt zu bringen, ließ Christian und seine Frau nicht mehr los. Durch den Blog und den Content rund um das Thema Kaffee – welcher bereits gute SEO-Ergebnisse im fünfstelligen Bereich lieferte – konnten sie sich eine ordentliche Reichweite aufbauen. Jetzt musste nur noch ein Produkt her, um ein Geschäftsmodell darauf aufzubauen und die bestehende Happy Coffee Community zu monetarisieren. Und so kam es zum physischen Produkt Kaffee, den Christian ausschließlich online und als Abo-Modell vertreibt. »Das gesamte Geschäft, das wir machen, ist etwas, was wir weiterhin komplett von überall auf der Welt aus machen können. Mit entsprechenden Partnern und Dienstleistern in Deutschland, die vor Ort sind und uns tatkräftig unterstützen. Wir selber packen keine Päckchen, wir rösten den Kaffee auch nicht. Für all das haben wir Dienstleister, die uns helfen und zuarbeiten, sodass wir uns rein auf den Online-Verkauf konzentrieren können.« Ihr Kaffee wird zum Beispiel in Hamburg von einer Rösterei geröstet und kurz danach an die Kunden verschickt. »Kaffee ist ein Frischeprodukt, was viele gar nicht wissen. Der Kaffee im Supermarkt hat meistens ein Haltbarkeitsdatum von zwei Jahren, da kann man sich jetzt natürlich die Frage stellen, wie frisch das Produkt am Ende ist, wenn es beim Konsumenten in der Kaffeetasse landet. Teilweise handelt es sich auch um minderwertige Bohnen, wenn man sich diese mal genauer anschaut. Einfach mal den Test machen und eine Bohne in den Mund nehmen und einen Geschmackstest machen. Hier merkt man sehr schnell den Unterschied zwischen einem hochwertigen Kaffee und einem billigen Produkt.« Das erklärt am Ende auch den etwas höheren Preis von Happy Coffee gegenüber einem Produkt aus dem Supermarkt. Happy Coffee richtet sich aus diesem Grund auch bewusst eher an eine Zielgruppe, die ein höheres Bewusstsein für Qualität hat und auch bereit ist, etwas mehr in ihren täglichen Kaffeegenuss zu investieren. Christians langer Atem und hervorragende Kenntnisse im Online-Marketing zahlten sich nun aus. Wie bereits erwähnt, ist er nicht Unternehmer geworden, weil er schnell reich werden wollte. Ganz im Gegenteil, der Aufbau der Marke Happy Coffee ging Schritt-für-Schritt vorwärts, von einem Kunden, auf zwei Kunden, auf drei Kunden und immer so weiter.

Um den Lifetime-Value seiner Kunden zu erhöhen und nicht nur »hin und wieder« ein Päckchen Kaffee zu verkaufen, implementierte er eine smarte Strategie: das Happy-Coffee-Kaffee-Abo. Dadurch konnte er seine Kunden bewegen, nicht nur einmal zu kaufen, sondern in einen regelmäßigen Modus zu kommen. Denn Kaffee ist am Ende ein Verbrauchsgut. Mit diesem Service bietet Happy Coffee seinen Kunden einen USP, mit dem sie sich auch von der Konkurrenz abheben können. Der Kunde soll ja durch sein Abo happy sein und nicht verärgert, weil er sich plötzlich in einer Abo-Falle befindet. Christian arbeitet hier sehr transparent und schickt beispielsweise Erinnerungen per E-Mail an seine Kunden, in denen er freundlich nachfragt, ob sie noch genügend Kaffeevorrat haben oder Nachschub benötigen. Direkt aus der E-Mail heraus, ohne sich umständlich anmelden zu müssen, kann der Kunde beispielsweise sein Abo aussetzen und ist keinen Kündigungsfristen ausgesetzt. Am Ende, erwähnt Christian, macht es das Gesamtbild aus, die Mischung aus einem guten Produkt, einer tollen Marke, gutem Content und einem 1A-Kundenservice.

Happy Coffee vertreibt mittlerweile über ein Tonne Kaffee pro Monat und das komplett online. Das Abo nutzen bereits mehr als 400 aktive Kunden, gesamt verschickt Happy Coffee ca. 1.200 Päckchen Kaffee mit einer Wiederkehrerrate von über 70 Prozent (Stand November 2018). Happy Coffee, Happy Kunde.

Bonus Hack für den Start neuer Unternehmen

Beim Launch neuer Start-ups geht Christian immer nach dem gleichen Schema vor. Im ersten Schritt sieht er sich nach vielversprechenden Nischen um; entdeckt er hier Potenzial, startet er einen Blog und baut durch SEO-optimierten Content ersten Traffic auf. Damit schafft er es, eine Marke in einer bestimmten Nische aufzubauen und innerhalb der Zielgruppe für Awareness (Bekanntheitsgrad einer Marke) zu sorgen. »Der erste Schritt für mich ist immer, eine Sichtbarkeit aufzubauen. Und SEO ist nach wie vor ein super Weg dort hinzukommen.« Für die Content-Erstellung greift er entweder auf studentische Hilfskräfte zurück, die sich mit dem Thema auskennen, oder er setzt sich selbst an den Laptop und lässt die Tasten glühen. »Damals beim Kaffee war es so, dass ich mir monatlich 400 Euro zur Seite gelegt habe und davon einen Studenten bezahlt habe, der Artikel für Happy Coffee schrieb. Dass dies nicht der beste Content war, ok, aber es war zumindest Content, der in einer gewissen Regelmäßigkeit online ging.« Mit dieser Strategie schaffte es Christian bei Happy Coffee auf knapp 15.000 monatliche Besucher pro Monat, was eine solide Grundlage für ihn darstellte, um den nächsten Schritt einzuleiten. »Heute liegen wir durch unsere SE-Strategie irgendwo zwischen 70.000 bis 90.000 monatliche Besucher, die komplett organisch zu uns kommen.«

Als Marketer kannst du nun exzellent auf dieser Basis aufbauen, denn wenn die ersten Interessenten vorhanden sind, kann eine »Custom Audience« (eine Zielgruppe, die aus Kundendaten,

Website Traffic und anderen Quellen besteht) erstellt werden und beispielsweise durch Retargeting ein effektiver Sales Funnel aufgesetzt werden. »Aber natürlich muss man das Ganze testen, denn nur weil man eine Leserschaft hat, die sich für das Thema Kaffee interessiert, heißt das noch lange nicht, dass die alle deinen hochwertigen Kaffee kaufen.« Hier geht es stark darum, Vertrauen beim Kunden aufzubauen, und da ist der im Vorfeld besprochene Markenfaktor ein wesentlicher Bestandteil. »Diesen kann man aufbauen, indem man an dritten Stellen, wie zum Beispiel anderen Blogs, von seiner Marke spricht und als Gastautor Beiträge verfasst. Oder du drückst deinen Kaffee anderen Menschen in die Hand, die etwas zu sagen haben und eine eigene, gewisse Reichweite mitbringen (Influencer-Marketing).« Aber natürlich kannst du dich auch wie Christian einfach vor eine Kamera setzen und selbst über dein Produkt sprechen und das Ganze dann über Kanäle wie YouTube etc. gezielt als Marketing-Tool einsetzen. Für den Aufbau einer Marke gibt es verschiedene Wege. Alles, was für den Kunden greifbar ist, alles, was authentisch ist, begünstigt den Markenaufbau und sorgt am Ende dafür, dass Kunden auch kaufen. »Sei es aus reiner Neugier oder dass ein Kunde auch tatsächlich danach gesucht hat.«

Der nächste Schritt ist die Produkterstellung und die Entwicklung eines Geschäftsmodells. Erweist sich Christians Annahme als vielversprechend, versucht er ein zur Zielgruppe passendes Produkt, egal ob physisch oder digital, zu kreieren. Im Idealfall trifft er mit dem Produkt genau den Geschmack seiner Community und die User werden zu Käufern konvertiert. Ist dies nicht der Fall, setzt sich Christian nochmals an den Schreibtisch, analysiert die Zahlen und führt einen weiteren Test durch. So lange, bis er das passende Produkt für seine jeweilige Zielgruppe gefunden hat. So einfach ist es am Ende. Na ja, nicht wirklich, aber das Vorgehen von Christian macht durchaus Sinn.

Vom Kaffee-Start-up zum Surfer-Blog

Was kommt nach dem morgendlichen Kaffee bei Christian? Genau, der erste Wave Check. Wenn die Bedingungen stimmen, folgt eine ausgiebige Surf Session gemeinsam mit seiner Frau Heidi. Die Begeisterung für das Thema Surfen war auch der Auslöser für das nächste Projekt von Christian, welches er gemeinsam mit seiner Frau betreibt. Meerdavon.com ist ein Blog für die Zielgruppe Surfer und Surfreisende. Auch hier wendete Christian das gleiche Vorgehen wie bei seinen anderen Unternehmen an. Sie haben eine vielversprechende Zielgruppe identifiziert, starteten einen Blog, befüllten diesen mit SEO-Content und haben nach und nach eine Trusted Brand innerhalb dieser Zielgruppe aufgebaut. Mit dem zweiten Schritt in Christians Gründerhandbuch, der Entwicklung eines passenden Geschäftsmodells für diese Zielgruppe, beschäftigen sie sich derzeit. Ein erster Test hatte bereits vor einiger Zeit mit der Entwicklung einer eigenen Surfbikini-Kollektion stattgefunden, der zwar gut funktionierte, aber die beiden Gründer nicht zu 100 Prozent zufriedenstellte. Welches Produkt es am Ende wird, wissen die beiden zum derzeitigen Stand noch nicht. Bei Christians contentgetriebenen Ansatz kann man aber ziemlich sicher sein, dass er bald gemeinsam mit der meerdavon-Community ein passendes Produkt entwickelt.

Unternehmertum als echte Passion

Als Vollblutunternehmer ließ es sich Christian natürlich nicht nehmen, hierzu eine Destination für andere Entrepreneure ins Leben zu rufen. »LetsSeeWhatWorks.com ist ein Blog, der aus einer Leidenschaft heraus entstanden ist. Ich bin persönlich davon überzeugt, Unternehmer zu werden oder zu sein, ist ein relativer klarer Weg, um sich sein Leben so zu gestalten, wie man es eigentlich möchte.«

»Man arbeitet nicht, um zu arbeiten, sondern man sollte auch die Möglichkeit haben, das, was man aufgebaut hat, zu nutzen, um den Lifestyle zu leben, den man gerade leben will.«

– Christian Häfner

Für den einen bedeutet der perfekte Lifestyle, mehr Zeit mit der Familie zu verbringen, für den anderen heißt das mehr zu reisen. »Am Ende ist es wirklich jedem selbst überlassen, was er daraus macht. Aber ein Unternehmen zu haben, in dem man selbst Entscheidungen treffen kann, ist sehr viel wert. Im Gegensatz zu einer Anstellung hat man hier genau diese Freiheit. Dafür ist der Weg zum Ziel häufig steinig und viele schaffen es nicht.« Das Ziel von LetsSeeWhatWorks.com ist es laut Christian, zu zeigen, was funktioniert hat und was nicht. Let' See What Works eben. Das besondere an LSWW ist, dass nicht nur Christian seine persönliche Erfahrungen als Unternehmer mit der Communtiy teilt, sondern auch zahlreiche andere Gastautoren – andere Unternehmer. So hat es auch Lars Müller, der natürlich auch hier im Buch mit seinen Hacks vertreten ist, damals mit seiner Amazon Challenge gemacht (den Post findest du auf LSWW), »Wie ich über Amazon 1.000 € Gewinn am Tag machen will« aus dem Jahr 2015. Noch heute ist das einer der meistaufgerufenen Artikel auf LSWW. Lars hatte es mit seiner Challenge geschafft, enorme Aufmerksamkeit innerhalb und außerhalb der LSWW-Community zu erreichen, da es zu dieser Zeit nicht gerade gängig war, so hohe Gewinne mit Amazon zu machen. »Der Artikel von Lars hat auch für LSWW gut funktioniert, wir haben dadurch einen großen Push erfahren und einiges an Traffic generieren können. Auch heute noch ist auf den Artikeln von Lars sehr viel Traffic drauf.«

Christian gibt anderen Unternehmern oder denen, die es werden wollen, mit LSWW eine Hilfestellung an die Hand, um ein paar Stolpersteine, die das Unternehmertum so mit sich bringt, zu nehmen, damit die Menschen schneller an ihr Ziel kommen. Es lohnt sich wirklich, mal bei LSWW vorbeizuschauen, dort findest du extrem viel wertvollen Content rund um das Thema Unternehmertum. Klick dich durch die verschiedenen Artikel und ich verspreche dir, du wirst unglaublich viel mitnehmen. Die Learnings, aber auch Fails, die andere Unternehmer hier schildern, werden dich nicht nur inspirieren, du wirst auch viel dabei lernen. Und manchmal bedeutet etwas zu lernen auch zu scheitern – Unternehmertum ist halt kein Ponyhof. Außer du züchtest die Ponys und machst ein Business aus dem Ponyhof.

Christian bietet den Content auf LSWW kostenlos an, das Geschäftsmodell basiert auf einem Affiliate-Modell. Somit ist der Blog LSWW das vierte Standbein von Christian und rundet sein Portfolio bestens ab. Angehende oder bereits etablierte Start-up-Unternehmer sind für viele Firmen eine spannende und wichtige Zielgruppe, die teilweise relativ schlecht zu erreichen ist. Hier bietet Christian mit LSWW eine spannende Plattform mit wenig Streuverlust an.

Christian ist mit seinen verschiedenen Unternehmen sehr breit aufgestellt. All seine Projekte behandeln jedoch Themen, die Christian sehr viel Spaß machen und sich am Ende nicht wie Arbeit für ihn anfühlen. Dadurch kann er viel Zeit investieren, ohne schnell die Lust zu verlieren.

Grundsätzlich gilt: Solltest du ein Unternehmen starten wollen, lege ganz schnell die Get-Rich-Quick-Mentalität ab. In den meisten Fällen geht diese Einstellung nach hinten los. Wenn du die nötige Passion und Faszination für dein Produkt oder Projekt nicht hast, wirst du nicht lange dranbleiben. Geld kann dich eine Zeit lang motivieren, wird dir aber nicht den langen Atem geben, den du am Ende brauchst, um als Unternehmer erfolgreich zu sein.

Christians Ratschläge für angehende Unternehmer

»Es ist sehr wichtig, sich selbst einen langfristigen Plan aufzuerlegen. Eine Sache, die ich dir unbedingt an die Hand geben will: Wenn du etwas aufbauen möchtest, sollte dein Ziel immer sein, eine Art System oder Struktur zu schaffen, die Geld verdienen kann. Dieses System sollte auch dann in der Lage sein, Geld zu verdienen, wenn du mal ein oder zwei Tage nicht da bist. Wir waren zum Beispiel die letzten vier Monate auf Reisen und mit unserem Van unterwegs, sind durch Schottland gefahren und hatten teilweise tagelang keine stabile Internetverbindung zur Verfügung. Und trotzdem haben wir aber jeden Monat mindestens so viel verdient wie im Vormonat. Das ist dem Umstand geschuldet, weil wir einerseits einen hohen Grad der Automatisierung haben und anderseits ein System implementieren konnten, welches dies alles ermöglicht.« Bei Happy Coffee ist das zum Beispiel folgendes System: Es gibt einen Röster, einen Dienstleister, der sich um das Versenden der Pakete kümmert, und es gibt eine Webseite, auf der man den Kaffee bestellen kann.

Zudem hat sich Christian zum Start seines kleinen Kaffeeimperiums relativ schlank aufgestellt, was seiner Meinung nach ein wichtiger Erfolgsfaktor bei seiner Unternehmung war. »Wir verkaufen ausschließlich Kaffee und fokussieren uns darauf. Unser Ziel ist es jetzt, das Ganze weiter zu automatisieren und unsere Kernkennzahl, den Customer Life Time Value, stetig zu erhöhen, also einfach dafür zu sorgen, dass ein und derselbe Kunde mehr und mehr bei uns kauft. Die mühsamere Alternative wäre gewesen, wir machen einen Kaffee-Shop und verkaufen zusätzlich noch Zubehör, gehen total in die Breite und bieten 17 verschiedene Kaffeesorten an. Dadurch wären die Kunden überfordert, ich wäre überfordert, und am Ende hat niemand etwas davon. Mit Happy Coffee machen wir sozusagen das krasse Gegenteil und bleiben fast bei der Ein-Produkt-Strategie.« Christian vergleicht das an dieser Stelle mit Apple. Das Unternehmen stellt pro Kategorie auch nur wenige Produkte zur Auswahl und macht dem Kunden dadurch die Entscheidungsfindung einfacher. »So ähnlich machen wir das mit unserem Kaffee. Das ist der Happy Coffee, dieses Produkt kannst du jetzt kaufen. Wenn er dir nicht schmeckt, haben wir noch zwei weitere Varianten, die du als Alternative kaufen kannst. Einer davon sollte es sein. Wenn nicht, gewinnen wir dich auch nicht langfristig als Kunden.« Christian will mit dieser Strategie den Kunden nicht überfordern, sondern es ihm einfach machen, am Ende eine Kaufentscheidung treffen zu können. It's simple like that.

Außerdem ist es Christian wichtig, dass er sich bei Happy Coffee immer noch persönlich um den Support kümmert. Das ist zwar eine ordentliche Arbeitsbelastung, hilft dem Unternehmen aber enorm. »Wir lernen dadurch tatsächlich sehr viel von unseren Kunden, zum Beispiel wie sie ihren Kaffee trinken oder was sie für Fragen an unser Produkt haben.« Als Unternehmer ist es wertvoll zu wissen, wo der Schuh beim Kunden drückt. Wo gibt es Probleme, wie können diese gelöst werden? Gerade negative Erfahrungen, die das eine oder andere Mal im Online-Versandhandel aufkommen – falsche Lieferungen oder beschädigte Verpackungen – können dadurch gelöst werden. »Mit diesem Vorgehen kann man den Spieß relativ schnell umdrehen, indem man dem Kunden klar kommuniziert, dass sich nun der Gründer persönlich um sein Problem kümmert. Das ist eine Reaktion, mit der rechnet der Durchschnittskunde in Deutschland nicht, weil er es einfach nicht gewöhnt ist.«

Jetzt mal Hand aufs Herz: Wann ist es dir das letzte Mal passiert, dass dir der Gründer eines Start-ups persönlich geantwortet hat, nachdem du eine E-Mail an den Support geschickt hast? Bei mir ist es eine Zeit her, ich kann mich aber gut daran erinnern. Ich hatte ein kleines Problem mit einer neuen Software, die ich installiert hatte und ich kam einfach nicht weiter. Kurze Mail an den Support geschrieben, Antwort vom CEO bekommen. Wow, ab diesem

171

Zeitpunkt war ich ein Fan von ihm und seiner Company, weil ich genau wusste, was es als CEO bedeutet, sich für Kundenfragen Zeit zu nehmen. Eventuell klang ich in meiner Mail etwas verärgert und er hatte den nötigen »Riecher«, jetzt einzugreifen und mich dadurch nicht als Kunden zu verlieren. Er hatte auf jeden Fall Erfolg mit dieser Strategie. Die Software nutze ich heute noch. Genau hier kannst du dich als E-Commerce-Unternehmer von den großen Playern abheben. Wird dir so etwas bei Amazon passieren? Wohl eher nicht, hier läuft alles im großen Stil und anonym ab. »Das ist der eine Unterschied, den du als E-Commerce-Unternehmer heute machen kannst. Dadurch erhöhst du die Kundenbindung und hebst dich von anderen Wettbewerbern ab. Teilweise schreiben mir Kunden, dass sie nächste Woche im Urlaub sind und deshalb das Abo für diesen Monat aussetzen möchten. Der Advanced-Modus wäre jetzt, nach zwei Wochen bei diesem Kunden nachzufragen, ob er denn einen schönen Urlaub hatte und ob er jetzt wieder mit seinem Kaffee-Abo weitermachen will.« Damit kannst du einen Unterschied machen, ein relativ einfaches Mittel, aber mit maximaler Wirkung beim Kunden. Christian ist voll und ganz klar: Dieses Vorgehen geht nur bis zu einem gewissen Punkt, aber an diesem ist er mit Happy Coffee noch nicht angekommen. Deshalb beantwortet er als Gründer noch Support-Mails und baut dadurch eine ganz spezielle Bindung zu seinen Kunden auf.

Der beste Ratschlag, den Christian als Unternehmer erhalten hat

»Was willst du eigentlich erreichen? Was ist deine Motivation, was treibt dich an, ein Unternehmen aufzubauen?« Wenn man es laut Christian mal ganz rational betrachtet, dann bedeutet dies erst mal, sehr viel Arbeit für viel weniger Geld. »Das Ganze ist nur dann lohnenswert, wenn man ein langfristiges Ziel damit verfolgt. Wenn du sagst: ›Ich will mich um nichts kümmern, ich will einfach nur mein monatliches Gehalt auf meinem Konto, ich will

Stabilität, ich will Zeit am Wochenende‹, dann würde ich sagen, bleib doch angestellt. Wenn du Macht im Job haben und einflussreich sein möchtest, dann klettere doch die Karriereleiter hoch.« Wenn dir klar ist, warum du ein bestimmtes Ziel erreichen möchtest und verfolgst, dann bist du auf dem richtigen Weg. Egal ob das bedeutet, Unternehmer zu werden oder doch im Angestelltenverhältnis zu bleiben. »Für mich war Geld nie so wirklich der Motivator, sondern die Zeit und Beweglichkeit, die ich durch das Unternehmertum erreicht habe. Das ist jetzt auch die Form von Payoff, die ich mir rausnehme. Wahrscheinlich verdiene ich nicht viel mehr als ein Durchschnittsangestellter, auf jeden Fall aber habe ich viel mehr Zeit als ein Durchschnittsangestellter. Genau das war und ist meine Motivation als Unternehmer.«

Jan Heitmann, Deutschlands bekanntester Poker-Experte
und Keynote Speaker zum Thema Poker & Business
https://www.jan-heitmann.de

Start-up Hack: Mit Pokerstrategien und -Taktiken zu besseren Management-Entscheidungen

Hack Level: Expert

Was können Unternehmer von einem Pokerspieler lernen?

Poker ist ein wunderbarer Mikrokosmos für Entscheidungsfindung. Die Essenz jeglicher Entscheidung ist hier wirklich auf den Kern heruntergebrochen. Es gibt etwas zu gewinnen – den Pot in der Mitte – und ich muss dafür etwas riskieren, indem ich selber meinen Einsatz mache, oder wenn jemand anderes einen Einsatz macht und ich mitgehe beziehungsweise bezahle, das Ganze unter Unsicherheit und unvollständiger Information. Das beschreibt den absoluten Kern von Investitionsentscheidungen und damit jegliche Entscheidung, die wir im Leben treffen. Es geht immer darum, einen Mehrwert zu generieren, dabei haben wir aber eine Unsicherheit und wir können nicht in die Zukunft blicken. Wir wissen nicht, was in den nächsten fünf Minuten oder fünf Jahren passieren wird. Wir wissen einfach nicht, welche Karte als Nächstes auf dem Tisch aufgedeckt wird. Dadurch müssen wir beim Pokern Szenarien planen, Wahrscheinlichkeiten ausrechnen und arbeiten immer mit unvollständigen Informationen. Die Gegner sagen einem nicht, was für eine Hand sie haben, was sie damit vorhaben und erklären einem auch nicht ihre Gesamtstrategie. All diese Punkte ergeben einen wunderschönen Mikrokosmos, anhand dessen man verschiedene Konzepte entwickeln und darstellen kann, die man auf sehr viele andere Arten der Entscheidungen – besonders unternehmerischer Art – übertragen kann. Pokerspieler treffen eine unglaublich hohe Frequenz an Entscheidungen, besonders fleißige Spieler spielen ca. eine Million Hände pro Jahr. Jede Hand erfordert mehrere Entscheidungen. Du triffst demnach wirklich Tausende von Investitionsentscheidungen am Tag. Das ist quasi Strategie und Investitionsentscheidungen gamifiziert. Dadurch entschlüsselt man ziemlich schnell die Herausforderungen, die verschiedene Branchen mit sich bringen. Auf alle Herausforderungen passt mindestens ein Pokerkonzept, meist sind es mehrere, manchmal sogar Dutzende. Im folgenden Text stelle ich dir ein paar dieser Konzepte von Jan im Detail vor.

Real-Life-Pokerszenario auf das Business übertragen

»Eine der wichtigsten Strategien, die ein Pokerspieler nutzt, ist die Tight-Aggressive-Strategie«, erklärt Jan. Tight bedeutet in diesem Zusammenhang »eng« und Aggressive »aggressiv«. Eng bezieht sich auf die Auswahl der Hände, die ein Pokerspieler überhaupt spielt. Ein guter Pokerspieler spielt in etwa nur 20 Prozent seiner Hände. Das bedeutet, du bekommst die Hand ausgeteilt, und in der allerersten Setzrunde von insgesamt vier wird die Hand analysiert und in 80 Prozent der Zeit schmeißt du diese wieder weg, wenn du am Zug bist. Warum? Weil nicht jede Investitionsmöglichkeit, die sich einem bietet, auch eine gute Investition ist. Man wartet auf die Top 20 Prozent, bevor man sich überhaupt auf diesen Kampf einlässt und investiert. Selbst wenn man eine gute Voraussetzung hat, dann gehen natürlich manche Investitionen trotzdem schief. Aber wenn man in alles »Dahergelaufene« investieren würde, kann man gar keinen Erfolg haben. Mit dieser Grundidee, dieser Schablone kannst du komplett durch dein Leben gehen. Was sind die wichtigsten E-Mails, die ich im Laufe des Tages beantworte? Wenn der volle Fokus auf den Top 20 Prozent liegt, dann erreichst du damit zwei Sachen: Erstens steckst du eine Menge Energie in die absolut wichtigen Dinge und zweitens erarbeitest du dir dadurch eine unglaubliche Freiheit. Es sind natürlich nicht immer die angenehmen Angelegenheiten, die wichtig sind. Schiebst du diese Aufgaben aber immer wieder vor dich hin, blockst du viel Energie ab, die anderweitig viel besser eingesetzt werden kann, und zwar in der direkten Bearbeitung dieser Aufgaben.

Nehmen wir als Beispiel mal die Steuererklärung oder irgendetwas anderes Unangenehmes. Dies muss zwar jetzt erledigt werden, aber eigentlich hat man überhaupt keine Lust darauf. Die Konsequenz ist, dass diese Aufgabe immer wieder vertagt wird. Bis die Aufgabe dann erledigt wird, wurde bereits unglaublich viel Energie verschwendet. Am Ende stellt man fest, dass es gar nicht so schlimm war. Danach fühlt man sich extrem frei und hat auch wesentlich mehr Energie zur Verfügung.

Sollte dann noch Zeit vorhanden sein, können auch die restlichen 80 Prozent der Aufgaben in Angriff genommen werden. Aber: Eat the Frog first! Das bedeutet einfach, als Allererstes die wichtigen und teilweise unangenehmen Aufgaben zu erledigen und dann den Rest. Diese Vorgehensweise ist wahnsinnig effektiv. Hierzu gibt es auch ein spannendes Buch, welches ich dir sehr ans Herz lege. *Eat That Frog* von Brian Tracy.

»Ein anderes Beispiel kommt direkt aus einem echten Szenario meiner Kunden«, erzählt mir Jan. »Als Keynote Speaker habe ich bei einer großen Medienagentur gesprochen, die zum damaligen Zeitpunkt noch ein ziemliches Old School Business betrieb. Und zwar haben sie Werbeplätze für die Gelben Seiten und für Telefonbücher verkauft. Vor 20 Jahren war das noch ein absoluter Selbstläufer, weil der Bäcker oder Optiker um die Ecke nur dort Werbung schalten konnte. Dem Unternehmen wurde wortwörtlich die Türe eingerannt. Inzwischen ist es nicht mehr ganz so einfach, funktioniert aber wohl immer noch ganz gut. Die Mitarbeiter dieses Unternehmens laufen zur Neukundenakquise ganze Straßenzüge ab, gehen von Geschäft zu Geschäft und verkaufen ihren Kunden klassische Werbeplätze innerhalb ihrer Bücher. Außerdem verkaufen sie ihren Kunden aber auch etwas modernere Sachen wie zum Beispiel eine Webseite. Bei dieser Medienagentur hatte ich gesprochen, auch über das Tight-Aggressive-Konzept. Danach kam einer der Vertreter zu mir und meinte, er sei vor Kurzem bei einem Kunden gewesen und hatte ein Vorgespräch für eine Webseitenoptimierung und -erneuerung. Im Gespräch stellte sich heraus, dass der Optiker ein kompletter Google-Gegner war und keinesfalls dieses Produkt, die Suchmaschinenoptimierung, von dem Vertreter kaufen wollte. Der Vertreter war daraufhin etwas vor den Kopf gestoßen und konnte dieses Angebot auch nicht mehr bei seinem aufgebrachten Kunden platzieren. Der Vertreter verließ daraufhin den Kunden und verabschiedete sich. Nachdem der Vertreter mir diese Geschichte erzählt hatte, fragte ich ihn, ob er hier nicht etwas zu früh aufgegeben hätte, woraufhin der Vertreter meinte, das Schlimmste, was ihm passieren könnte, wäre, diesen Optiker als Kunden zu haben. Der Aufwand stehe für ihn einfach nicht in Relation zu dem möglichen Gewinn. Jeder einzelne Mitarbeiter müsste sich wahrscheinlich mit diesem Optiker abkämpfen, tagtäglich. In diesem Fall wurde die Tight-Aggressive-Strategie bereits von dem Außendienstmitarbeiter angewandt, weil er entschieden hatte, diese Investition wäre schlecht und würde nicht zu den erfolgversprechenden 20 Prozent zählen. Diese Kapazitäten sollten besser für den Kunden aufgehoben werden, dem ein echter Mehrwert geboten werden kann und mit dem man auch zusammenarbeiten möchte. Eine typische Win-win-Situationen für beide Seiten sozusagen.«

Investitionsmöglichkeiten und Hoffnung

Im Poker sagt man: Wer hofft, liegt hinten. Also, wenn du hoffen musst, dann bist du definitiv nicht der Favorit in dieser Runde und die Mathematik ist schon mal gegen dich. Wäre es anders herum, müsstest du nicht hoffen, sondern wüsstest schon im Vorfeld, dass du der Favorit bist und deine Investition langfristig die Resultate bringt, die du dir erhoffst.

Schwarz-Weiß-Entscheidungen und der richtige Einsatz von Energie

Es gibt beim Poker und bei allem, was man erlernen und indem man sich verbessern kann, sogenannte Schwarz-Weiß-Entscheidungen. Als Anfänger weißt du erst mal gar nicht, was du machst, aber irgendwann findest du die nötigen Basics heraus, um eine ganz klare Entscheidung treffen zu können. Je mehr du dich mit einem Thema beschäftigst, desto mehr sortiert man in diese Schwarz-Weiß-Entscheidungen rein und weiß am Ende einfach, was zu tun ist. Es bleibt aber immer noch diese Grauzone, also irgendwo in der Mitte wird es dann schwammig, und das Wissen ist einfach noch nicht gut genug. Je mehr Experte man in einem Thema wird, desto mehr taucht man in diese Grauzonen ein und sortiert dieses Wissen dann in Schwarz-Weiß-Entscheidungen auseinander. Es bleibt aber immer eine gewisse Grauzone zurück, denn du kannst einfach nicht alles wissen, egal wie gut du in deinem Expertenstatus bist. Je höher aber dein Wissen ist, desto anspruchsvoller werden auch diese Grauzonenentscheidungen. Was passiert nun bei Schwarz-Weiß- und Grauzonenentscheidungen, wo verwendet man die meiste Zeit drauf? Die richtig schwierigen Entscheidungen sind die, bei denen man abwägen muss, Gewinn-Verlust-Rechnungen macht und Excel-Tabellen erstellt. Und das frisst unfassbar viel Zeit. Das ist aber genau die falsche Stelle. Als guter Pokerspieler oder guter Sportler musst du erst mal zusehen, dass du deine Schwarz-Weiß-Entscheidungen korrekt abrufst. Solltest du hier einen Fehler machen, wäre das eine absolute Katastrophe. Um beim Pokern zu bleiben: Wenn du mit zwei Assen vorm Flop wegschmeißt oder mit einer schlechten Hand bezahlst, dann hast du hier einfach die Schwarz-Weiß-Entscheidung vermasselt. Aber das genau sind die Entscheidungen mit dem großen Hebel. Die Entscheidungen, die in der Grauzone liegen, sind deshalb in der Grauzone, weil sie entweder sehr schwer zu lösen sind oder sehr selten vorkommen. Man hat sich noch nicht mit diesem Thema befasst, deshalb konnte es noch nicht gelöst werden. Wenn diese Entscheidungen aber extrem schwer zu lösen sind, du drei Experten hierzu befragst und du drei verschiedenen Meinungen erhältst, dann ist es ein Coin Flip. Du könntest demnach auch eine Münze werfen. Dies wäre eine Entscheidung, bei der du mit dem bisherigen Wissenstand nicht weiterkommst. Egal wie sehr du dich in dieses Problem hineinvertiefst, du wirst es nicht lösen können.

Auf das Business übertragen ist es häufig die Entscheidung zwischen zwei wirklich guten Optionen, die auf dem Tisch liegen. Die eine ist gut, die andere aber auch, sonst wäre die Entscheidung ja nicht schwierig. An dieser Stelle kann man extrem viel Energie verschwenden, oder einfach sagen: »Das entscheiden wir jetzt und da werden wir entweder knapp richtig oder falsch liegen.« Langfristig betrachtet wird man bei ganz vielen dieser Entscheidungen knapp richtig oder knapp falsch liegen und es gleicht sich dadurch aus. Oder es kommt zu Entscheidungen, die so extrem selten sind, dass eine nähere Auseinandersetzung nicht weiter nötig ist, denn die Wahrscheinlichkeit, dass dieses Problem wieder auftritt, ist gleich null. Das sind aber häufig genau die Entscheidungen, bei denen extrem viel Energie verschwendet wird, ohne dass wir wirklich eine Wirkung heraus erzielen.

Jans Ratschlag für angehende Unternehmer

Jan empfiehlt: »Lies dein Gegenüber so früh wie möglich. Als Pokerspieler habe ich insgesamt elfmal bei der Weltmeisterschaft mitgespielt – das größte Turnier im Poker. 10.000 Dollar Buy-in, mit 6.000 Mitspielern, über mehrere Tage verteilt. In Las Vegas beispielsweise geht das Turnier über zehn Tage. Am Ende des Turniertages in Las Vegas werden all deine Chips jeweils in eine Tüte gepackt, die du dann am nächsten Tag wieder erhältst. Am nächsten Tag bekommst du natürlich diese Tüte wieder, nur werden die Tische komplett neu ausgelost. Damit aber jeder Spieler weiß, an welchen Tisch er muss, wird dieser Seat-Draw auch irgendwann vor dem Spieltag bekannt gegeben. Als guter Pokerspieler sitzt du natürlich abends oder morgens – je nachdem, wie schnell die Mitteilung rausgeht – direkt vor dem Rechner und schaust dir deine Gegner an, die mit dir am Tisch sitzen. Wie viel Chips haben die, wie viele habe ich? Diese Information bezieht sich auf die Strategie, die ich an diesem Tisch spielen kann. Und vor allem: Wer sitzt da eigentlich? Mit der Hilfe von Datenbanken schaue ich mir genau an, mit wem ich es am nächsten Tag zu tun habe und versuche so viele Informationen zu sammeln, wie nur möglich. Sollte ich zum Beispiel herausfinden, mir sitzt ein Mitspieler gegenüber, der normalerweise nur 60-Dollar-Buy-in-Turniere spielt, jetzt aber an einem 10.000 Dollar-Buy-in-Turnier teilnimmt, dann muss dieser Spieler das Ticket wahrscheinlich gewonnen haben und spielt das mit Abstand größte Turnier seines Lebens. Sitzt mir auf der anderen Seite ein Spieler gegenüber, der mehrmals im Jahr 5.000-Dollar- oder 10.000-Dollar-Buy-in-Turniere spielt, dann sitzt mir hier ein komplett anderes Kaliber gegenüber. Das sind extrem wichtige Information für mich zur Vorbereitung auf einen Spieltag.«

Ähnlich wie im Poker geht es auch bei Verhandlungen oder Meetings im Business zu. Die Vorbereitung ist unglaublich wichtig. Je mehr du über die anderen Teilnehmer herausfinden kannst, desto besser. »Beim Poker verwendet man dieses Vorgehen ganz klar gegen die anderen, bei Verhandlungen versucht man ja idealerweise nicht unbedingt gegen die anderen Teilnehmer zu spielen. Meist sind Verhandlungen ja kein Nullsummenspiel. Das bedeutet: Was der eine aufgeben muss, gewinnt der andere. Klar. Aber im Idealfall findet man eine Möglichkeit, dass beide Seiten als Gewinner aus der Verhandlung herausgehen.«

Trotzdem ist es unglaublich wichtig zu wissen, wie die Gesprächspartner ticken, was ihr Background ist und welche Ziele sie verfolgen. Beim Poker gibt es hier das Konzept »Level-Denken«. Ich möchte damit herausfinden, auf welchen Level der andere über das Spiel nachdenkt. Was kann er überhaupt? Anfänger ist gleich Level Null, die müssen sich erst mal mit ihren eigenen Karten beschäftigen, die wissen noch gar nicht so genau, was sie überhaupt für eine Hand haben. Fortgeschrittene und Amateure wissen, welche Karten sie selbst haben, die überlegen nun, was ihr Gegner für Karten habe könnte. Das heißt, wenn der Gegner an dieser Stelle setzt, was sagt das über seine Hand aus. Profis wiederum gehen noch einen Schritt weiter, indem sie eine Annahme treffen, was der Gegner denken könnte, was ich für Karten habe.

Bezieht man dieses Konzept nun wieder auf das Business, solltest du dich fragen: Was weiß der andere über mich? Was denkt der andere, welchen Preispunkt ich habe oder was ich mir erwarte? Was denkt mein Gegner, was ich habe? »Spätestens hier hat das nichts mehr mit einem Kartenspiel zu tun. Wenn ich weiß, mein Gegner denkt, ich habe eine gute Hand, dann wird er womöglich ›checken‹. Ich mache meinen Einsatz und er fühlt sich bestätigt in seiner Annahme, dass ich eine gute Hand habe. Daraufhin wirft mein Gegner seine Karten weg. Brauche ich dann eine gute Hand, um den Pot in der Mitte zu gewinnen? Nein. Ich muss nur wissen, was denkt mein Gegner über mich. Wer Weltklasseniveau erreicht hat, geht dann nochmal einen Schritt weiter. Was denkt mein Gegner, was ich denke, was er denkt, was ich denke, was er für eine Hand hat? Man merkt, hier wird es dann etwas komplizierter.

Lustigerweise löst man das hier dann über die Spieltheorie, also über Mathematik. Man möchte sich an diese Stelle gar nicht in den anderen hineinversetzen. Ich weiß bereits, hier handelt es sich um einen Weltklassespieler, also versuche ich möglichst nahe am Optimum zu spielen. Wenn er Fehler macht, dann hängt er sich schon selber damit auf. Die Grundidee ist, sich in die Lage des anderen zu versetzen und zu verstehen, wie er denkt und mit welcher Geschichte er nach der Verhandlung zu seinen Vorgesetzten zurückkehren möchte. Welche Punkte sind möglicherweise für ihn wichtig? Dem anderen geht es höchstwahrscheinlich gar nicht um die gleichen Punkte. Bei Verhandlungen geht es nicht immer nur um den Preis, es spielen hier noch viele weitere Faktoren hinein. Zuerst muss ich aber wissen, was mein Gegenüber möchte, was sein Antrieb ist. Wie tickt diese Person? Welches Expertenwissen hat er? Und dann erst kann ich mich auf ihn einstellen.«

Eine relativ einfache Möglichkeit, um dieses Vorgehen für das Geschäftsleben und die Vorbereitung auf Meetings und Verhandlungen zu nutzen, bieten Plattformen wie LinkedIn oder Xing. Kleiner Hinweis an dieser Stelle: Solltest du noch Xing als Netzwerk-Plattform nutzen, rate ich dir, schnellstens zu LinkedIn zu wechseln. LinkedIn ist wesentlich näher am Puls der Zeit und gleicht viel mehr einem sozialen Netzwerk, perfekt auf die Bedürfnisse und Anforderungen im Business zugeschnitten. Über die Detailsuche in der Suchfunktion findest du relativ schnell die jeweilige Person, zu der Informationen benötigt werden. Vorausgesetzt ist natürlich, dass diese Person auch auf LinkedIn angemeldet ist. Ab einem gewissen Level im Business ist aber so gut wie jede Führungskraft oder jeder Entscheider auf LinkedIn mit einem Profil vertreten. Hast du nun die gesuchte Person gefunden, schaue dir genau seine Vita an, sollte diese hinterlegt sein. Welche Beiträge hat die Person in letzter Zeit geliked, vielleicht wurden sogar eigene Artikel auf LinkedIn veröffentlicht? Mit wem ist die Person auf LinkedIn verbunden, habt ihr vielleicht sogar gemeinsame Kontakte, auf die man sich berufen kann? Anhand dieser Informationen kannst du dir dann eine Art Persona, einen »Wanted«-Steckbrief erstellen, der alle nötigen Informationen auflistet. Damit bist du perfekt auf dein Meeting oder auf die bevorstehende Verhandlung vorbereitet.

Wie Jan Investitionsentscheidungen bei einer Weltmeisterschaft trifft

»Die Entscheidung hierzu trifft man eigentlich bereits vor dem Turnier. Was ein guter Pokerspieler oder Unternehmer nie machen würde, ist alles auf eine Karte zu setzen. Die ganzen Heldengeschichten, ein Spieler hätte mit seinem letzten Hemd das Turnier gewonnen, gibt es so nicht. Da muss davor schon eine Menge schiefgegangen sein. Das machst du natürlich nicht, wenn du langfristigen Erfolg anstrebst. Höchstwahrscheinlich kommt nicht genau die Karte, die du unbedingt für einen Sieg brauchst. Die Folge wäre, pleite zu sein. Das wäre eine Katastrophe. Die Strategie von Pokerspielern ist hier, das zur Verfügung stehende Kapital – die Bankroll – gewinnbringend einzusetzen. Setze ich alles auf eine Karte, ist die Möglichkeit sehr hoch, alles auf einmal zu verlieren. Je nach Risikoaffinität setzt man somit fünf bis 20 Prozent seiner Bankroll, um ein Turnier zu spielen. 20 Prozent wäre in diesem Fall sehr risikoaffin, mit fünf Prozent ist man auf der sicheren Seite. Die Überlegung im Vorfeld ist nun, welche Turniere kann ich mit meiner Bankroll spielen, ohne pleite zu gehen. Sind das eher 100-Dollar-Buy-in-, 1.000-Dollar-Buy-in- oder sogar 10.000-Dollar-Buy-in-Turniere. Diese Entscheidung fällt somit schon weit vor einem Turnier. Innerhalb der Situation, ob Cash-Game oder Turnier, musst du dann wiederum bereit sein, alles einzusetzen, wenn es die Situation erfordert. In einem Turnier kommt das ständig vor, denn die Grundeinsätze – die Blinds – steigen relativ schnell mit jeder Runde an. Dadurch musst du als Spieler auch gewillt sein, zu sterben, also rauszufliegen, um langfristig erfolgreich zu sein. Fühle ich mich nun in einem Turnier unwohl, weil es eventuell um einen ziemlich hohen Einsatz geht, dann habe ich wahrscheinlich schon davor den Fehler gemacht, mich für dieses Turnier anzumelden.«

Was heißt das nun auf das Business bezogen? Was den Bereich Investitionen angeht, bedeutet das ganz klar: Setze niemals alles auf eine Karte und investiere dein komplettes Geld nicht in nur eine Opportunity. Streue deine Investitionen und achte hierbei auf deine eigene »Bankroll«, die du zur Verfügung hast. Dies hier ist kein Investitionsratschlag oder Hinweis, wie du mit deinem Kapital umgehen solltest. Es sind einfach die Learnings aus dem Poker auf das Geschäftsleben übertragen.

Für einen Online-Unternehmer, der auf Kunden-Traffic angewiesen ist, bedeutet das, sich niemals nur auf einen einzigen Traffic-Kanal zu verlassen. Vor allem nicht, wenn dieser von nur einer großen Plattform kommt. Einige meiner Podcast-Gäste wurden zum Beispiel ziemlich hart vom Algorithmus-Update von Facebook getroffen, durch welches die Sichtbarkeit der Fan- und Unternehmensseiten extrem eingeschränkt wurde. Fanseiten mit Hunderttausenden von Fans generierten plötzlich nur noch wenig Interaktion und Klicks auf die Beiträge. Die Traffic-Generierung via Facebook war so gut wie tot und Unternehmer, die sich auf diese Art des Traffic verlassen hatten, waren vor eine Herausforderung gestellt. (Näher hierzu gehe ich im Kapitel mit der Reise- und Lifestyle-Bloggerin Christine Neder von Lilies Diary ein, die ihren Traffic durch eine smarte Pinterest-Strategie wieder auf Spur bringen konnte). Ähnlich wie mit dem Traffic verhält es sich auch mit Revenue Streams (Einnahmequellen) und Distributionskanälen. Vielleicht denkst du dir jetzt: Ist ja klar. Aber glaube mir, ich habe schon viele Unternehmer gesehen, die sich nur auf einen Distributionskanal verlassen haben und dabei ziemlich hart auf die Nase gefallen sind. Deshalb meine Empfehlung an dieser Stelle, genau wie sie dir auch Jan als Pokerprofi geben würde: Baue dir mehrere, verlässliche Sales und Revenue Channels auf. Bricht der eine weg, ist der andere da, um die Verluste aufzufangen.

Wie Jan zum Pokern kam

Im Jahre 2003 hatte Jan sein Diplom an der Wissenschaftlichen Hochschule für Unternehmensführung (WHU) in Vallendar gemacht. »Damals sind so ca. 80 Prozent der Leute entweder Investmentbanker oder Unternehmensberater geworden. Ich wollte das damals nicht, es war einfach nicht meine Welt. Nichts gegen diese Berufssparten, aber ich habe mich einfach nicht in diesen Berufen gesehen. Zu diesem Zeitpunkt hatte ich schon gute fünf bis sechs Jahre Poker gespielt, anfangs nur als Hobby, aber schon recht erfolgreich. Aber wie man das halt so als Hobbyspieler so macht, man ist anfangs im Casino und schafft etwas Geld auf die Seite. Damals wusste ich aber noch gar nicht so recht, wie gut ich eigentlich bin. Dann habe ich einfach ein paar Sachen kombiniert, ich wusste noch nicht genau, was meine Berufswahl sein würde und wollte etwas kreative Pause und Ferien machen. Mein Versuch damals war, mir einen Europa-Trip durch das Pokerspielen zu finanzieren. Ich habe einfach ein paar Sachen ins Auto geworfen und bin losgefahren. Mein Ziel waren schöne Städte, die aber auch gleichzeitig ein Pokerangebot hatten. Der Plan war, sollte ich pleitegehen, fahre ich wieder nach Hause und suche mir einen Job. Der Plan ist aber komplett schiefgegangen. Aus Versehen hat sich aus diesem Europa-Trip eine Karriere im Poker entwickelt.«

Du kannst dir vorstellen, wie Jans Eltern sein Vorhaben fanden, als er von seiner Europareise nach Hause kam und ihnen erklärte, er wolle jetzt professioneller Pokerspieler werden und damit sein Leben finanzieren. »Es war ein super Gespräch. Nach Hause zu kommen, nach mehr als einem Jahr auf Achse – davon vorwiegend in Europa, zum Schluss noch in Las Vegas zur Weltmeisterschaft – und seinen Eltern zu verklickern, dass ich das Pokerspielen vorerst mal weitermachen werde. Ganz wichtig: Man muss die richtigen Eltern dafür mitbringen. Ich konnte damals einigermaßen gut argumentieren. Mein Vater und meine Mutter hatten mir damals das Studium bezahlt, die Europareise fanden sie auch gut und haben diese unterstützt, aber es kam dann doch die Frage auf, was jetzt mein wirklicher Plan wäre. Ich blieb gegenüber meinen Eltern aber standhaft und habe meine Position bezüglich des Pokerspielens weiter verteidigt und ihnen klargemacht, dass ich diese Passion weiter verfolgen möchte. In diesem besagten Jahr war ich auch sehr erfolgreich. Meine Eltern waren der Meinung, das ganze Vorhaben wäre ziemlich riskant, woraufhin ich sie fragte, was daran riskant wäre. Wenn es nicht funktionieren würde, würde ich einfach wieder damit aufhören und mir einen Job suchen. Sie waren der Meinung, ich würde damit eine riesen Lücke im Lebenslauf riskieren, aber darauf hatte ich auch ein sehr gutes Argument. Ich hatte einen Top-Abschluss von einer sehr guten Universität, ich spreche vier Sprachen, habe ein Jahr Auslandserfahrung plus nochmal ein Jahr Erfahrung als selbstständiger Pokerspieler. Ist doch super, das verkauft sich Bombe. Sollte ich damit nicht in ein Vorstellungsgespräch eingeladen werden oder sich im Interview herausstellen, dass meine Gesprächspartner meine Vita bezüglich Pokern nicht gut finden, dann möchte ich wahrscheinlich dort auch nicht arbeiten. Am Ende war es sogar ein gutes Mittel zur Selektion, ob der Job und die Menschen zu mir passen. Das mussten meine Eltern dann irgendwann einsehen. Als Unternehmer wusste mein Vater, wie wichtig es ist, unter einer Vielzahl von Bewerbern herauszustechen, und stimmte mir zu, dass der exotische Part in meinem Lebenslauf eher dafür sorgen würde, für ein Vorstellungsgespräch eingeladen zu werden, als deshalb abgelehnt zu werden. Seine Argumentation war hier auch, dass eh immer mehr Bewerber eingeladen werden und man sich den Exoten dann doch gerne anschaut, denn dieser hat bestimmt eine spannende Geschichte zu erzählen. Selbst wenn man bereits in den ersten fünf Minuten weiß, der wird es einfach nicht, hat man zumindest eine spannende und abwechslungsreiche Geschichte gehört. Da musste dann selbst meine Mutter zustimmen.« Und so kam Jan zum Poker und wurde am Ende der bekannteste Pokerexperte Deutschlands, der unter anderem bereits bei zahlreichen Fernsehauftritten bei *TV Total* und SPORT1 zu sehen war und mit seinen

Seminaren »Gedankengänge eines Pokerspielers« ein sehr gefragter Keynote Speaker ist.

> *»Wenn man mit einem guten Diplom 20.000 Euro*
> *verliert, da ist ja nichts passiert. Klar, dann ist man*
> *erst mal traurig, weint ein paar Wochen, aber dann*
> *steht man wieder auf und weiß, dass man das im*
> *Leben wieder erwirtschaften kann.«*
>
> – Jan Heitmann

Jans größte Niederlage und gleichzeitig auch größter Erfolg

»Paradoxerweise geschah das alles an ein und demselben Tag. 2012 spielte ich das achte oder neunte Mal bei der Weltmeisterschaft mit. Bei diesem Turnier bezahlt jeder Teilnehmer 10.000 Dollar Startgeld und es spielen insgesamt um die 7.000 Spieler mit. Die Wahrscheinlichkeit, dass man hier unglaublich weit kommt, ist ungefähr gleich null. In diesem Jahr bin ich aber 26ster geworden, was ein riesiger Erfolg für mich war. Ich habe sieben Tage am Stück Poker gespielt und habe es geschafft, nicht rauszufliegen. Normalerweise hat man während dieser Zeit bereits zwei Turniere gewonnen, da die anderen Turniere nicht so lange gehen wie die WM. Zudem habe ich das beste Pokerspiel meines Lebens abgeliefert und war mit allen Entscheidungen sehr zufrieden, die ich während des Turniers getroffen habe. Aber dann rauszufliegen, wenn man bereits eine Vielzahl an anderen Spielern hinter sich gelassen hat und nur noch 25 Spieler vor sich hat, bis man die Weltmeisterschaftstrophäe in den Händen halten würde, das ist der Wahnsinn. Ich weiß noch, dass ich direkt nach meinem Rauswurf für zwei Stunden in dem Flur des Hotels auf dem Boden saß und vor mich hingestarrt habe, weil ich nicht klargekommen bin. Dieses

Erlebnis musste ich erst einmal verarbeiten, ich habe bestimmt noch zwei Wochen nach dem Turnier davon geträumt. Denn an diesem Ereignis hing noch ein weiterer Rattenschwanz an Möglichkeiten. 2011 hatte der erste und bis dahin einzige Deutsche, Pius Heinz, das Turnier gewonnen. Wenn somit im nächsten Jahr ein Deutscher, sagen wir nur an den Finaltisch gekommen wäre – und das wäre am Ende des Tages passiert, an dem ich rausgeflogen bin – dann hätte das in Deutschland nochmal eine richtige Poker-welle lostreten können. Ich hätte einfach unglaublich gerne diese Möglichkeit gehabt, mir diesen Traum des Weltmeistertitels zu er-möglichen. Mir ging es sekundär um das Preisgeld, das hinzuge-kommen wäre, primär aber vielmehr darum, dieses wunderschö-ne Spiel der breiten Öffentlichkeit noch zugänglicher zu machen. Auf der anderen Seite war das aber auch der größte Turniererfolg und Turnier-Cash-Gewinn, den ich in meiner Karriere hatte. Das war für mich der größte Erfolg, aber auch gleichzeitig die größ-te Niederlage in meiner aktiven Karriere als Pokerspieler. Als Po-kerspieler muss man sozusagen Scheitern umdefinieren, genauso wie man es auch als Unternehmer machen sollte – eigentlich sogar als Mensch. Die Entscheidungen, die du triffst, beeinflussen somit deinen Erfolg. Auf Glück oder Pech hast du eh keinen Einfluss. Es gibt eine Vielzahl an Faktoren, die auf die kurzfristigen Resultate einwirken, auf die wir absolut keinen Einfluss haben.«

Kurzfristige Resultate haben laut Jan immer eine sehr große Va-rianz, im Volksmund auch als Glück oder Pech bekannt. Am En-de handelt es sich um Faktoren, auf die wir keinen Einfluss haben. Als Pokerspieler kann der langfristige Erfolg nur sichergestellt werden, wenn gute Entscheidungen getroffen werden. »Und zwar immer und jeden Tag. Ich möchte jeden Tag bessere Entschei-dungen treffen als meine Gegner, dann spiele ich langfristig sehr profitabel. Und ich möchte jeden Monat bessere Entscheidungen treffen als letzten Monat, dadurch lerne ich ständig hinzu und es kann mir weniger im Spiel passieren. Als Unternehmer ist das ähn-lich. Dummerweise lassen wir uns als Menschen von kurzfristigen

Resultaten extrem beeinflussen. Wir bewerten anhand von Resultaten. Resultate resultieren aber nur aus den Entscheidungen, die man trifft. Und das ist genau der Hebel, an dem wir drehen können. Das langfristige Ziel muss immer sein, die Entscheidungen möglichst optimal zu treffen, und dann kommen die Resultate auch von selbst. Auf das Unternehmertum wiederum bezogen bedeutet das Folgendes: Welchen Einfluss hast du als Mittelständler in Deutschland auf externe Faktoren wie den Brexit, Donald Trump oder Fukushima – damit hast du nichts am Hut. Trotzdem kann es aber sein, dass genau diese Events dein Business für das nächste Jahr extrem beeinflussen. Das ist quasi wie die nächste Karte, die vom Geber ausgeteilt wird. Da können wir nichts daran ändern. Die Entscheidungen aber, daran können wir arbeiten. Und genau das ist auch der Weg zum langfristigen Erfolg. Nur da, wo es Unsicherheiten gibt, kann ich durch meine besseren Entscheidungen auch langfristigen wirtschaftlichen Erfolg erzielen. Trotzdem macht es natürlich keinen Spaß zu scheitern.« Jan kennt niemanden (und du wahrscheinlich auch nicht, lieber Leser), der gerne verliert und den »Pot« an jemand anderen abtritt und sich dabei innerlich noch so richtig freut.

Ein kleiner Ausflug in die Pokermathematik

»Nehmen wir mal an, es sind 100 Euro im Pot und dein Gegner setzt weitere 100 Euro. Zum Entscheidungszeitpunkt können wir als Spieler somit 100 Euro riskieren, um 200 Euro zu gewinnen. Die 100 Euro, die bereits im Pot waren plus die 100 Euro, die der Gegner hereingegeben hat. Rein rechnerisch bedeutet dies, wenn wir 100 Euro setzen und wir verlieren, haben wir vom Entscheidungszeitpunkt aus 100 Euro verloren. Im nächsten Spiel setzen wir in der gleichen Situation nochmal 100 Euro und verlieren wieder, so wären wir jetzt 200 Euro im Minus. Würden wir im dritten Spiel gewinnen, könnten wir 200 Euro gewinnen, nämlich die 100, die unser Gegner gesetzt hat plus die 100, die bereits im Pot waren.

Dadurch wären wir wieder Break-even. Unser Break-even-Point ist also genau bei einem Drittel. Dies bedeutet am Ende, wenn wir mit einer Gewinnwahrscheinlichkeit von einem Drittel oder besser konfrontiert werden, dann sollten wir an dieser Stelle investieren. Jeder, der Investitionsentscheidungen trifft, sollte dies grob draufhaben.«

>»Resultate beschreiben nur die Vergangenheit. Entscheidungen prägen die Zukunft.«

– Jan Heitmann

Der beste Ratschlag, den Jan als Pokerspieler erhalten hat

»Ich hatte relativ früh ein Aha-Erlebnis in meiner Karriere, bei dem ich das Konzept verstanden habe, dass man sich auf den anderen oder seinen Partner einlassen muss, idealerweise wertungsfrei. Sobald ich eine Wertung hereinbringe, setze ich mir dadurch Scheuklappen auf. Ich bin ja direkt nach dem Studium auf meine Europareise gegangen und der erste Stop war Barcelona. Dort war ich so gut wie jeden Tag im Casino, vor allem weil es mir zu diesem Zeitpunkt noch so viel Spaß gemacht hat, am Tisch zu sitzen und zu spielen. Ein älterer Spanier, der unglaublich schlecht Poker spielte, saß mir so gut wie jeden Tag gegenüber am Tisch. Es war wirklich so, als ob er sein Geld verbrennen wollte. Ich dachte mir ständig, wie kann man so schlecht Poker spielen? Ich hatte das mal grob ausgerechnet, was er täglich verloren hatte und bin so auf 400 bis 500 Euro pro Tag gekommen. Das war für mich als gerade fertiggewordener Student natürlich irre viel Geld. Ich dachte mir einfach nur: >Was für ein Idiot, wie bescheuert muss man sein, so viel Geld tagtäglich am Pokertisch zu verlieren?< Irgendwann bin ich dann mit dem Mann ins Gespräch gekommen und es stellte sich heraus: Der Mann war einer von Spaniens erfolgreichsten Neurochirurgen. Dass er ein Idiot war, konnte man durch diese Information schon mal ausschließen. Er hatte einfach unglaublich viel Geld und hätte sich wahrscheinlich auch jeden Tag einfach eine Jacht mieten können. Im Gespräch stellte sich heraus, dass er gerade eine schwierige Zeit in seinem Leben durchmachte und sich im Casino einfach wohlfühlte. Es ging ihm dabei nicht primär ums Pokern oder um das Geld, er suchte einfach nur Ablenkung. Seine Motivation in diesem Fall war eine ganz andere als meine. Er wollte nicht profitabel Poker spielen, sondern maximalen Spaß haben. Wenn du maximal viel Spaß haben möchtest, spielst du jede Hand bis zum Schluss durch, hast unheimlich lustige Situationen dabei, aber wie so oft im Leben kostet maximaler Spaß auch maximal viel Geld. In dem Moment, als ich seine Situation verstanden habe, konnte ich mit ihm auch komplett anders umgehen. Erstens hatte ich auf einmal großen Respekt vor diesem Mann und zweitens habe ich ihn komplett anders behandelt. Denn ich habe dafür gesorgt, dass er maximal viel Spaß hatte. Jetzt hatte er auf einmal Spaß daran, Geld an mich zu verlieren, und wir sind richtig gute Freunde geworden. Dieser Möglichkeit verschließt man sich sehr schnell, wenn man sein Gegenüber aus seiner eigenen Sichtweise bewertet. In den meisten Fällen haben die Menschen gute Gründe und einen guten Plan für die Herangehensweise an Dinge, die natürlich auch mal danebengehen können. In den meisten Fällen liegt aber eine komplett andere Motivation dahinter. Mit diesem Wissen auch in Verhandlungen zu sitzen und dementsprechend mit Mitarbeitern umzugehen, öffnet einem wirklich die Türen und man akzeptiert, warum der Mensch so tickt, wie er tickt. Dadurch kann ich verstehen, warum derjenige so handelt, kann mich darauf einlassen und dadurch die Hand oder die Situation viel präziser spielen.«

Jans Buchtipp

Ein Buch, das Jan in letzter Zeit zum zweiten Mal gelesen und das ihn wahnsinnig inspiriert hat, ist ein Buch über Verkaufsstrategien mit dem Titel *Lebe begeistert und gewinne* von Frank Bettger. Der Titel verleitet dazu, das Buch erst mal in die Esoterikecke zu schieben, es ist aber in Wirklichkeit ein extrem spannendes Buch zum Thema Verkauf. Es werden hier Konzepte behandelt, die auch heute noch sehr gut in der Praxis funktionieren. Eines der wichtigsten Konzepte: erst einmal beim Kunden nachfragen, was er überhaupt will und wie man ihn bei seinen Herausforderungen unterstützen kann. Die meisten Verkäufer sprechen im Verkaufsgespräch viel zu viel über sich selbst oder über das Produkt, vergessen aber komplett, auf die Wünsche und Probleme des Kunden einzugehen. Genau das aber stellt der Autor hier in den Vordergrund.

Jan hatte das Buch aus folgenden Grund bereits vor knapp 25 Jahren schon mal gelesen: Bevor er professioneller Pokerspieler wurde, war er Zauberer. Seine Spezialität waren Kartentricks, damals bereits auf Weltklasseniveau. Nachdem Jan zum ersten Mal dieses Buch gelesen hatte, konnte er durch die darin enthaltenen Strategien seine Gage verzehnfachen. Nicht schlecht für einen 17 Jahre alten Hobbyzauberer, pro Auftritt knapp 1.000 DM aufzurufen. »Durch das Buch konnte ich meine Verkaufsgespräche damals optimal führen und immer die besten Deals für mich herausholen. Ich habe mich nicht selbst verkauft, sondern einfach meinem Gegenüber zugehört und ihm daraufhin die Lösung für sein Problem präsentiert. Und alle waren happy.«

Lars Müller, CEO & Founder @SOLIDMIND
https://solidmind.de/

Start-up Hack: Smarte Amazon Hacks und Personal Branding innerhalb sozialer Netzwerke

Hack Level: Expert

Wie hat Lars es gemacht?

»Wenn alle Leute nach links gehen, schauen wir immer nach rechts.« Was bedeutet dieser Satz nun auf das Nahrungsergänzungsmittel-Business von Lars übertragen, den er hier mal so in aller *Lucky Number Slevin*-Manier (solltest du diesen Film noch nicht gesehen haben, hole es unbedingt nach. Ein Klassiker mit Bruce Willis, Josh Hartnett, Morgan Freeman und Ben Kingsley) anbringt? Kurz zur Erklärung: Im Film wird ein Ablenkungsmanöver beschrieben, kurz ein »Kansas City Shuffle«. Für Lars bedeutet dieses Ablenkungsmanöver, das Marketing für SOLIDMIND immer anders auszurichten, als seine Mitbewerber es gerade machen und sich dadurch effektiv abheben zu können. Wie sieht das nun in der Umsetzung aus?

»In Zukunft werden unsere Kunden die Möglichkeit haben, alle Nahrungsergänzungsmittel innerhalb unseres Online-Shops kostenlos testen zu können«, erklärt mir Lars. »Durch einen Free plus Shipping Funnel (hierbei handelt es sich um einen Verkaufstrichter, der dem Kunden ein Produkt kostenlos zum Kauf ermöglicht, bei dem aber eine Versand- und Bearbeitungsgebühr anfällt. In den meisten Fällen decken diese Gebühren die initialen Kosten für das Produkt und der Anbieter ist dadurch Break-even. Mehr hierzu im Kapitel mit Lukas Mankow) ermöglichen wir unseren Kunden, diese Produkte dann auch wirklich kostenlos nach Hause geliefert zu bekommen. Zudem werden sich in Zukunft unsere Kunden ein eigenes Business mit SOLIDMIND aufbauen können und auf unser fundiertes Wissen aus dem Nahrungsergänzungsmittelmarkt, Vertrieb und Marketing zurückgreifen können. Wir werden nicht zu Amazon zurückgehen, was damals mein größter Hack und auch Sprungbrett für meinen Brand war. In unserer DNA werden wir aber immer versuchen, anders zu sein und die Dinge anders anzugehen.«

Ein ganz wichtiger Punkt, der SOLIDMIND extrem vom Markt und den Mitbewerbern abhebt, ist das Thema Personal Branding innerhalb des Unternehmens. Bei den meisten Supplement Brands handelt es sich um gesichtslose Websites, die zwar ein Impressum auf ihrer Seite aufführen, aber bei denen man nicht weiß, wer genau dahintersteckt. Wer sind die Menschen hinter der Marke, was ist ihre Mission und für welche Werte stehen sie? Der Kunde soll genau wissen, von wem die einzelnen Produkte kommen und warum das SOLIDMIND-Team diese entwickelt hat. Auch außerhalb von SOLIDMIND war und ist Personal Branding der größte Marketing Hack, den Lars laut eigener Aussage in letzter Zeit angewendet hat. »Menschen und auch neue Mitarbeiter arbeiten für andere Menschen und nicht für Unternehmen«, sagt er. »Im ersten Schritt vielleicht schon, aber ich erhalte teilweise Bewerbungen von Leuten, die im Jahr 150.000 Euro verdienen und dann für mich für ein wesentlich geringeres Gehalt, teilweise die Hälfte, arbeiten möchten. Warum? Weil sie mich ›cool‹ finden oder mir auf Social-Media-Kanälen folgen und sich mit meinen Werten und Zielen mit SOLIDMIND und meinen anderen Projekten stark identifizieren können. Weil sie dadurch in der Lage sind, remote arbeiten zu können und mehr Zeit mit ihrer Familie und vor allem mit ihren Kindern verbringen können.«

Das Thema Personal Branding ermöglicht es, einen hohen Grad an Identifikation beim Kunden hervorzurufen und eine Nähe zu deinem Brand und dir als Person zu schaffen. Menschen kaufen von Menschen, nicht von Unternehmen. Aber es geht noch weiter: Deine potenziellen Kunden oder Partner sollen sich nicht nur mit dir, sondern auch mit dem ganzen Team hinter deiner Marke identifizieren können, deshalb ist es umso wichtiger, dieses Mindset auf das komplette Unternehmen zu übertragen und das Team auch hier immer wieder mal einzubinden. Der Gedanke bei deinem Kunden sollte sein: »Wow, hinter dem Produkt steckt ein tolles Team, mit dem ich mich persönlich identifizieren kann. In diese Welt möchte ich noch tiefer eintauchen und auch ein Teil davon sein.« So funktioniert perfektes Storytelling mithilfe deines Personal Brands und übertragen via Social Media.

Wie du Lars' Hack für dich nutzen kannst

Lars wichtigster Schritt und größter Marketing Hack war das Thema Personal Branding. Wie können wir nun das Thema Personal Branding für unsere eigenen Projekte und Ziele einsetzen? In den nächsten Punkten gehe ich detailliert auf die einzelnen Schritte ein, die nötig sind, damit auch dein Personal Branding innerhalb Social Media zum Erfolg wird. Eines sollte ich aber direkt am Anfang erwähnen: Der Start ist relativ einfach, nur die dauerhafte Umsetzung, die zum langfristigen Erfolg führt, benötigt einen hohen Grad an persönlichem Einsatz. Wenn du bereit bist, Zeit und auch etwas Geld in diesen Hack zu investieren, dann werden dir die nächsten Schritte helfen, deinen Personal Brand mithilfe von Social Media zu etablieren.

1. Was ist Personal Branding überhaupt

Ähnlich wie beim Branding auf Unternehmensebene geht es beim Personal Branding darum, dich bei deiner Zielgruppe als Marke zu etablieren. Dies beinhaltet neben dem obligatorischen Logo auch, eine eigene Stimme zu einem bestimmten Thema zu entwickeln und diese konsequent über deine Kanäle zu vermitteln. Was du auf jeden Fall verhindern solltest: langweilig zu sein. Entwickle deinen eigenen Kommunikations- und Bilderstil, mit dem du aus der Masse herausstechen kannst.

2. Branding-Ziele definieren

Für was möchtest du mit deinem Personal Brand stehen? Wie sollen dich die Menschen wahrnehmen, die deinem Profil folgen und mit dir in Interaktion treten? Was möchtest du am Ende mit deinem Brand erreichen? Ich gebe dir an dieser Stelle mal ein Beispiel. Ein mögliches Ziel wäre, dich durch deinen Content als Experte in einer bestimmten Nische zu etablieren. Damit steigerst du nicht nur deine Sichtbarkeit, sondern generierst auch mehr mögliche Aufträge und Auftritte als Keynote Speaker, die sich dadurch ergeben können. Hier solltest du neben den »normalen« Social-Media-Plattformen wie Instagram, Twitter, Facebook vor allem auch LinkedIn nutzen. Auf meiner Website bernhardkalhammer.com findest du hierfür den kostenlosen Blueprint »Der perfekte LinkedIn Funnel«, den du nutzen kannst, um LinkedIn erfolgreich für die Etablierung deines Expertenstatus zu nutzen und endlich nicht nur Kontakte zu sammeln, sondern daraus auch echte Verbindungen und Kunden aus dem B2B-Umfeld zu generieren. Tipp: Prüfe auch die Profile anderer Experten in deiner Nische und analysiere ihr Posting-Verhalten und welchen Content sie veröffentlichen.

3. Fachgebiet und Brand Statement definieren

An dieser Stelle solltest du deine Kernkompetenzen herauskristallisieren und festlegen, für welche Werte du stehst. Dadurch erreichst du eine bestimmte Wahrnehmung innerhalb deiner Zielgruppe. Implementiere hier auch deine Berufsbezeichnung und deine Interessen als Hashtags in deiner Biografie. Sie helfen dir als Keywords bei der Auffindbarkeit deines Profils innerhalb der einzelnen Netzwerke.

Als Nächstes arbeitest du an deinem Brand Statement: Wie möchtest du dich mit deinem Personal Brand positionieren? Versuche auf die Herausforderungen und Probleme deiner Zielgruppe einzugehen und biete ihnen in einem Satz eine Lösung an. Ich kommuniziere zum Beispiel direkt in meinem Logo, wofür ich stehe: Growth, also Wachstum und Mindset. Mein Brand Statement als Digital Consultant (eines meiner Geschäftsfelder) auf meiner Webseite bernhardkalhammer.com lautet: »Ich bin dein Starthelfer & Impulsgeber« und soll meiner Zielgruppe – Kunden, die meine Beratung zu den Themen Business Development, digitales Marketing und Sales in Anspruch nehmen – direkt vermitteln, dass ich ihnen die nötigen Impulse liefere, um ihr Business auf das nächste Level zu heben.

4. Sei omnipräsent

Soll nicht heißen, dass du auf allen sozialen Netzwerken präsent sein musst, sondern nur auf denjenigen, auf denen auch deine Zielgruppe anzutreffen ist. Durch eine Analyse findest du das relativ schnell heraus. Sobald du weißt, auf welche Plattform(en) du dich fokussieren musst, setze einen laserscharfen Fokus an und bespiele deine Zielgruppe mit Content, der ihnen einen echten Mehrwert liefert. Zudem solltest du idealerweise eine eigene Webseite oder einen Blog haben, die du in deine Kommunikation mit einfließen lässt und die dir als Basis dienen.

5. Erstelle und teile hochwertigen Content

Dies ist ein extrem wichtiger Punkt in deiner kompletten Strategie, für dessen Umsetzung du auf jeden Fall etwas Gehirnleistung aufbringen musst. Die Frage, die du dir im Vorfeld stellen musst: Welcher Content bietet meiner Zielgruppe den Mehrwert, den sie vielleicht an anderer Stelle oder von einer anderen Person so nicht erhält? Wie kann ich mich von der Masse abheben? Vor allem sollte der Content deine Follower zur Interaktion anregen und dich mit ihnen ins Gespräch bringen. Dies bezieht sich auf die Generierung von Kommentaren, Shares, Likes etc. und ist langfristig für den Erfolg deines Contents wichtig. Denn ohne die Verbreitung deines Contents durch deine Follower bist du immer auf deine eigenen Traffic-Kanäle angewiesen, die du dir entweder bereits im Vorfeld aufgebaut hast oder die du dir mit der Hilfe von Marketing-Maßnahmen wie Performance-Marketing einkaufen musst. Reichweite ist die neue Währung und deshalb ist es umso wichtiger, so schnell wie möglich mit deinem Personal Brand zu starten.

6. Teile Content auf einer regelmäßigen Basis

Keine Angst, du musst nicht täglich Content posten, um deinen Brand erfolgreich aufzubauen. Zur Orientierung solltest du dir aber das Ziel setzen, drei bis viermal pro Woche Content an deine Follower herauszugeben.

7. Interagiere mit deiner Community

Vergiss nicht, dass deine Follower dir folgen und nicht einer »gesichtslosen« Marke. Tritt mit ihnen in Interaktion, antworte ihnen auf ihre Fragen und Kommentare. Als Online-Maßnahme zur Steigerung der Interaktion kannst du deine Posts hin und wieder mit einer Frage an deine Community enden lassen, um die Interaktion etwas anzuregen. Als Offline-Maßnahme haben sich Meetups, also das Zusammenkommen mithilfe eines kleinen Events in der realen Welt, als erfolgreiches Tool bewiesen.

8. Tritt Gruppen innerhalb deiner Nische bei

Durch das Beitreten zu Gruppen innerhalb deiner Zielgruppe kannst du dich mit anderen Experten aus deinem Bereich verbinden, austauschen und vor allem auch deinen eigenen Content streuen. Nicht nur, dass du dadurch neue Follower gewinnst, du kannst auch dein eigenes Wissen weiter ausbauen. Noch besser: Erstelle eine eigene Gruppe und versammle dort die Experten.

9. Verbinde dich mit anderen Influencern und werde am Ende selbst einer

Durch die Verbindung mit Influencern aus deinem Bereich, also Menschen, die bereits eine signifikante Follower-Basis aufgebaut haben, steigerst du die Möglichkeit, deine eigene Sichtbarkeit zu erhöhen. Idealerweise schaffst du es durch die Erstellung von Content, der zum Beispiel auf einen Beitrag eines anderen Influencers eingeht, dass dir dieser einen Shoutout gibt (das bedeutet, er erwähnt oder bewirbt dich auf seiner Seite/seinem Kanal) und dich dadurch seinen Followern vorstellt. Das Ziel hier ist, deine Reichweite zu steigern und diesen Content (den Shoutout des Influencers) wiederum zu nutzen, um deinen Expertenstatus noch weiter zu verfestigen. Das gibt dir die nötige Autorität und Authentizität, die du brauchst, um deinen Personal Brand glaubwürdig aufzubauen. Je mehr qualitativ hochwertigen Content du erstellst und teilen wirst, desto mehr Menschen wirst du um deinen Brand herum versammeln ... und am Ende wirst du dadurch selbst zum Influencer werden. Zuerst auf einer kleinen Ebene, aber dafür solide. Und jeder hat mal klein angefangen.

10. Hole dir Support ins Team

Laut dem Portal Online Marketing Rockstars (Shoutout an dieser Stelle an den Gründer Philipp Westermeyer) ist der Videografer (ein Profi im Bereich der Videoproduktion) derzeit einer der meistgesuchtesten Personen im Online-Marketing-Bereich (2018). Diese Person ist ein ausschlaggebender Faktor für den Erfolg deiner Personal-Branding-Strategie, wenn diese in Richtung Skalierung geht. Irgendwann – der Punkt kann relativ schnell eintreten – wirst du keine Zeit mehr für die Produktion des Bild- und Videocontents haben, weil der Einsatz deiner Kapazitäten an anderer Stelle im Unternehmen nötig ist. Nicht nur, dass sich die Qualität deines Contents extrem verbessern wird, deine Follower werden es dir mit ihrem Engagement danken. Zudem schaufelt es dir die nötigen Kapazitäten frei, dich zum Beispiel auf das Schreiben der Texte für deine Posts zu konzentrieren. Wenn du auch hierfür Unterstützung suchst, kannst du dir einen Social-Media-Manager mit den nötigen redaktionellen Fähigkeiten in dein Team holen.

11. Nutze Tools, um deine Strategie zu analysieren

Damit deine Strategie auch aufgeht und du diese bei Bedarf anpassen kannst, ist es hilfreich, die Daten bezüglich des Engagements und deiner Reichweite zu analysieren. Erreichst du mit deinem

Content die richtige Zielgruppe? Sollte dies nicht der Fall sein, musst du vielleicht die Inhalte überdenken, die du erstellst.[19]

Amazon als Kickstart für SOLIDMIND.

>*Ich habe Amazon als Motor, als Kickstart für mein Business genutzt, um Cashflow hereinzubekommen, um dann daraus zu wachsen. Dafür eignet sich Amazon perfekt.*«

– Lars Müller

In den anfänglichen Zügen von SOLIDMIND war Amazon sehr wichtig für Lars, da er hier umgehend organisch und ohne großen Werbeaufwand die ersten Sales erzeugen konnte. Ihm war aber klar, dass er relativ schnell außerhalb von Amazon seine Vertriebskanäle aufbauen musste. Wie sieht es aber heute mit Lars' Amazon-Strategie aus? »Heute spielt Amazon für uns eine extrem wichtige und große Rolle, aber gar nicht in Bezug auf unsere eigenen Produkte, die wir komplett in unseren Online-Shop gezogen haben. In 2017 habe ich drei strategische Partner ins Boot geholt, die eine relativ hohe Summe in meine Firma investiert haben. Ich bin nicht der typische Venture Capital Guy, der mit dem Geld dann neue Leute einstellt und schon die zweite VC-Runde plant. Somit saß ich auf diesem Geldberg als jemand, der es immer gewohnt war, von null an Unternehmen aufzubauen. Ich habe nie Geld bekommen, weder von Banken noch von meiner Familie, weil hier auch nie das nötige Kleingeld vorhanden war. Ich war somit immer gezwungen, die Firmen mit eigenen Mitteln aufzubauen. Mit diesem hohen Betrag an Cash auf dem Konto ging auch das Sicherheitsdenken in meinen Kopf los, obwohl ich jemand bin, der eine hohe Risikoaffinität hat. Meine Idee war dann, mit dem Geld Produkte von anderen Brands zu kaufen, die noch nicht auf Amazon aktiv oder nicht erfolgreich waren und diese auf Amazon zu verkaufen. Die Tools, die mir zur Verfügung standen, gaben mir sehr detaillierte Aussagen darüber, wie gut sich bestimmte Produkte und wie viele Händler diese bereits auf Amazon verkauften. Nach außen hin sind wir komplett unauffällig, aber wir haben mittlerweile ein kleines Handelsimperium mithilfe von Amazon aufgebaut, was uns hohe sechsstellige Umsätze und auch Profit beschert. Somit ist aus dem Geld, das ich von meinen Investoren erhalten habe, sogar viel mehr geworden, als ich zu Beginn hatte. Davon haben wir aber bereits mehr als ein Jahr gelebt und unser komplettes Re-Branding damit finanziert. So nutze ich heute Amazon. Dies gibt uns die Sicherheit, nicht direkt morgen von unseren Product Sales leben zu müssen, sondern wir können uns ganz genau überlegen, wie wir den Supplement-Markt sprengen wollen.«

Bonus Hacks für deinen Erfolg auf Amazon

Laut Lars ist Amazon genial, wenn du gerade mit deinem E-Commerce-Brand durchstarten möchtest, denn es ist der einzige Marktplatz, wo man mit der Hilfe von Analyse-Tools exakt herausfinden kann, wie häufig sich bestimmte Produkte verkaufen. Somit kann man ziemlich genau bestimmen, welche Kategorien sich wie oft und vor allem wie gut verkaufen. Das Ganze geht so tief, dass man sehr genau sieht, wie oft pro Tag zum Beispiel die jeweiligen Produkte – vom Bestseller bis hin zum Ladenhüter – in einer Kategorie verkauft werden. Wie häufig verkauft sich das Produkt auf Platz 1, Platz 3 oder Platz 15? Ist jemand auf Produktsuche und möchte ein bestimmtes Produkt zukünftig auf Amazon verkaufen, erhält er durch diese Tools genau die Daten, um eine Entscheidung entweder für oder gegen ein Produkt zu treffen. »Einen Fehler, den viele neue Verkäufer auf Amazon machen: Sie denken, ein neues Produkt erfunden zu haben, welches es noch nicht auf Amazon gibt und hätten dadurch einen Gewinner. In 95 Prozent der Fälle verlieren sie aber. Der Grund ist: Es gibt keinen Markt für das Produkt. Mein Lieblingstool, um diese Daten zu generieren, ist ›Amalyze‹, von einem guten Kollegen aus München. Sie haben 60 oder 70 Millionen Keywords in der Datenbank. Dies entspricht knapp 90 Prozent der Produkte auf Amazon. Mit diesen Daten kann man unglaublich viel machen.«

Gehe immer in Kategorien, in der bereits viele Sales gemacht werden

»Auch wenn Platz 1 in deiner Kategorie bereits ein paar Tausend Sales macht, lasse dich davon nicht abbringen. Ich vergleiche das gerne immer mit Kitesurfen. Ein Drache lässt sich viel einfacher steigen, wenn du viel Wind hast. Bei wenig Wind wird es schon viel schwieriger. Der Amazon-Algorithmus funktioniert so, dass, wenn ein Verkauf stattfindet, du dadurch etwas mehr Sichtbarkeit innerhalb der Suche von Amazon erhältst. Dies führt eventuell nochmal zu einem Sale, also zu einer Art Aufwärtsspirale. Deshalb sind bei Amazon viele Sales wichtig, um überhaupt nach vorne zu kommen. Darum rate ich dir auf jeden Fall, in Kategorien zu gehen, in denen bereits mehr Wind ist, anstatt sich in einer Nische zu platzieren.«

Sei nicht zu knausrig mit deinen Units

»Ein Ding, das viele Deutsche im Gegensatz zu den Amerikanern falsch machen, ist, dass sie am Anfang zu knausrig mit ihren Units sind. Viele kratzen ihre letzten 5.000 Euro zusammen, um ein Private Label Business zu starten. Kaufen damit dann in China 500 Units von irgendwelchen Plastikdosen und geben dann am Anfang 50 Stück für Produkttester raus, um die ersten Produktbewertungen zu erhalten, die auf Amazon elementar wichtig sind. Die Amis auf der anderen Seite jagen gleich mal 3.000 Units für einen Produktlaunch raus, sie gehen einfach viel größer an die Sache heran.

Und du kannst dir vorstellen, was der Amazon-Algorithmus dann macht. Der Algorithmus funktioniert immer gleich, egal, was du verkaufst. In den USA genauso wie in Deutschland. Für den Algorithmus zählen nur Sales, Sales, Sales. Wenn du viele Sales machst, steigst du in den Keyword Rankings meistens auch nach oben. Think Big or Go Home.«

Nutze Amazon Ads

»Wenn die ersten 15 – 20 Bewertungen auf deinem Amazon-Listing sind, dann macht es durchaus Sinn, die ersten Werbeanzeigen innerhalb von Amazon für dein Produkt zu schalten. Gehe hier auch von dir selbst aus: Du kaufst kein Amazon-Produkt, das nur eine oder sehr wenige Bewertungen vorweisen kann, oder? Die Conversion-Faktoren wie Preis, Versandart, schöne Bilder, gute Texte und die Bewertungen müssen stimmen, und dann kannst du mit Ads Vollgas geben. Ich würde sogar so weit gehen, am Anfang nur auf Break-even zu gehen und auf große Profits zu verzichten, um mein Produkt-Listing in meiner Kategorie nach oben zu bringen. Denn wie bereits erwähnt, geht es hauptsächlich darum, erst mal viele Sales zu generieren und ein bis zwei Monate voll aufs Gas zu gehen. Wenn die Rankings da sind, kannst du dich um die Profits kümmern.«

Wenn du als neuer Amazon-Händler nun dein Produkt auf Amazon launchen möchtest, sorge erst einmal dafür, dass dein Produkt-Listing anhand von Bewertungen Trust generiert. Nimm dir den Tipp von Lars zu Herzen und schicke nicht nur 50 deiner Produkte an Produkttester heraus, die dir im Gegenzug hierfür eine Produktbewertung schreiben, sondern gleich mehrere Hundert Stück. Wichtiger ist an dieser Stelle: Amazon erlaubt es nicht mehr, Gutscheine für Bewertungen herauszugeben. Amazon begründet das einleuchtend, indem sie sagen, wenn ein Kunde einen 90-Prozent-Gutschein für einen Flachbildfernseher erhält, ist dieser viel eher gewillt, eine positive Bewertung abzugeben, als wenn er den Fernseher zum vollen Preis kaufen würde. Die Bewertung ist in Amazons Augen somit nicht zu 100 Prozent ehrlich, deshalb wirft Amazon auch alle Bewertungen raus, die über diesen Weg generiert werden und wurden. Aus diesem Grund gibt es Plattformen wie Shopdoc.de (https://www.shopdoc.de/), die es Händlern ermöglichen, ehrliches Kundenfeedback zu ihren Amazon-Listings einzuholen, welches nicht von Amazon abgestraft wird (nähere Infos hierzu erhältst du auf der Website). Facebook-Gruppen, bei denen Produkttester ihre Dienste anbieten, sind laut Lars nicht zu empfehlen, auch solltest du nicht nur deine Social-Media-Freunde als Tester einladen, denn Amazon weiß ganz genau – solltest du zum Beispiel die Amazon-App auf deinem Smartphone installiert haben –, wer deine Freunde sind. Wenn ein Freund von dir dann eine Bewertung zu deinem Produkt abgibt, wird diese meist umgehend wieder gelöscht. Am Anfang musst du für die Bekanntheit deines Produktes auf Amazon etwas investieren, um in den Produkt-Listings nach oben zu kommen und dadurch mehr Sales zu generieren. Think Big ist hier die Devise.

Lars' größter Fuckup

Lars hat in seinem Freunden- und Bekanntenkreis einen Spitznamen: Lean Lars. Lars ist ein absoluter Fan des sogenannten »Lean Approach«, ein Ansatz, bei dem alle Prozesse der Unternehmensgründung, Führung oder eines Produkt-Launches so schlank wie möglich gehalten werden sollen. Lars macht unglaublich gerne Fehler, weil er weiß, dass er dadurch die Möglichkeit hat, zu wachsen und mehr zu lernen. Das heißt nicht, dass er einen Fehler zweimal macht, keineswegs. »Den größten Fail, den ich damals gemacht habe, war bei meiner Software-Firma, mit der wir für einen großen Automobilhersteller eine Videoplattform entwickelten, eine Art YouTube für die Presseabteilung des Unternehmens. An einem Wochenende ist damals ein Modell des Autoherstellers komplett pilotiert und ohne Fahrer am Hockenheimring gefahren. Der Event wurde ziemlich groß beworben und natürlich exklusiv nur auf der Plattform ausgestrahlt. Wir mussten damals zusichern, dass die Plattform 30.000 gleichzeitige Nutzer aushält, was wir natürlich als Technologiefirma leisten konnten. Wir hatten extra einen eigenen Videoplayer für den Autohersteller entwickelt, komplett maßgeschneidert im Design der Unternehmens. Der Player umfasste eine Funktion, die, wenn man sie im Backend aktivierte, eine Einblendung auf dem Player aktivieren konnte. Dem User wurde mit der Aktivierung dieser Funktion die Meldung »Achtung, Störung. Wir sind gleich wieder zurück« auf seinem Bildschirm gezeigt. Wir hatten damals einen Fehler gemacht, denn die Funktion durchlief nicht unserem Lasttest (Test, bei dem eine Software unter großer Belastung auf Fehler getestet wird). Das Problem war, wenn diese Funktion aktiviert wurde, baute man als User nicht eine oder zwei Verbindungen zum Server auf, sondern das Dreifache an Verbindungen. Was ist natürlich passiert? Der Event wurde überall beworben und wir waren das komplette Event-Wochenende offline, mit der hässlichen Fehlermeldung auf der Startseite: »Wir führen gerade Wartungsarbeiten durch«. Ich persönlich hatte das gar nicht mitbekommen, weil ich für das Projekt nicht zuständig war. Was ich aber gesehen habe, war die lange Entschuldigungsmail meines damaligen Projektmanagers an unseren Geschäftspartner. Das tat richtig weh, weil es auf der einen Seite eine riesige Blamage für den Autohersteller war. Er hätte uns mit der Geschichte in Grund und Boden stampfen können, was er zum Glück nicht gemacht hat, aber man hat uns natürlich gezeigt, dass man das Ganze nicht gerade gut fand. Wir mussten zum Rapport in die Zentrale kommen und uns vor die versammelte Mannschaft stellen und in die enttäuschten Gesichter blicken, die uns davor ihr Vertrauen entgegengebracht hatten und dann von uns enttäuscht worden sind. Das war auf jeden Fall kein schönes Gefühl und definitiv mein größter Fuckup in meiner Unternehmerkarriere.«

Wie SOLIDMIND gegründet wurde

Gegen Ende seiner letzten Firma, der bereits erwähnten Softwarefirma, gab es zusätzlich zum Fuckup mit Audio immer mehr Probleme und Lars stellte sich die Frage, ob er sich weiterhin in diesem Business angesiedelt sah. Er wollte bereits seit einiger Zeit etwas Neues starten, in einem komplett neuen Bereich. Ihn hat es schon immer genervt, dass die meisten Nahrungsergänzungsmittel aus dem Handel nicht das halten, was sie auf ihren Produkten oder in ihren Marketing-Botschaften versprechen. So kam Lars die Idee zu SOLIDMIND. Er wollte ein Produkt entwickeln, das sich gezielt und langfristig auf die Konzentrationsfähigkeit auswirkt.

Für die ersten Tests hatte sich Lars eine kleine Kapselmaschine und die nötigen Pulver besorgt, um die ersten Produkte im Selbstversuch herzustellen. Lars hatte sich damals sehr wissenschaftlich mit dem Thema beschäftigt, verschiedene Studien zu den einzelnen Inhaltsstoffen gelesen, um auch wirklich die gewünschte Wirkung zu erzielen. Die perfekte Mixtur ließ auch nicht lange auf sich warten, und Lars konnte SOLIDMIND launchen. Jedoch tauchten schon bald die ersten Hürden auf. »In der Nahrungsergänzungsmittelbranche wollen viele Start-ups Produkte auf den Markt bringen, hierfür gibt es ein paar große Hersteller in Deutschland, die für einen diese Produkte dann entwickeln. Als ich anfangs meine Mixtur zu einem dieser Hersteller geschickt hatte, habe ich schnell gemerkt, dass meine erste Order von knapp 400 Dosen viel zu gering war, um auf Interesse der Hersteller zu stoßen. Diese Hersteller produzieren normalerweise für große Drogeriemärkte und in einer Größenordnung von mehreren Tausend Einheiten. Also musste ich meine Strategie anpassen. Ich habe mir eine neue E-Mail-Adresse angelegt und mich in der Signatur als Investor ausgegeben, und was ist passiert? Plötzlich kamen die ersten Antworten und das Interesse war da. Der Hack war hier, dem Partner eine gewisse Perspektive aufzuzeigen, dass in der Kooperation mehr Potenzial steckt als nur ein kleiner Test.«

Die zweite Hürde, auf die Lars mit seinem neuen Venture stieß, war das Thema Abmahnungen. »Viele Gründer entwickeln ihre Produkte und schreiben irgendetwas auf ihre Verpackung, was den Verkauf fördert, vergessen aber komplett den rechtlichen Part. Den Herstellern wiederum ist es völlig egal, was sie dir in dein Produkt packen. Denen ist es egal, ob du dein Produkt verkehrsfähig bekommst oder nicht. Dieser komplette Legal Part, also was auf dem Etikett steht, welche Texte gewählt werden, wie groß die Grammanzahl sein muss oder welche Pflichtangaben auf der Verpackung stehen müssen, ist wichtig. Eine weiterer, sehr wichtiger Part sind die Health Claims, denen oft zu wenig Beachtung geschenkt wird. Es gibt für jeden Inhaltsstoff eine Handvoll oder gar keine Heilaussagen, die man treffen darf. Gerade bei den ganzen guten Inhaltsstoffen darf man umso weniger sagen, vor allem, wenn man ins Marketing geht und Facebook Ads etc. schaltet. Hier muss man extrem aufpassen. Als ich damals bei Amazon mit SOLIDMIND gestartet bin, kamen auch schon gleich die ersten Abmahnungen herein, weil wir ein oder zwei Wörter verwendet hatten, die wir nicht hätten erwähnen dürfen. Es gibt sozusagen zwei Gegner in diesem Game, den schwarzen und den weißen Hai. Auf der einen Seite hat man die Abmahnagenturen, die es sich zum Geschäftsmodell gemacht haben, andere Unternehmen abzumahnen. Diese Agenturen scannen Amazon-Listings automatisiert nach Fehlern, schicken Abmahnungen raus – 5.000 Euro pro Fall – mit dem Aufhänger, jetzt nur 200 Euro zu zahlen, wenn du die Unterlassungserklärung unterschreibst. Wenn du einen Fehler machst, landest du auf einem Radar bei diesen Firmen, und bei einem Fehler in deinem Marketing können sie direkt 5.000 Euro Strafe einklagen. Pro Fall wohlgemerkt. Das bedeutet, wenn du zehn Sätze mit zehn Fehlern hast, zahlst du 50.000 Euro Strafe. Das Schlimme ist, du kannst nicht wirklich etwas dagegen tun. Der weiße Hai ist wiederum die Konkurrenz. Solltest du mit deinem Unternehmen groß werden, kannst du dich schon mal darauf einstellen, dass es eine Schlacht geben wird. Bei SOLIDMIND wandern deshalb 10 Prozent unseres Profits in eine Art Kriegskasse, die genau für solche

Fälle da ist. Viele kleinere Unternehmen geben in solchen Fällen oft schnell klein bei, was aber nicht der Philosophie von SOLID-MIND entspricht. Unser Ansatz ist immer das bestmögliche Produkt zu entwickeln, auch wenn wir irgendwann vielleicht Ärger bekommen werden, aber dafür ziehe ich auch in den Krieg.«

Die meisten juristischen Kriege, in die Lars die letzten Jahre ziehen musste, waren laut seiner Aussage immer direkt auf Amazon bezogen. Und da die Textfläche auf Amazon, auf der man Fehler machen kann, relativ klein ist, waren das insgesamt sechs Fälle à 5.000 Euro, also gesamt 30.000 Euro, die eine Abmahnagentur von Lars forderte. »Das Fiese an dem Fall war, dass wir das korrigiert hatten. Ganz wichtig, lieber Leser: Wenn du etwas Ähnliches machst, man macht hier immer eine abgeänderte Unterlassungserklärung. Man bestätigt mit einem Anwalt zusammen, dass dieser Fehler nie wieder passiert oder gemacht wird, aber es wird nicht der Betrag bezahlt, den die Agentur möchte, sondern ein vom Gericht festzulegender Betrag. Dadurch ist deren Geschäftsmodell auf einen Schlag nicht mehr spannend, weil sie natürlich mehr Aufwand für weniger Geld betreiben müssen. Das Problem war aber, dass Amazon unser Listing in ein Backup eingespielt hatte, was bedeutet, dass Amazon zu einem bestimmten Zeitpunkt nochmal eine Testorder von diesem Produkt macht. Als dies geschah, meldete sich natürlich umgehend wieder die Abmahnagentur. Das zusätzliche Problem war, dass auf der Rückseite unserer Produktverpackung noch ein eingravierter Produkttext war, den wir komplett vergessen hatten zu überkleben. Niemanden ist das innerhalb des Amazon-Listings aufgefallen, außer der Abmahnagentur, die dann 30.000 Euro von uns forderte. Natürlich habe ich umgehend dementsprechend reagiert und ihnen klargemacht, dass wir bereits alles geändert hatten. Sie wollten trotzdem das Geld. Und was macht man im Krieg? Genau, man reagiert dementsprechend. Also habe ich das komplette SOLIDMIND-Konto leer geräumt und in Absprache mit unserem Anwalt ein Schreiben aufgesetzt, indem wir ihnen vermittelten, dass wir noch ein paar Tausend Euro auf dem

Firmenkonto hatten und sie entweder die obligatorischen 1.500 Euro von uns haben können, oder wir melden Insolvenz an und dadurch würden sie leer ausgehen. Die Agentur ist zum Glück auf den Deal eingegangen. Vor solchen Zügen darf man als Unternehmen keine Angst haben, als unerfahrener Player sollte man diese Schachzüge aber vielleicht eher nicht machen.«

Der beste Ratschlag, den Lars als Unternehmer erhalten hat

»Wenn ich ehrlich bin, habe ich noch nie so wirklich viele Ratschläge erhalten. Aber ich kann dir von dem besten Schritt erzählen, den ich jemals gemacht habe, der alles bei mir verändert hat. Ich habe damals einen Wettbewerb mit mir selbst gestartet, und zwar eine »1.000 Euro Gewinn am Tag Amazon Challenge«, als ich mit meinem Amazon-Business gestartet bin. Ehrlicherweise bin ich sehr gut darin, Dinge zu starten, aber schlecht darin, sie konsequent weiterzuführen. Die Challenge beinhaltete damals, dass ich 1.000 Euro Gewinn am Tag mit meinen Nahrungsergänzungsmitteln von SOLIDMIND verdienen wollte. Die Ergebnisse habe ich einmal pro Monat auf dem Unternehmerblog »LetsSeeWhatWorks.com« von Christian Häfner (auch hier im Buch vertreten) veröffentlicht. Damit bin ich das erste Mal in die Öffentlichkeit gegangen. Wenn ich heute mal einen Strich ziehe und mir den Ist-Zustand ansehe und prüfe, welche meiner Fähigkeiten und Aktionen in der Vergangenheit mich hierher gebracht hat, wo ich heute stehe, war es definitiv mit meinem eigenen Brand Lars Müller in die Öffentlichkeit zu gehen. Das Personal Branding entstand in meinem Fall eher aus einem Zufall, meiner eigenen Challenge. Ich will gar nicht wissen, wo ich jetzt noch hinkomme mit dem Support meines Social Media Managers und Videografers Adrian. Mein Tipp an dich: Starte unbedingt mit deinem eigenen Personal Brand durch und nutze die Reichweite, die dadurch entsteht, für dein Unternehmen.

Den zweiten Ratschlag, den ich gerne weitergeben würde, ist, sich im Thema Persönlichkeitsentwicklung weiterzubilden. Persönlichkeitsentwicklung ist derzeit ja ein beliebter Begriff, aber zu wissen, wie Menschen funktionieren, was es für Persönlichkeitstypen gibt, alleine dieses Wissen hilft dir schon so gut dabei, dein Unternehmen aufzubauen und andere Leute und Geschäftspartner einzuschätzen.«

Lars' Buchtipp

Lars geht es hier genauso wie mir, denn die meisten richtig guten Bücher, die er gelesen hat, haben immer die bescheuertsten Titel. »Eines der besten Bücher, die ich jemals gelesen habe, ist *The Millionaire Masterplan* von Roger James Hamilton. In diesem Buch habe ich das erste Mal über die vier Persönlichkeitstypen gelesen, die es gibt. Anhand dieser Persönlichkeitstypen erklärt dir der Autor, wie du das Wealth Lighthouse nach oben gehst. Vom Infrared Level, wo du jeden Monat noch mehr in die Miesen gehst, bis hin zum Richard Branson Style. Das Buch hat mir extrem die Augen geöffnet, weil ich dadurch das erste Mal verstanden habe, warum alles, was ich bis dahin aufgebaut hatte, sobald es dann lief, irgendwie gescheitert ist. Genau wie meine Software-Firma damals. Da habe ich verstanden, ich bin nicht falsch, sondern ich kann gewisse Sachen gut und gewisse Sachen eben nicht so gut. Genau mit diesem Wissen habe ich ab diesem Zeitpunkt dann mein Team aufgebaut.«

Ich habe mir das Buch direkt nach dem Gespräch mit Lars gekauft und ich muss sagen, es hat auch mein Leben als Unternehmer sehr positiv beeinflusst. Alleine die Gewissheit zu haben, welcher Typ man ist, wo seine Stärken und Schwächen liegen, ist sehr wertvoll als Unternehmer und Entscheider. Vor allem aber für den Aufbau von Teams sind die Informationen aus *The Millionaire Masterplan* eine perfekte Inspirationsquelle, denn damit wird es möglich, die ideale Kombination aus den einzelnen Persönlichkeitstypen zusammenzustellen, um dadurch eine hocheffektive und schlagkräftige Mannschaft zusammenstellen, die perfekt miteinander harmoniert.

Lars' Morgenroutine

»Wenn ich ehrlich bin, habe ich derzeit keine wirkliche Morgenroutine. Ich weiß, dass viele sehr erfolgreiche Menschen eine Morgenroutine haben und damit auch sehr effektiv sind. Ich weiß auch für mich, dass ich Routinen brauche, um das nächste Level als Unternehmer zu erreichen.« Um diese Herausforderung zu lösen, arbeitet Lars mit diversen Mentoren zusammen, um Routinen in seinem Unternehmerleben zu etablieren. »Meine derzeitige Routine sieht folgendermaßen aus: Ich stehe meistens gegen 5 Uhr morgens auf und verwende die ersten zwei Stunden des Tages nur für mich. Ich starte mit meinem Bulletproof Coffee, schaue mir irgendwelche Videos von Gary Vaynerchuk oder anderen motivierenden Unternehmertypen an und gönne mir diese zwei Stunden nur für mich. Ich bin aber froh, ein Team zu haben, dass mich immer wieder in eine gewisse Routine hereinschubst. Wenn ich aber die zwei Stunden am Tag nicht für mich habe, startet mein Tag nicht ideal.«

Lukas Mankow, CEO & Co-Founder @Rawford
https://www.lukasmankow.com/
https://www.rawford.de/ & @AMZ Ventures
https://www.amzventures.de/

Start-up Hack: Ultimativer Fokus und ein Free Plus Shipping Funnel als Lead-Maschine

Hack Level: Expert

Wie hat Lukas es gemacht?

»Aus der Vogelperspektive betrachtet war der krasseste Hebel oder Hack im letzten Jahr für mich, meinen Fokus gezielter einzusetzen«, erzählt mir Lukas bei unserem Gespräch. »Denn der größte Fehler, den ich bei den meisten Menschen sehe, ist immer ein fehlender Fokus. Auch bei mir selbst, zu einem gewissen Grad. Zu viele Projekte und zu viele Dinge gleichzeitig, dadurch geht einfach stark der Fokus verloren und natürlich auch der Impact, den du in deinen einzelnen Unternehmen haben kannst. Das war bei mir früher zum Start meiner Unternehmerlaufbahn noch viel schlimmer. Ich wollte wirklich immer alles machen. Du siehst hier eine gute Chance, da ein cooles Projekt und denkst dir. ›Das muss ich eigentlich machen, sonst geht mir das durch die Lappen.‹ Gleichzeitig merkst du aber, wie dir deine anderen Projekte dadurch auf die Füße fallen. Dieses Mindset sehe ich bei sehr vielen Menschen. Sie wollen am liebsten drei Sachen gleichzeitig machen und noch zusätzlich expandieren.«

Für Lukas gibt es drei Phasen des Fokussierens:

Phase 1: Dein Projekt

Was machst du genau? Hast du ein Unternehmen, zum Beispiel ein Tech-Start-up, oder führst du drei Unternehmen? Du solltest ein Unternehmen haben und nicht mehr – und hier deinen kompletten Fokus hineinstecken.

Phase 2: Woran arbeitest du im Unternehmen

Expandierst du als ersten Schritt in die USA oder nach Japan, weil du denkst, dieser Markt könnte auch sehr vielversprechend für dein Business sein? Konzentriere dich erst einmal auf einen Markt, zum Beispiel auf den deutschen Markt, mache das richtig gut und dominiere diesen Markt.

Phase 3: Dein Alltag und Routinen

Woran arbeitest du selbst? Lässt du dich ablenken von nicht relevanten Sachen? Sind dein Umfeld und dein Arbeitsplatz ideal auf dich und deine Bedürfnisse ausgerichtet, um die beste Performance abzuliefern? Aus simplen Sachen wie einem Arbeitsplatz kann man extrem viel herausholen. Allem voran sollte man sich gerne dort aufhalten, um auch mal länger am Schreibtisch sitzen zu können und dadurch seinen Output zu steigern.

»Das sind für mich die drei Dinge zum Thema Fokus, an denen man immer arbeiten sollte. Wirklich gut ist man nie. Es gibt immer viel Optimierungsbedarf in den einzelnen Phasen. Für mich ist der größte Hebel, den Fokus gezielt einzusetzen, besonders im operativen Bereich. Du kannst zwei Unternehmen haben, wenn du aber in beiden operativ arbeitest, dann hast du verloren. Operativ am Start zu sein und richtig Performance zu leisten, das kannst du nur bei einer Sache. Besonders wenn es sich um ein größeres Projekt handelt.«

Wenn es dann weiter ins Detail geht, war der zweite wichtige Hack für Lukas der Gedanke von Frontend und Backend, eine Sache, die er derzeit in seinen Unternehmen gezielt umsetzt. Frontend und Backend ist eigentlich etwas ganz Einfaches. Mit dem Frontend akquirierst du deine Kunden und mit dem Backend verdienst du dann erst richtig Geld. Eine Sichtweise, die Lukas damals im Zusammenhang mit Amazon so noch nicht hatte. Warum? Weil man bei Amazon bereits mit dem ersten Verkauf Geld verdient, was man auch muss. Man baut sich auch keinen richtigen Zielgruppenbesitz auf. Aber ein richtiges Unternehmen hat mit der Zeit Zielgruppenbesitz, egal ob das eine E-Mail-Liste, Kundendaten oder Follower sind, also echte Kundenbeziehungen. Die Strategie ist hier, mit einem Funnel oder anderen Werkzeugen dafür zu sorgen, dass man vorne (also im Frontend) viel Geld für einen neuen Kunden ausgeben kann und im Nachgang viel Geld mit ihm verdienten, da er weitere Produkte bei einem im Shop kauft. Die Annahme ist komplett falsch, mit dem ersten Kauf Geld verdienen zu müssen.

Lukas Unternehmen Rawford, eine Premiummarke im Grillzubehörbereich, hat beispielsweise ein Rezeptbuch als Free-Plus-Shipping-Modell entworfen. (Free Plus Shipping bedeutet, ein Produkt im ersten Schritt kostenlos für den Kunden anzubieten und nur die Versand- und Bearbeitungsgebühren in Rechnung zu stellen.) »Mit unserem Buch können wir knapp 12 Euro für einen Neukunden ausgeben, obwohl das Buch gerade mal 4,95 Euro kostet. Jetzt fragst du dich wahrscheinlich, wie können wir 12 Euro für einen Neukunden ausgeben und trotzdem Break-even damit sein? Es liegt einfach daran, dass wir einen guten Order Bump haben (ein Order Bump ist ein effektives Feature, welches es dir ermöglicht, zusätzliche Produkte innerhalb eines Kaufformulars aufzuführen, die ein Kunde durch einfaches Hinzufügen in seinen Warenkorb kaufen kann). Ein Kunde kann sein Buch sozusagen noch upgraden, indem wir ihm einen guten Upsell (ein hochwertiges, zusätzliches Produkt) anbieten. Den Upsell kaufen immer nur ein paar Prozent, Upsell 1 nehmen zum Beispiel knapp 10 Prozent der Kunden mit, das nächste Angebot (Upsell 2) nochmal 10 Prozent der Kunden.«

Einen wichtigen Tipp hat Lukas an dieser Stelle noch: »Solltest du mit sehr kaltem Traffic arbeiten – und in unserem Fall ist es verdammt kalter Traffic, den wir einkaufen –, sind die Seitenbesucher misstrauisch. Sie geben vielleicht fünf bis zehn Euro für ein Buch aus, aber wenn du ihnen danach ein hochpreisiges Produkt verkaufen möchtest, vertrauen dir die Kunden noch nicht. Verkauf ist immer Vertrauen. Immer, in jeglicher Sache. Egal ob du am Telefon verkaufst oder über das Internet, wenn dir dein Kunde nicht vertraut, hast du verloren. Deshalb solltest du unbedingt mit Videocontent arbeiten, indem du auch das Produkt direkt zeigst, das er eben gekauft hat, damit er sich sicher sein kann, dass es das Produkt auch wirklich gibt. Kaum vorstellbar, aber wir haben viele Kunden, die dachten, dass sie das Buch niemals erhalten würden. Durch das Video haben sie aber sofort die Sicherheit, dass das Produkt real und auf dem Weg zu ihnen nach Hause ist. Der smarte Trick innerhalb des Videos ist nun, den Übergang zum zweiten Produkt zu machen und warum der Kunde dieses unbedingt benötigt. Stelle dir die Frage, was zusätzlich passen und ein weiteres Problem des Kunden lösen könnte. Dieses Problem gilt es im Video anzusprechen. Das ist der psychologische Prozess dahinter, der sehr wichtig für diese Strategie ist. Vor allem benötigt diese Strategie viel Testing, bereite dich also auf viele einzelne Versuche vor, bis diese Strategie funktioniert. Wir haben bestimmt zehn verschiedene Upsells entwickelt, bis einer funktioniert hat. Wir testen heute sogar immer noch. Um weiterzukommen, musst du ständig optimieren. Das ist ein wichtiger Punkt. Bleibe nicht stehen und gib dich nicht mit ›gut‹ zufrieden, sondern gucke, ob und wie du das Ganze noch besser machen kannst.

Mit dieser Strategie geht einfach dein Average Order Value (der durchschnittliche Bestellwert) nach oben. Anstatt dass dein

Kunde nur 4,95 Euro ausgibt, gibt er deutlich mehr Geld bei seiner Bestellung aus, sodass wir im Durchschnitt bei 12 Euro liegen. Im Markt gewinnt nämlich immer der, der im Marketing mehr Geld für die Gewinnung eines neuen Kunden ausgeben kann. Das bedeutet einfach: Wenn ich die Marketing-Trommel mehr aufdrehen kann, weil ich mehr mit einem Kunden gewinne und mir dadurch mehr leisten kann, dann kann ich meine Konkurrenten sehr leicht vom Markt drängen, da sie aufgrund der niedrigeren Umsätze pro Kunde weniger ausgeben können. Mit der Zeit ist eine weitere Optimierung möglich und ich kann dadurch noch mehr ausgeben, ohne den Customer Lifetime Value mit einzubeziehen.«

Wie du Lukas' Hacks für dich nutzen kannst

Fokussiere dich zu 100 Prozent auf ein Projekt. Lege alle kleinen Nebenprojekte, in die du operativ eingebunden bist oder die du noch als »Side-Project« laufen hast, ab. Hast du ein Projekt für dich als Gewinner identifiziert, sollte dies gleichzeitig volles Commitment von deiner Seite bedeuten. Vergleiche es mit einer Ehe oder Partnerschaft, die du mit deinem Business eingehst. Ein Projekt neben deinem wichtigsten Business ist vergleichbar mit einer außerehelichen Beziehung oder Liebschaft. Anfangs ziemlich aufregend und spannend, aber nur möglich durch Input von deiner Seite. Das Problem ist: Dieser Input und Einsatz wird dir an einer anderen Stelle fehlen und den Fokus von deiner eigentlich Priorität (deinem Partner oder deinem Fokus-Business) ablenken. Mir selbst erging es früher nicht anders. Fast täglich sind mir neue Möglichkeiten und »Millionen-Dollar-Ideen« über den Weg gelaufen, bei denen ich dachte, sie wären mein nächstes großes Ding. Die Folge war eine Vielzahl von Projekten, die alle nur einen Teil meiner Aufmerksamkeit abbekommen haben und dadurch gar nicht die Chance hatten, zu einem erfolgreichen Projekt aufzublühen. Erst als ich mich nicht mehr so schnell von meinem Kurs abbringen ließ, konnte ich als Unternehmer erfolgreich werden. FOMO (Fear of Missing Out, also die Angst, Dinge oder Möglichkeiten zu verpassen) begegnet uns nahezu täglich in unserem Leben, egal ob das Chancen sind, die wir selbst erkennen oder die uns aus unserem Netzwerk vorgeschlagen werden. Die Kunst liegt darin, seinen Fokus nicht durch schnelle, kurze Liebschaften zu verlieren, sondern mit laserscharfem Fokus operativ an einem Unternehmen zu arbeiten und dieses zum größten Erfolg deines Lebens auszubauen.

> *»Unser Leben ist ein Ablenkungssystem. Wir haben eine Million Dinge täglich, die uns von dem abhalten, was wir eigentlich tun wollen. Die Menschen, die ihren Fokus auf etwas ausrichten können – und zwar einen ultrafokussierten Fokus – die sind erfolgreicher im Leben.«*
>
> – Hermann Scherer

Für die Implementierung einer Front- und Backend-Funnel-Strategie kannst du zahlreiche Tools nutzen, die von verschiedenen Anbietern zur Verfügung gestellt werden. Je nach System, das du für deinen Shop verwendest, unterscheiden sich auch die Tools hierfür. Lukas verwendet zum Beispiel für die Erstellung von hochkonvertierenden Landing Pages ClickFunnels in Verbindung mit dem deutschen Anbieter Digistore24 als Check-out-Anbieter. Hier kannst du dir das System und die Strategie im Detail ansehen: https://bbq.rawford.de/pulled-pork-bibel24. Viel Spaß beim Reverse-Engineering.

Ein Rezeptbuch als perfektes Einstiegsprodukt

»Wir haben das Ganze die *Pulled Pork Bibel* genannt«, erzählt mir Lukas. »Im Endeffekt geht es darum, wie du ein richtig geniales Pulled Pork zubereitest. Der eine oder andere kennt diese Art der Zubereitung von Schweinefleisch, die ursprünglich aus den USA und England kommt. Dahinter steckt eine recht komplexe Zubereitung mit einem relativ hohen Aufwand, denn das Pulled Pork wird für ca. 16 Stunden gegart. Die Bibel umfasst etwa 100 Seiten mit verschiedenen Rezepten, unserem Mission Statement, der Geschichte hinter unserem Unternehmen und der Positionierung von Rawford. Wir nutzen die *Pulled Pork Bibel* wie bereits angesprochen als ein Free-Plus-Shipping-Produkt, das im Frontend als kostenloses Buch für 4,95 Euro plus Versandkosten zur Neukundengenerierung angeboten wird. Mit dem Buch konnten wir seit dem Launch vor vier Monaten (zum Zeitpunkt des Interviews im Dezember 2018) ca. 6.000 Neukunden generieren. Eine wirklich starke Frontend-Maschine für uns mit einem großen Publikum dahinter. Wir haben extra etwas sehr »Nischiges« für unseren Tripwire (Einstiegsprodukt) verwendet, was einen sehr speziellen Aspekt des Themas Grillen behandelt, denn wir wollten erst einmal die Hardcore-Griller damit abholen. Es war ein wirklich genialer Hack für uns. Generell funktionieren Free-Plus-Shipping-Produkte wahnsinnig gut im E-Commerce. Eigentlich ist es noch besser, physische Produkte als Free Plus Shipping anzubieten, was in unserem Falle anfangs nicht möglich war, weil wir hierfür kein geeignetes Produkt zur Verfügung hatten, welches wir günstig einkaufen konnten und das trotzdem eine hohe Qualität aufgewiesen hätte. Ein Buch bietet sich hier aber trotzdem sehr gut an, weil es eine gewisse Wertigkeit besitzt und eigentlich einen Preis von 15 – 20 Euro hat.«

Und wie ist Lukas überhaupt auf das Thema Pulled Pork gekommen? Dafür hatten er und sein Team erst einmal alle großen YouTube-Kanäle analysiert und nach Video-Relevanz sortiert. Sie wollten so herausfinden, welche Videos in ihrer Nische die meisten Views hatten und fanden heraus, dass es sich dabei immer um Videos mit dem Thema Pulled Pork handelte. Zusätzlich hat das Team das Suchvolumen bei Google gecheckt, dadurch ihre Top-5-Themen herausgefunden und mit der Hilfe von Split-Testing ihre Thesen evaluiert.

»Auf verschiedenen Landing Pages haben wir einfach kostenlose E-Books zu den einzelnen Themen angeboten und nicht das gedruckte Buch. Das Thema Pulled Pork hatte mit knapp 30 Prozent die größte Nachfrage und alle anderen Themen abgehängt, weshalb wir uns am Ende auch für dieses Thema entschieden haben. Das war ein großes Learning für mich, denn was ich früher sehr oft missachtet habe, war eine datenbasierte Herangehensweise an solche Dinge. Du wirst du 70 – 80 Prozent falsch liegen, wenn du nur auf deine Emotionen und eigene Meinung hörst. Wenn du aber datenbasierte Tests durchführst und anhand von Fakten entscheidest, wirst du mit großer Wahrscheinlichkeit erfolgreicher sein. Genau das ist das Tolle an der heutigen Zeit des Internets, dass wir eben nicht riesen Marktumfragen machen müssen und Millionen von Euro in die Hand nehmen oder uns auf unser Bauchgefühl verlassen müssen, sondern Entscheidungen aufgrund von Daten treffen können. Und am Ende sind das meist die besseren Entscheidungen.«

Die Positionierung deines Produktes ist wichtig für den Erfolg

Lukas gibt zu, dass er früher nicht wusste, wie wichtig die Positionierung eines Produkts ist. Er dachte sich: »Klar, ein Mission Statement schreibe ich natürlich, um den Kunden meinen Grund vermitteln zu können, warum ich hinter diesem Produkt stehe.« Kunden kaufen nicht das, was du machst, sondern warum du es machst. »Die Positionierung ist unglaublich wichtig für den Erfolg deiner Company. Du musst den Menschen einen ›Opportunity Switch‹ geben, ein Punkt, an dem ich gerade innerhalb meiner Unternehmen arbeite.«

Einen Opportunity Switch kann man sich wie folgt am Beispiel aus dem Diätbereich vorstellen. Viele Menschen machen zum Beispiel gerade eine Paleo-Diät, du hast aber ein Diätkonzept mithilfe von Intermittierendem Fasten entwickelt. Jetzt liegt es an dir, ihnen dein Konzept als neue Möglichkeit einer erfolgreichen Diät zu verkaufen. Im Endeffekt musst du nun zeigen, warum deine Diät die bessere ist und es als neue Möglichkeit darstellen, wie der Kunde ein Ziel erreichen kann. Es reicht nicht aus, dass du eine coole Mission dahinter hast oder nur Benefits deines Konzepts aufführst. So kaufen Menschen Produkte nicht, vor allem können sie sich so nicht damit identifizieren. Es gilt das Produkt als neue Möglichkeit zu beschreiben und herauszustellen, warum es genau anders als alle anderen Produkte ist und es den Kunden schmackhaft machen. ClickFunnels, ein Page Builder, mit dem du Webseiten bauen kannst, ist ein gutes Beispiel hierfür. Es gab früher extrem viele verschiedene Page Builder, mit denen du Webseiten oder Landing Pages erstellen konntest. ClickFunnels war zwar etwas besser von der Qualität her und einfacher zu bedienen, aber eigentlich ist es ein reiner Page Builder und es hat die gleichen Funktionen wie die Konkurrenzprodukte. Warum ist ClickFunnels aber so erfolgreich geworden? Weil sie sich komplett auf den Bereich der Funnels spezialisiert und sich nicht als einfacher Page Builder positioniert haben. Der Funnel ermöglicht einem eben, viel mehr für einen Kunden vorne auszugeben, also viel mehr Kunden zu akquirieren und dadurch auch mehr Gewinn dahinter zu machen. Genau so hat sich ClickFunnels positioniert, eben nicht als Page Builder, sondern als neue Möglichkeit. Denn mit den Funnels von ClickFunnels wirst du ein erfolgreiches Online-Business aufbauen und wenn du bereits ein erfolgreiches Business hast, wirst du mehr verkaufen können und dadurch deinen Umsatz steigern. Dadurch konnte der Gründer hinter ClickFunnels, Russell Brunson, eine komplette Marktdominanz im Bereich der Page Builder für Unternehmer aufbauen. In diesen Bereich muss man sich stark einarbeiten und hierfür ein bis zwei Tage einplanen, um über einen Opportunity Switch in seinem Business nachzudenken. Das hat einen großen Impact auf den langfristigen Erfolg deines Unternehmens.

Lukas' größter Fuckup

»Vor circa anderthalb Jahren wollte ich mal ein richtiges Tech-Start-up aufbauen. Mit diesem Projekt wollte ich die Welt verändern. Dafür bin ich extra ins Silicon Valley gezogen, dort habe ich auch ein paar richtig interessante und coole Menschen aus der Start-up-Szene kennengelernt. In dieser Zeit habe ich mich sehr stark in das technische Thema eingearbeitet und angefangen zu programmieren. Von dort aus habe ich mich dann bei einem Inkubator in London beworben. Ich wurde nach London eingeladen und in das Programm aufgenommen. Ein paar Tage nachdem ich dort angefangen habe, merkte ich bereits, dass ich mit diesem Programm nicht in die optimale Richtung ging. Ich bin einfach ein Mensch, der das, wozu er sich entschlossen hat, zu 100 Prozent macht. Alles, was ich davor unternehmerisch gemacht habe, hatte immer mehr oder weniger gut funktioniert, doch hier war es anders. Ich hatte lange Zeit keinen wirklichen Rückschlag mehr, was man auch merkte, denn ich wurde etwas übermütig und dachte bei jedem neuen Projekt, dass es ein Erfolg wird. Ich habe am Ende vier bis fünf Monate komplett in das neue Thema investiert, mich sehr tief eingearbeitet und dann aber einfach mal hinterfragt, ob mir das Ganze überhaupt Spaß macht. Die Antwort darauf war ›jein‹. Die Komponenten des Unternehmertums machten mir sehr viel Spaß, aber zu den technischen Aufgaben musste ich mich sehr zwingen und es ging mir nicht leicht von der Hand.

Ich dachte, ich muss unbedingt programmieren können und alles im Detail verstehen, weil Unternehmer wie Elon Musk auch alles – bis ins kleinste Detail – in ihrem Business verstehen. Das war ein riesiger Fehler von mir, denn ich darf mich nicht mit solchen Menschen vergleichen. Ein direkter Vergleich ist nie gut, vor allem nicht mit solchen Ausnahmeunternehmern. Der bessere Weg ist immer an den eigenen Stärken zu arbeiten, denn wenn dir eine bestimmte Aufgabe nicht liegt, kannst du es oft auch nicht erzwingen. Vor allem gibt es nicht nur einen Weg, der zum Erfolg führt.

Somit wäre der richtige Weg für mich gewesen, einen Co-Founder zu finden, der die Technikkomponente abdeckt und ein absolutes Genie in der Entwicklung ist. Ich hätte damals mehr in die Vogelperspektive gehen müssen und mir selbst mehr Fragen stellen müssen. Seit diesem Fail mache ich das immer, wenn neue Projekte anstehen.«

Wie Lukas zum Unternehmertum gekommen ist

Lukas hatte sich schon sehr früh mit dem Unternehmertum beschäftigt. Seine Reise als Entrepreneur begann er mit ca. 18 Jahren. Heute ist Lukas 22 Jahre alt und führt bereits in seinen jungen Jahren mehrere erfolgreiche Unternehmen mit teilweise siebenstelligen Umsätzen. »Unternehmer zu sein ist eine Riesenleidenschaft von mir. In einem Gespräch beim Abendessen mit meiner Freundin ist mir aus der Vogelperspektive wieder aufgefallen, wie toll es eigentlich ist, dieses ›Spiel‹ spielen zu dürfen, jeden Tag eine neue Challenge zu haben, an der man wachsen kann. Mein erstes Business, Go Cereal, ein Restaurant als Franchise-Modell mit Fokus auf den Frühstückbereich, habe ich nach ein paar kleineren Fehlschlägen mit 18 Jahren gestartet. Das Konzept hierfür haben wir innerhalb eines dreitägigen Workshops im Lean Lab in Hannover entwickelt, mit dem wir auch den ersten Preis gewonnen haben. Zur Umsetzung kam es dann aber nicht, da ein zu hohes Startkapital dafür nötig gewesen wäre und dies nicht meinem Ansatz des leanen Vorgehens entspricht. Nach diesem kurzen Ausflug in das Offline-Business bin ich dann auf das Thema E-Commerce und Amazon FBA (Fulfillment by Amazon) gestoßen und habe mich Hals über Kopf hineingestürzt und mein erstes Business aufgebaut. Über die Jahre konnte ich so mehrere erfolgreiche siebenstellige Unternehmen im Amazon-Bereich aufbauen und auch meine erste eigene Marke Rawford, außerhalb von Amazon im E-Commerce-Bereich positionieren. So bin ich damals zum Thema Entrepreneurship gekommen.«

Lukas' Ratschläge für angehende Unternehmer

Auch Lukas betont, dass das Thema Fokus extrem wichtig ist, aber oft unterschätzt wird. Zusätzlich war aber einer der besten Ratschläge, die er selber erhalten hat, immer an sich selbst zu arbeiten. »Dies war auch bei mir damals so ein Thema«, sagt er. »Viele angehende Unternehmer oder Führungspersonen haben ein paar Bücher zum Thema Persönlichkeitsentwicklung gelesen und denken, sie hätten jetzt ein starkes Mindset und wären bereit für die Herausforderungen, die ihnen bevorstehen. Das ist ein fundamentaler Fehler, denn Persönlichkeitsentwicklung und auch Motivation ist eine tägliche Sache, an der man immer arbeiten sollte. Mein Fehler war damals, komplett aufzuhören, mich weiterzubilden, weil ich zu diesem Zeitpunkt sehr viel am Unternehmen gearbeitet habe. Du kennst die Phasen wahrscheinlich, man hat extrem viel zu tun und ist nur am arbeiten. Irgendwann merkst du dann, dass du seit drei Monaten nicht mehr gelesen hast. Daraus habe ich gelernt: Bilde dich immer konstant weiter und arbeite immer wieder an dir selbst. Ich merke eines immer wieder, wenn ich mich mit anderen erfolgreichen Menschen austausche: Wenn sie eines sehr gut können, ist das die richtigen Fragen zu stellen, um von dir lernen zu können, obwohl sie schon zehn Schritte weiter sind. Sie stellen dir gezielte Fragen, um von dir zu lernen. Weil sie wissen, dass du, in dem was du machst, sehr viele Erfahrungen gesammelt hast. Zu lernen, gute und vor allem die richtigen Fragen zu stellen und gleichzeitig sein Ego ganz weit hinten anzustellen, ist eines der wichtigen Learnings für mich als Unternehmer. Meine größte Motivation ist persönliches Wachstum. Dadurch wird man meistens glücklicher und hat mehr Erfolg in einem Projekt, weil man so nicht stehenbleibt.«

Die richtige Idee für ein zukünftiges Business findet man, laut Lukas, am besten, wenn man ein Problem bei sich selbst oder auf dem Markt erkennt und es lösen will. Dabei ist das Finden guter Business-Ideen auch eine Art Trainingssache. Wenn du das nie gemacht hast und auch nie darüber nachdenkst, ist es auch ziemlich unwahrscheinlich, dass dir DIE Idee in den Kopf kommt. Suche also nach Problemen, die du lösen willst und höre auf, Ideen zu erzwingen. Tatsächlich kommen die meisten Probleme auf, wenn man mit Menschen aus seinem Netzwerk oder Umfeld redet. Dadurch können Geschäftsideen entstehen, die vom Herzen kommen und ein grundlegendes Problem lösen.

Bonus Hack: Wie du als Seller auf Amazon erfolgreich wirst

Der typische Ansatz ist, ein Cashflow-Produkt auf den Markt zu bringen, mit den man Gewinne einfährt. Man sucht sich eine konkrete Nische aus, ein Produkt, welches bereits von anderen Sellern verkauft wird. Idealerweise kommt man dann mit einem stärkeren USP in den Markt, kann ein besseres Marketing vorweisen und greift sich dadurch die Sales ab. »Und auf Amazon gehen wirklich viele Sales, wir sprechen von zwischen fünf und teilweise 100 Sales pro Tag. Mit einer guten Marge kommt hier einiges dabei rum. Damit ging es für mich los und ich hatte nach einiger Zeit einige Cashflow-Produkte auf dem Markt, die wir auch heute noch verkaufen. Mit diesen Produkten ist es möglich, zwischen 500 – 3.000 Euro Gewinn pro Produkt zu kreieren und einen netten Cashflow zu generieren. Das wurde mir persönlich dann aber irgendwann zu langweilig und meine Motivation ging flöten. Ich stellte mir die Frage: ›What's next?‹ Zu diesem Zeitpunkt habe ich angefangen, mich mit dem Aufbau einer richtigen Marke zu beschäftigen und habe verschiedene Produkte im Grillbereich analysiert, und so kamen wir dann zu Rawford. Während dieses Prozesses habe ich auch meinen Geschäftspartner kennengelernt, der zuerst bei mir im Unternehmen im Bereich Sourcing angefangen hatte und heute den kompletten operativen Bereich verantwortet.«

Lukas' tägliche Routinen

Lukas ist in den letzten Jahren sehr viel gereist, hat seinen Wohnsitz in Deutschland aufgegeben und war jeden Monat in einem anderen Ort auf der Welt. Damit hat er vor einiger Zeit aufgehört, weil es ihm zu anstrengend wurde, so viel zu reisen und nebenbei die einzelnen Unternehmen aufzubauen. »Man kann große Unternehmen auf diese Weise aufbauen – wir arbeiten alle ja auch remote und haben kein festes Büro –«, sagt Lukas »aber es hindert dich daran, auf einem sehr hohen Performance-Level zu arbeiten. Mein Ziel war aus unternehmerischer Sicht weiterwachsen zu können und ein entscheidender Faktor war hierfür, unter anderem an meiner Morgenroutine zu arbeiten, weshalb ich mir auch wieder einen festen Wohnsitz zugelegt habe. Aktuell bin ich sechs Monate im Jahr in Kapstadt und habe dort auch eine Wohnung. Den Rest vom Jahr verbringe ich in Dubai, wo ich mir jetzt auch ein festes Büro gemietet habe. Fakt ist, ich reise viel weniger als früher, eigentlich fast gar nicht mehr. Nun habe ich meine festen Orte, an denen ich strikte Routinen habe und auch morgens ganz normal ins Büro fahre. Wenn man remote arbeitet, ist man meist zu Hause, sitzt an seinem Schreibtisch und es fällt schwer, in den Arbeitsflow zu kommen, denn der Switch von zu Hause auf Arbeit ist super wichtig. In meinem Fall heißt das, ich stehe morgens auf, dusche und meditiere danach erst einmal für 20 Minuten in voller Ruhe. Die Meditation hat sehr viele positive Auswirkungen auf meinen Alltag, auch im Business lässt du dich dadurch viel weniger ablenken. Durch das aktive ›An-nichts-Denken‹ und die Kontrolle meiner Gedanken schaffe ich es, meinen Fokus gezielter über den Tag einzusetzen. Danach frühstücke ich etwas Kleines, mache mich fertig, lese noch für eine Stunde und mache mich dann auch schon auf den Weg ins Büro. Auch meine Essenszeiten zum Lunch und Dinner sind fest eingeplant. Um die Essenszeiten noch effektiver zu gestalten, keine Zeit mehr zum Kochen zu verschwenden und mich gesund zu ernähren, werde ich demnächst einen der vielen Services nutzen, die einem spezielle Essenspläne zusammenstellen und dir das Essen direkt liefern. Das ist ein großer Optimierungsbaustein, denn dadurch musst du dir keine Gedanken mehr über das Thema Ernährung machen und Zeit dafür investieren. Gegen 20 Uhr mache ich mich auf den Heimweg vom Büro und habe dann noch so gute zwei Stunden Zeit, um das zu machen, worauf ich gerade Lust habe. Ein für mich sehr wichtiger Punkt ist, abends nicht mehr zu arbeiten, bevor ich um ca. 23 Uhr schlafen gehe. Am nächsten Tag geht es dann wieder meistens um 6 Uhr morgens für mich weiter, sodass ich auf gute sieben Stunden Schlaf komme.«

LEGENDARY HACKS

»Make things worth sharing.«

– Will Fraser[20]

Die Königsklasse der Startup Hacks.

Diese Hacks sind so genial in der Umsetzung, dass sie dem Unternehmer nicht nur eine extreme Steigerung seiner jeweiligen Kennzahlen ermöglichen, sondern auch von Nutzern geteilt und in ihrem Netzwerk weitergetragen werden und dadurch meist viral gehen.

Die Hacks aus der Kategorie **Legendary** erfordern eine sehr detaillierte Planung und Herangehensweise, mit der nötigen Portion Glück, aber sie verzeichnen Reichweitenrekorde und gehen dadurch in die Hall of Fame der Growth Hacks ein.

Pia Poppenreiter, CEO und Co-Founder @Ohlala
https://www.ohlala.com/

Start-up Hack: Eine reichweitenstarke Guerilla-PR-Aktion auf einer Konferenz mit eigenem Hashtag

Hack Level: Legendary

Wie hat es Pia gemacht?

Pia nutzte die alljährliche Internetkonferenz »Noah« für eine Guerilla-PR-Aktion, um ihre Bezahl-Dating-App Ohlala bekannter zu machen und um mediale Aufmerksamkeit zu erhalten. Bei Ohlala handelt es sich um eine App für bezahltes Dating, bei der sich Frauen für eine bestimmte Zeit von Männern buchen lassen können. Die App hat offiziell nichts mit Prostitution oder Escort-Services zu tun, sondern ist für Frauen gedacht, die sich im Austausch für ihre Zeit und Zuwendung entschädigen lassen wollen.

Pias Idee war, den hohen Männeranteil auf Start-up-Veranstaltungen (im Durchschnitt 90 Prozent) für sich zu nutzen und im Vorfeld Freundinnen und Nutzerinnen ihrer App zu mobilisieren, auf die Party einzuschleusen und für etwas Wirbel zu sorgen, was ihr definitiv auch gelungen ist. Bei der Noah-Konferenz versammeln sich jedes Jahr Business-Größen aus der New sowie Old Economy, wie zum Beispiel Oliver Samwer (Rocket Internet), Rubin Ritter (Zalando) oder die Vorstandsvorsitzenden von Adidas, Metro etc., nicht zu vergessen die zahlreichen Journalisten. Pia schleuste angeblich im Wissen der Veranstalter, wobei dies von den

Veranstaltern der Noah-Konferenz dementiert wurde, eine zweistellige Anzahl an leichtbekleideten Nutzerinnen ihrer App Ohlala auf der Abendveranstaltung der Noah-Konferenz ein.[21] Die Ohlala-Nutzerinnen, die von vielen der anwesenden Gäste wegen ihrer Aufmachung für Escort-Damen gehalten wurden, verteilten dann Kärtchen und Flyer von Ohlala und flirteten offensiv mit den anwesenden Männern. Es dauerte nicht lange und einige Teilnehmerinnen und Teilnehmer der Abendveranstaltung fühlten sich von den Damen bedrängt und bemerkten, dass hier etwas faul war.

Die ersten Smartphones wurden gezückt und es wurde fleißig drauflos getwittert. Schnell entwickelte sich im Netz daraus ein eigener Hashtag: #EscortGate. Der Hashtag war zeitweise auf Platz 1 der deutschen Twitter-Charts und hat dem Unternehmen Ohlala zahlreiche neue Registrierungen und viele weitere PR-Erwähnungen gebracht, vom *Manager Magazin* über den *Tagesspiegel* bis hin zur *Morgenpost*. Natürlich gab es auch negative Stimmen zu der Aktion von Pia, aber wie sagt man so schön: bad publicity is better than no publicity.

Die Aktion lief offiziell etwas aus dem Ruder, Pia entschuldigte sich im Nachhinein bei allen Beteiligten für die »misslungene« PR-Aktion, aber für sie ging der PR-Stunt definitiv auf.

Wie du Pias Hack für dich nutzen kannst

Identifiziere Events und Veranstaltungen in deiner Branche und überlege dir ein passendes Konzept, um eine Guerilla-Aktion durchzuführen. Das Ziel sollte sein, mit viel Kreativität so viel Aufmerksamkeit wie nur möglich zu erhalten, sich aber im legalen Bereich zu bewegen. Beachte vor allem auch die AGBs des Veranstalters, damit hier keine Probleme auf dich zukommen. Als Inspiration empfehle ich dir folgende Webseite zu besuchen, hier findest du zahlreiche Beispiele für gelungene

Guerilla-Aktionen, die ein weltweites Aufsehen auf sich gezogen haben: http://www.creativeguerrillamarketing.com/guerrilla-marketing/the-80-best-guerilla-marketing-ideas-ive-ever-seen/ Einer meiner absoluten Lieblinge: die Guerilla-Aktion des Eichborn Verlags auf der Frankfurter Buchmesse (auf YouTube zu finden). Der Verlag hatte für diese wirklich gelungene Guerilla-Aktion 200 echte Fliegen mit ganz leichten Bannern ausgestattet und auf der Frankfurter Buchmesse freigelassen. Die kleinen Tierchen haben für extreme Aufmerksamkeit gesorgt und dem Verlag zahlreiche Erwähnungen in der Presse und YouTube-Clips mit einer Millionen-Reichweite eingebracht.

Pias größter Fuckup

Manchmal kann ein Fuckup oder Fail auch witzig enden und eine sehr ernste Situation komplett ins Gegenteil drehen, wie Pias Story zeigt. Nach Informationen des Start-up-Portals Gründerszene gab es damals einen mehrmonatigen Streit unter den Angel-Investoren von Ohlala, der das Unternehmen ziemlich ausbremste. Für Pia gab es in dieser Situation nur einen sinnvollen Schritt: alle Anteile ihres Start-ups von den Investoren zurückzukaufen. Während den Verhandlungen zum Rückkauf ihrer Firma waren Pia und ihr Mitgründer damals dann kurz davor, alles zu verlieren. Sie war gezwungen, einen sehr unangenehmen und schmerzvollen Schritt für eine Unternehmerin zu gehen: die Versendung der Insolvenzanmeldung per Brief an die Gesellschafter. Sie hatten kein Geld mehr auf dem Firmenkonto, verwendeten ihren letzten Euro für den Anwalt, der das offizielle Schreiben für sie aufsetzte. Nachdem Pia den Brief verschickte, überprüfte sie diesen nochmal und ihr fiel ein Formfehler auf. Pia korrigierte den Brief und legte diesen nochmals dem kompletten Team zur Prüfung vor. Pia schickte also den zweiten Brief zur Liquidation beziehungsweise Insolvenzanmeldung der Firma heraus, füllte acht einzelne Rückscheine aus und war erleichtert, dass dieses Mal alles klappte.

Am nächsten Tag fragte sie jemand im Coworking Space, ob hier die Potsdamer Straße 182 sei. Sie antwortete darauf »Nein, hier ist die Nummer 82«, sie hatte es ja erst gestern zu 100 Prozent geprüft. Eine dritte Person sagte daraufhin, hier sei ganz sicher die Hausnummer 182. Pia dachte sich nur: »Verdammt, bin ich nicht fähig, einen simplen Brief zu verschicken?« Doch bevor sie einen Wutausbruch bekam, überprüfte sie lieber, wohin denn jetzt diese acht Rückscheine versendet wurden. Nach einer kurzen Google-Recherche brach sie in Gelächter aus. Die Briefe wurden aus Versehen an einen Table-Dance-Laden verschickt und nicht an die Gesellschafter. Als Pia dies ihren Mitgründern erzählte, mussten alle laut lachen und amüsierten sich – ein seltener Moment während dieser ernsten Zeit. Dieser Fuckup lockerte die Stimmung im Team wieder etwas auf und drehte die ganze Stimmung. Alle Beteiligten hatten wieder Mut und Ehrgeiz gefasst für einen letzten Zug. Dieser sollte sich auszahlen. Denn anstelle der Insolvenz hatte Pia und ihr Team einen MBO (Management-Buy-out) vorgeschlagen, bei dem das Management die Mehrheit des Kapitals von den bisherigen Gesellschaftern oder Eigentümern erwirbt und die Firma dadurch komplett übernommen werden konnte. Pias Fuckup war somit das Beste, was ihr und dem Team hatte passieren können, denn dadurch kamen wieder der Flow und das positive Denken zurück in das Gründerteam.

Wie Ohlala gegründet wurde

Pia kommt ursprünglich aus Österreich, lebt aber bereits seit einigen Jahren als erfolgreiche Start-up-Gründerin in Berlin. Damals hatte sie ein Stipendium erhalten, um Wirtschaftsethik zu studieren, ist dann aber, wie so viele, in Berlin hängen geblieben. Bevor Pia Ohlala startete, entwickelte sie die Web-App PEPPR, was auch der Grund für sie war, unter die Gründerinnen zu gehen. Anders als bei vielen anderen Unternehmerinnen war dieser Schritt bei ihr nicht geplant. Angetrieben wurde sie von einer Idee und die

Firmengründung war das Mittel zum Zweck, um ihre App umzusetzen. Die Idee zu PEPPR kam ihr direkt, nachdem sie das Studium abgeschlossen hatte und nicht wusste, was sie tun sollte. Eines Abends war sie mit Freunden auf einen Drink aus und alle hatten einen über den Durst getrunken. Etwas angeheitert ging sie aus der Bar heraus und sah eine Sexarbeiterin auf der gegenüberliegenden Straße. Im Rausch faszinierte sie dieser Anblick so sehr, dass sie sich fragte: »Wer steht da, was macht die da und was steckt für eine Story dahinter?« Diese Frage ließ Pia einfach nicht mehr los und sie begann zu recherchieren. Sie hatte extrem viele Vorurteile und Meinungen, wusste aber relativ wenig über die Arbeit einer Sexarbeiterin. Getreu dem Satz »Glaub nicht immer, was du denkst«, wollte sie sich eine eigene Meinung zum Thema Sexarbeit machen. So begann ihre Recherche im Rotlichtmilieu, welche sie hauptsächlich in deutschen und österreichischen Bordellen durchführte. Nach vielen Gesprächen mit Prostituierten und Bordellbetreibern innerhalb des Rotlichtmilieus entwickelte sie die App PEPPR, eine wertfreie technologische Lösung, die Sexarbeitern helfen sollte, ihre Buchungen effektiv zu managen. PEPPR war laut Pia ein erster guter Versuch, um sich als Gründerin auszuprobieren, nur hatte sie leider noch wenig Ahnung vom Unternehmerdasein und ihr Produkt war nicht innovativ genug. Nachdem ihr das bewusst wurde, verkaufte sie ihre Anteile und gründete daraufhin ihre heutige Firma Ohlala.

Der beste Ratschlag, den Pia als Unternehmerin erhalten hat

Pia hat in den letzten Jahren viele gute Ratschläge zu wichtigen Zeitpunkten erhalten, der beste Ratschlag in ihrem Leben kam aber von ihrem Vater, in der Zeit, als sie ihre erste Firma PEPPR gründete. Zu dieser Zeit suchte sie natürlich auch das Gespräch mit ihrer Familie, um sich Rat zu ihrer beruflichen Zukunft einzuholen. Pia meinte damals zu ihrem Vater, sie würde es gerne mit dem eigenen Start-up versuchen, woraufhin ihr Vater sagte: »Dann musst du es machen.« Dieser Satz begleitet Pia nun schon seit mehreren Jahren und hat ihr Mindset zum Thema »machen« geformt. Was muss ich tun, um das Problem lösen zu können? Diese Frage stellt sich Pia immer wieder, wenn sie vor einer größeren Herausforderung steht und eine Lösung sucht. Genau das ist die Machermentalität, die du brauchst, um deine Start-up-Idee auch in die Tat umzusetzen.

Pias Ratschläge für angehende Unternehmer

>> *Einfach machen.* «

– Pia Poppenreiter

So kurz und knackig fällt Pias Antwort auf die Frage nach einem Ratschlag aus. Viele Menschen haben tolle Ideen, aber die Idee ist am Ende auch nur eine Idee, wie sie viele Leute tagtäglich haben. Der wichtigste Schritt hier ist die tatsächliche Umsetzung dieser Idee, damit die nächsten Schritte gemacht werden können. Die Idee muss live getestet und es muss evaluiert werden, ob hierfür überhaupt ein Markt besteht und es sich lohnt, diese Idee weiter zu verfolgen. Genau das unterscheidet den Träumer vom Macher.

Außerdem ist es für einen Unternehmer wichtig, mit dem Herzen dabei zu sein. Pia sieht diese Eigenschaft als eine der wichtigsten, um die Gründung des eigenen Start-ups bis zum Schluss durchziehen zu können. Denn während der Gründung wird man körperlich, intellektuell und emotional sehr stark gefordert und muss immer wieder an seine Grenzen gehen, um mit seinem Start-up erfolgreich zu sein und weiterzukommen. Man muss sich immer wieder neu in diesem Prozess finden, wozu man extrem viel Mut und Herz braucht. Also nicht einfach gründen, um zu gründen, weil es gerade im Trend ist. Mit so einem Mindset wird es sehr schwierig werden, einen längeren Zeitraum durchzuhalten und die »Extrameile« zu gehen, die jeder Gründer immer wieder zurücklegen muss, um sich gegen Mitbewerber und »Steine-in-den-Weg-Leger« durchsetzen zu können. Wenn du aber mit dem Herzen dabei bist und eine echte Passion und Begeisterung für dein Start-up mitbringst, wirst du dich immer wieder neu motivieren können, um das Ding bis zum Schluss durchzuziehen. Ob es am Ende dann aber auch zu einem Erfolg wird, ist eine komplett andere Sache. Der einzige Weg, um dies herauszufinden: Just do it.

Pias Buchtipp

Pias Bruder hat ihr vor Kurzem das Buch *Homo Deus* von Yuval Noah Harari geschenkt, ein relativ komplexes Buch über die Zukunft der Menschheit. Was wird mit unserem Planeten passieren, wenn neue Technologien dem Menschen gottgleiche Fähigkeiten verleihen und das Leben damit auf eine komplett neue Stufe der Evolution hebt? Spannende Fragen, die man sich fernab des Gründeralltags stellen kann und die inspirieren, um seine Gedanken mal etwas schweifen zu lassen.

Till Schmid, CEO und Co-founder @Consultport
https://www.consultport.com/

Start-up Hack:
Event-Marketing mit viralem Faktor als Schlüsselelement zum Markenaufbau

Marketing Hack Level: Legendary

Wie hat Till es gemacht?

In seinem letzten Job vor der eigenen Gründung von Consultport war Till als Global Head of Marketing für das Rocket Internet Start-up Helpling tätig (eine Online-Vermittlung von Putzkräften) und hatte eine geniale Idee: Warum sich nicht an einem anderen großen Event orientieren und anhand dessen eine eigene Kampagne aufsetzen, die möglicherweise viral gehen kann und dadurch für Wachstum sorgt? Den richtigen Zeitpunkt sah Till hier beim offiziellen Release des neuen James-Bond-Films *Spectre*. Als Vorlage für den eigenen Spot orientierte Till sich hier an dem sehr erfolgreichen Edeka-Spot mit dem Slogan »Du bist geil«. Und so rief Till die #MissionToClean-Kampagne ins Leben, die sich sehr erfolgreich viral verbreitete und Markenbekanntheit für Helpling aufbaute. Das Spannende hierbei war die internationale Koordination der Kampagne: Die Clips starteten zeitgleich in verschiedenen Ländern, darunter Deutschland, Frankreich, Holland, Italien, die Arabischen Emirate und viele mehr, denn die Marke James Bond ist in ziemlich jedem Land bekannt und Helpling expandierte wie verrückt.

Im Clip dreht sich alles um das Leben des Geheimagenten George, bei dem schon immer die Frauen in seinem Leben das Sagen haben. Bereits von klein auf wird er im Clip immer wieder dazu ermahnt, er solle doch sein Zimmer und das Haus staubsaugen und sauber machen. George wird dabei überspitzt cool dargestellt, ist es aber eigentlich gar nicht, denn sein liebstes Hobby (neben seinem Job als Geheimagent) ist das Sammeln von Briefmarken. Die elementare Aussage des Spots ist laut Till: »Auch ein Geheimagent kann seinen Job nicht machen, wenn er keine Unterstützung im Haushalt hat.« Ausgestrahlt wurde die Kampagne hauptsächlich über die internen Social-Media-Kanäle und konnte sich dadurch relativ schnell im Netz verbreiten. Und wie es eben mit viralen Marketingkampagnen so ist: Sie sind schlecht planbar und man kann im Vorfeld nicht wirklich voraussagen, ob eine Viralität, also eine schnelle Verbreitung durch Kontakte innerhalb von Social Media, eintritt. Im Falle von Helpling war das Ergebnis mehr als zufriedenstellend für Tim. Die Clips weisen Aufrufzahlen im sechsstelligen Bereich auf und wurden zudem fleißig von der Community geteilt. Das Ziel, die Markenbekanntheit dadurch zu steigern, konnte erreicht und zahlreiche neue Kunden auf das Angebot von Helpling aufmerksam gemacht werden. Der Clou dabei war: Die Clips konnte man sich gegenseitig zuschicken, entweder war man selbst der Agent, oder man konnte in die Rolle des Bösewichts schlüpfen. Jedes einzelne Video war contentseitig mit einer eigenen Landingpage verknüpft, damit der Zuschauer letzten Endes im Helpling Funnel landete, um eine Putzkraft zu buchen oder sich zu registrieren.[22]

Wie du Tills Hack für dich nutzen kannst

Eines muss gleich mal vorab gesagt werden: Virales Marketing ist wahrscheinlich eine der schwersten Disziplinen und vor allem nicht planbaren Maßnahmen im Marketing, die man sich als Marketer nur aussuchen kann. Erfolgreiche virale Kampagnen sehen meist so aus, als ob sie per Zufall entstanden sind. Das Gegenteil ist hier der Fall. Natürlich gehört eine gute Portion Glück dazu, dass es eine Kampagne schafft, durch die Decke zu gehen und mehrere Millionen Klicks oder Views zu erreichen. Viralität ist aber, wenn auch nur teilweise, planbar und vorhersehbar. Der erfolgreiche US-Autor und Marketing-Professor der University of Pennsylvania Jonah Berger hat in seinem Buch mit dem Titel *Contagious – Why Things Catch On* eine spezielle Formel entwickelt, die es Marketing-Verantwortlichen ermöglicht, auch ohne Glück und Katzen-Content erfolgreich zu sein. Leider ist diese Formel kein Allheilmittel für eine erfolgreiche, reichweitenstarke virale Kampagne, aber aufgrund von in der Praxis erprobten, wissenschaftlich gestützten Thesen kann sie die Entwicklung einer solchen Kampagne begünstigen. Und das ist es, was alle Marketer wollen: Content zu erschaffen, der von Menschen innerhalb ihres Netzwerks geteilt wird, eine hohe »Shareability« aufweist (Teilbarkeit von Content in sozialen Netzwerken) und am Ende durch Mund-zu-Mund-Propaganda viral gehen kann.

Wenn du denkst, du hast das Zeug dazu, eine virale Kampagne zu erstellen, dann ist die von Jonah Berger entwickelte STEPPS-Methode eine sehr hilfreiche Basis, um dein Projekt oder Produkt bekannt zu machen. Folge einfach diesen sechs Schlüsselfaktoren (oder so vielen wie möglich davon), um Content zu erstellen, der Millionen von Menschen erreichen kann.

1. (S)ocial Currency (Soziale Währung)

Menschen legen sehr viel Wert darauf, wie sie vor anderen dastehen und welche Wirkung sie auf andere haben. Jeder von uns möchte intelligent, cool und immer up-to-date wirken. Jonah Berger erwähnt in seinem Buch das Beispiel einer New Yorker Bar, die sich innerhalb eines Hot-Dog-Ladens befindet. Wie macht man nun eine Bar in New York zum absoluten Geheimtipp, wo sich doch etliche Bars alleine in einem einzigen Block befinden? Man stellt eine alte Telefonzelle in die Ecke des Hot-Dog-Ladens, die als Eintrittstor zu einer geheimen Bar dient. Nur wer die spezielle Nummer kennt, bekommt Einlass zur Bar. Jeder Besucher wird so zum Insider und fühlt sich als Mitglied eines exklusiven Kreises. Wer das nicht weitererzählt, hat entweder keine Freunde oder will das einfach nur für sich behalten.

2. (T)riggers (Auslöser)

Verbinde deine Marke mit einem Auslöser (Trigger), dem deine Zielgruppe immer wieder begegnen wird. Bestes Beispiel: Sobald Weihnachten vor der Tür steht, ist eine spezielle Figur sehr präsent in unserem Leben, der Weihnachtsmann. Und womit verbinden wir diese Figur? Mit einer Marke, und zwar Coca-Cola. Jedes Mal wenn wir nun den Weihnachtsmann in seinem roten Anzug sehen, verbinden wir das höchstwahrscheinlich mit Coca-Cola und werden dadurch getriggert. Wenn dann noch der Durst und das Verlangen nach einer eiskalten Coke aufkommt, hat das Marketing alles richtiggemacht.

Das heißt, je stärker der Auslöser mit einer Marke verbunden ist, desto höher ist die Chance, dass die Menschen an genau deine Marke oder dein Unternehmen denken. Beispiele für einen guten Trigger wären spezielle (Feier-)Tage, Jahreszeiten oder Sätze beziehungsweise Wörter.

3. (E)motion (Emotionen)

Wenn uns etwas berührt, dann ist die Chance relativ hoch, dass wir diesen Content auch mit unserem Netzwerk teilen. Deshalb ist es ratsam, sich auf die Gefühle der Menschen zu konzentrieren, die man mit seiner Botschaft erreichen möchte und nicht die

Funktion eines Produktes oder einer Idee in den Vordergrund zu stellen. Der Schlüssel ist, Content zu erstellen, der uns zum Lachen, Weinen oder Nachdenken bringt. Diese Art von Content wird von den Menschen geteilt.

4. (P)ublic (Öffentlichkeit)

Mach deine Marke in der Öffentlichkeit sichtbar. Wie? Ein gutes Beispiel hierfür liefert Apple. Als die neuen Apple-Kopfhörer auf den Markt kamen, wollte sie jeder haben. Warum? Weil sie weiß und damit sehr auffällig waren. Der Träger konnte sich dadurch schnell als Apple-User outen, lag damit automatisch im Trend und brachte somit seinen sozialen Status zum Ausdruck. Wenn es einen bestimmten Aspekt, entweder Farbe oder Form, bei deiner Marke gibt, die ins Auge der Öffentlichkeit sticht, werden Menschen dadurch getriggert, an deine Marke zu denken.

5. (P)ractical Value (Praktischer Nutzen)

Praktische Dinge haben eine hohe Wahrscheinlichkeit geteilt zu werden. Biete deiner Zielgruppe wertvolle Tipps an, mit denen sie in einer bestimmten Disziplin besser werden kann. Diese Tipps weisen wiederum eine hohe Wahrscheinlichkeit auf, dass sie mit anderen Menschen, die auch davon profitieren könnten, geteilt werden. Menschen in sozialen Netzwerken teilen Infografiken, Listicles (zum Beispiel »10 Tipps zum effektiven Muskelaufbau«) oder jegliche andere Form von wertvollem Content, mit dem sie anderen Menschen in ihrem Netzwerk helfen können.

6. (S)tories

Verpacke deine Brand Message in eine Geschichte, die deine Zielgruppe weitererzählen möchte. Eine Geschichte ist ein starkes
Werkzeug, wenn es darum geht, Inhalte von Mensch zu Mensch
weiterzugeben. Jonah Berger empfiehlt ein Trojanisches Pferd
zu entwickeln und führt in seinem Buch die Geschichte von Jared auf, dem Typen, der in den USA durch den täglichen Verzehr
von Subway-Sandwiches etliche Kilos verloren hatte. Durch diese Geschichte schaffte es die Fastfood-Kette Subway, ihrer Marke einen gesunden Anstrich zu verpassen, weil man mit dem Verzehr ihrer Produkte (siehe Jared) sein eigenes Gewicht reduzieren
konnte. Das Ganze ging dann am Ende aber nicht gut für Subway
aus, da Jared anscheinend in kriminelle Machenschaften verstrickt
war und die Zusammenarbeit mit ihm daraufhin umgehend beendet wurde.

Schaffst du es, so viele von den sechs aufgeführten Punkten wie
nur möglich in die Entwicklung deines Contents zu packen, ist die
Wahrscheinlichkeit hoch, Mund-zu-Mund-Propaganda für dein
Produkt oder dein Projekt zu erhalten. Wenn zusätzlich noch eine
gute Portion Glück und perfektes Timing dazukommen, geht deine Marketingkampagne viral.[23]

Tims größtes Learning als Unternehmer

Till ist an vielen Punkten in seinem Leben als Unternehmer an seine Grenzen gestoßen, konnte diese Erlebnisse aber immer als Learning verbuchen. Dadurch besitzt er »ein großes Lernkonto«, wie
er es nennt. Sein größtes Learning schreibt er seinem letzten Start-
up zu, einem StudiVZ-Klon für den französischen Markt. Hier gab
es bereits einen großen internationalen Player auf dem Markt (Facebook). Till und sein Team schätzten zu diesem Zeitpunkt die
Situation falsch ein und setzten auf ein organisches Wachstum,

also ein langsames, ohne große Marketingmaßnahmen gepuschtes Wachstum. Doch sie hätten genau das Gegenteil, nämlich den gezielten Einsatz eines Marketing-Budgets, versuchen müssen, um sich gegen einen starken Player wie Facebook behaupten zu können. Auch hatte Till damals dem Netzwerkeffekt nicht genug Beachtung geschenkt, der bei Facebook bereits voll im Gang war und ein spürbares Wachstum ihres sozialen Netzwerks kaum möglich gemacht hat. Der Großteil der französischen User war bereits bei Facebook registriert, täglich kamen neue User hinzu, die entweder von ihren Freunden eingeladen wurden oder neu dazukamen, weil all ihre Freunde bereits bei Facebook registriert waren und sich dort verabredet oder einfach nur ausgetauscht haben. Das war der Hauptgrund, warum das Start-up von Till am Ende scheiterte und zu einem weiteren Eintrag auf seinem Lernkonto wurde.

Wie Consultport gegründet wurde

Bei der Entstehung von Consultport spielten mehrere Komponenten eine Rolle. Till hatte bereits 2007 eine sogenannte Matchmaking-Plattform (Vermittlungsplattform) für den französischen Markt gegründet, die sich auf Unternehmer, Investoren und Dienstleister fokussierte und den Namen ventureclass.com trug. Danach kam es zur Gründung des sozialen Netzwerkes, welches auch mehr oder weniger scheiterte und ihn zu Helpling führte, einem Online-Vermittler für Putzkräfte. Nach ein paar spannenden Monaten packte Till wieder das Gründerfieber und er nutzte sein generiertes Wissen im Bereich Vermittlungs- und Matchmaking-Plattformen, um Consultport aus der Taufe zu heben. Bei Consultport geht es um die Vermittlung von Beratern und Digital-Experten an Unternehmen, die das Thema Digitalisierung beschäftigt. Warum aber hat Till sich gerade für diese Nische entschieden? »Weil alle Gründer genau den richtigen Background hierfür hatten, nämlich Erfahrung in Beratung und Digital Expertise. Dadurch konnten wir das Thema glaubwürdig auf dem Markt platzieren.« Zusätzlich waren alle Beteiligten bereits als Freelancer tätig und kannten somit den Markt auch von dieser Seite. Aus dieser Kombination wurde dann das Start-up Consultport. Alle Learnings aus den einzelnen Bereichen wurden sozusagen kombiniert und miteinander verschmolzen, um eine neue Dienstleistungsplattform zu kreieren, die am Markt benötigt wurde. Denn Unternehmen sehen sich oft der Herausforderung gegenüber, die richtigen Digital-Berater für ihre Projekte im digitalen Bereich zu rekrutieren. Unternehmen an den bekannten Hotspots wie Berlin, die sehr gut vernetzt sind, gelingt dies meistens ohne große Probleme, doch was machen all die anderen Companies, die kein exzellentes Netzwerk besitzen? Genau diesen Unternehmen hilft Consultport dabei, den perfekten, auf das jeweilige Projekt spezialisierten Berater zu finden, der inhaltlich sowie persönlich gut zum Unternehmen passt. Ganz ohne eigenes Netzwerk.

Bonus Hack: Micro-Influencer-Marketing und LinkedIn-Content-Marketing

Beim Thema Influencer-Marketing im B2C-Bereich sieht Till noch großes Potenzial. Einige Unternehmen konnten dadurch in den letzten zwei bis drei Jahren ein extrem starkes Wachstum generieren und damit die richtigen Kundengruppen erreichen. Im Vergleich zu anderen Marketing-Maßnahmen ist Influencer-Marketing relativ günstig, vor allem wenn man es nicht auf die Stars der Influencer-Szene, die Macro-Influencer, abgesehen hat, sondern eher mit sogenannten Micro-Influencern zusammenarbeitet. Micro-Influencer haben eine vergleichsmäßig geringe Anzahl an Followern, dafür aber ein hohes Engagement (Interaktion mit den Followern). Bei diesen Influencern handelt es sich um Meinungsmacher, die eine ganz bestimmte Gruppe an Menschen erreichen. Zudem haben sie meist eine höhere Like-Rate im Verhältnis zu größeren Influencern (umgerechnet auf die Follower). Das macht das Arbeiten mit Micro-Influencern zu einer sehr spannenden Option für Unternehmen, die Influencer-Marketing mit überschaubaren Budgets betreiben und damit trotzdem gute Ergebnisse erzielen wollen. Denn Micro-Influencer genießen eine Art Expertenstatus bei ihren Followern und haben eine hohe Glaubwürdigkeit. Geht man jetzt einen Schritt weiter und bündelt mehrere Micro-Influencer für eine bestimmte Kampagne, kann bei der Zusammenarbeit der gleiche Effekt wie mit nur einem Macro-Influencer erzielt werden, nur zu einem wesentlich günstigeren Preis.[24] Bei der Suche nach einem passenden Micro-Influencer kann entweder direkt Instagram (oder andere Social-Media-Plattformen) genutzt werden, oder man arbeitet mit speziellen Agenturen zusammen, die sich auf dieses Thema spezialisiert haben. Bei einer meiner letzten großen Micro-Influencer-Kampagnen, die ich als Consultant für ein Start-up der Daimler AG durchführen durfte, habe ich mit einer entsprechenden Agentur zusammengearbeitet und dabei sehr gute Ergebnisse erzielt.

Beim Thema Content-Marketing auf LinkedIn punktet Till noch mit einem »Zuckerl« für einen B2B Growth Hack. Dass LinkedIn derzeit ein sehr spannendes soziales Netzwerk mit enormen Potenzial im B2B-Bereich ist, dürfte nichts Neues sein. Immer mehr Menschen erkennen, vor allem im deutschsprachigen Raum, die Möglichkeiten, die sich durch die Nutzung dieser Plattform zum nationalen, aber auch internationalen Netzwerken ergibt. Der LinkedIn Newsfeed funktioniert ähnlich wie der Facebook Feed, die neuesten Updates der Kontakte werden durch einen speziellen Algorithmus gefiltert und dem User präsentiert. Wie generiert man nun aber Aufmerksamkeit, ohne dabei Cat Content oder das letzte witzige Video zu posten, welches einem die Kollegen geschickt haben? Man bewegt sich schließlich in einem professionellen Umfeld und möchte mit hochwertigem Content bei seinen Followern punkten. Till hatte hier vor Kurzem eine spannende Vorgehensweise entdeckt, die in einer Präsentation vor dem Chef ein paar Extrapunkte einbringt. In seinem LinkedIn Feed tauchten vor Kurzem sehr attraktive und aufwendig gestaltete PowerPoint Templates auf. Um aber an diese heranzukommen, musste man nicht nur seine E-Mail-Adresse hinterlassen, man musste zusätzlich auch noch auf »Gefällt mir« klicken und einen Kommentar zu dem Beitrag verfassen. Diese Taktik kennt man ja noch von Facebook. Als guter Marketer schrieb man damals die besten Texte, um ein maximales Engagement bei seinen Followern zu erreichen. Was damals wunderbar auf Facebook funktionierte, klappt dort heute leider nicht mehr so gut, da sich die User weiterentwickelt haben und auf solche Werbetexte nicht mehr anspringen. Anders verhält es sich aber auf LinkedIn. Auf dieser Plattform funktioniert die Taktik »noch« sehr gut, da dieses Netzwerk für viele Menschen relativ neu ist. Zum Zeitpunkt, als ich diese Zeilen verfasst habe, konnte LinkedIn bereits über 562 Millionen registrierte User vorweisen, mit 260 Millionen Usern, die mindestens einmal im Monat aktiv sind. LinkedIn hat sich in den letzten Jahren somit zur Nummer-1-Plattform für B2B-Marketer entwickelt, aber von den mehr als 500 Millionen Usern teilen gerade mal drei Millionen User Content auf einer wöchentlichen Basis. Anbei findest du noch ein paar Zahlen, um das enorme Potenzial von LinkedIn aufzuzeigen, solltest du mit deinem Unternehmen eine B2B-Zielgruppe ansprechen wollen:

- LinkedIn macht mehr als 50 Prozent des gesamten Social Media Traffics aus, der zu B2B-Websites oder Blogs führt.

- 91 Prozent aller Marketing-Führungskräfte führen LinkedIn als *den* Hot Spot auf, um qualitativ hochwertigen Content im B2B-Bereich zu finden.

- 92 Prozent aller B2B-Marketer beziehen LinkedIn in ihren Marketing-Mix mit ein.

- Ca. 45 Prozent der LinkedIn-Artikel-Leser befinden sich in einer Führungsposition.[25]

Die Zahlen sind natürlich auf einer internationalen Ebene zu verstehen. LinkedIn ist bereits auch in Deutschland und den anderen deutschsprachigen Ländern auf dem Vormarsch.

Tills Buchtipp

Ein Buch, das einen bleibenden Eindruck bei Till hinterlassen hat, ist *Wenn es hart auf hart kommt* von Ben Horrowitz. Der Autor, selbst ein erfolgreicher Hightech-Unternehmer aus dem Silicon Valley und Mitbegründer der international tätigen Venture-Capital-Firma Andreessen Horowitz, schildert in seinem Buch sehr ehrlich das wahre Gesicht des Unternehmertums – ohne Schleier und Romantik. Er zeigt mit vielen Anekdoten und Tipps, dass es wirklich hart ist, Unternehmer zu sein. Der Mann ist eine Legende im Silicon Valley und einer der erfolgreichsten, erfahrensten und bekanntesten Wagniskapitalgeber im Melting Pot der Tech-Unternehmen. Hier holt sich sogar Facebook-Chef Mark Zuckerberg Rat, wenn er mal nicht weiterweiß. Wenn Zuck schon mal bei ihm auf der Couch sitzt, solltest du auf jeden Fall sein Buch auf deiner Couch lesen. Punkt.

Tills Morgenroutine

> *»Jeder muss Routinen entwickeln, die auf die eigenen Bedürfnisse zugeschnitten sind.«*
>
> – Till Schmid

Wichtig ist zu verstehen, dass jeder seine eigenen Charaktereigenschaften hat, und diese muss man gut verstehen. Dann kann man einschätzen, was am besten für einen selbst ist.

Wie viele Unternehmer ist Till ein echter Sportfanatiker. Für ihn ist es ein Ventil, um den ständigen Druck, dem man als Start-up-Unternehmer ausgesetzt ist, freien Lauf zu lassen. Er versucht täglich seine Sporteinheit um 06:15 Uhr durchzuziehen, die aus Ausdauer- und Kraftsport besteht, sodass er um 07:15 Uhr fertig ist und gemeinsam mit seiner Familie in den Tag starten kann. Anschließend erstellt Till seine To-do-Liste für den Tag, die er in die folgenden beiden Kategorien unterteilt: Must-dos und Nice-to-dos. Die Must-dos sind für Till gesetzt, diese will er auf jeden Fall an dem jeweiligen Tag erledigen und abhaken können. Ganz wichtig: Er startet mit aktiven Handlungen in den Arbeitstag, die er durchführen möchte und die er aktiv vorantreiben kann, ohne von jemand anderem abhängig zu sein. Danach kommen für Till die passiven Handlungen, beispielsweise das Beantworten von E-Mails. Dadurch schafft es Till, aktiv in den Tag zu starten und kommt genau mit den Themen voran, die für ihn die größte Priorität haben und damit am wichtigsten sind.

Christoph Grimm, Co-Founder @Popula
http://www.popula.de/

Start-up Hack:
Durch Ansprache wichtiger Größen
mediale Aufmerksamkeit erlangen

Hack Level: Legendary

Wie hat Christoph es gemacht?

Um die ersten Beta-Tester für ihr Start-up Popula einzusammeln, einen Veranstaltungskalender im Web und Teil von openeventnetwork.de, hatte sich Christoph mit seinem Team etwas sehr Spezielles ausgedacht. Sie benötigten einen Kickstart, der es ihnen ermöglichte, mit wenig Kapital genau die richtigen Menschen zu erreichen. Menschen, die ihr Produkt als Erste testen und ihnen Feedback geben. Sie suchten Early Adopter (frühzeitige Anwender) und Multiplikatoren, die das Produkt – wenn es ihnen gefiel – an ihr eigenes Netzwerk weitertragen würden. Mit ihrem ersten großen PR-Aufschlag wollten sie auf Blogs vertreten sein, Aufmerksamkeit in der Presse erhalten und dadurch die ersten Nutzer auf ihre Plattform ziehen. Christoph hatte eine Idee. Eine Idee, die am Ende sogar namhafte Silicon-Valley-Größen auf ihr Start-up aufmerksam machen und es auf die Titelseite von *TechCrunch* katapultieren sollte.

Als Hobby-Musiker wusste Christoph mit seiner Stimme, Instrumenten und der nötigen Schnittsoftware umzugehen, um einen Song zu schreiben, der den Start von Popula verkünden sollte. Und so kam es zum »Early Adopter Song« (auf YouTube zu finden),

den Christoph nach eigener Aussagen in »einem amateurhaft zusammengeschusterten Video verpackt hat«. Die geheime Zutat, die Christoph in den Song packte, waren namhafte deutsche sowie internationale Blogger (wie zum Beispiel Michael Arrington von *TechCrunch*) aus der Tech-Szene, die er namentlich im Video erwähnte. Diesen Bloggern hat Christoph im Video Sprechblasen »in den Mund gelegt« und diverse witzige Kommentare von sich geben lassen. Und das Echo hat nicht lange auf sich warten lassen. Christoph hat es tatsächlich geschafft, dass einer der größten Tech-Blogs aus den USA, *TechCrunch*, über den Clip und somit auch über ihr Start-up berichtete. Darauf folgten Presse-Erwähnungen bei *Deutsche Start-ups*, *Gründerszene*, *BASIC thinking* und vielen mehr. Dieser Marketing Hack war nicht nur dafür verantwortlich, dass die Registrierungen für die gesuchten Beta-Tester in die Höhe kletterten, er hat auch dafür gesorgt, dass die ersten Investoren auf das noch junge Unternehmen aufmerksam wurden. Christoph ist heute noch der festen Überzeugung, dass dieser Clip für ihr erstes großes Investment verantwortlich war und damit den Kickstart für ihr Unternehmen möglich gemacht hat.

Durch diesen Growth Hack konnten Christoph und sein Team die Menschen auf eine sehr unkonventionelle und vor allem lustige Art und Weise direkt mit ihrem Musikvideo ansprechen und als erste Fans gewinnen. Natürlich spricht diese Methode der frühen Usergewinnung nicht alle Menschen an, muss es aber auch gar nicht. Die Menschen, die sich dadurch angesprochen fühlten, hatten einen ähnlichen Humor wie Christoph und sein Team, was ein großer Vorteil ist, wenn im nächsten Schritt die Plattform getestet wird. Während eines Beta-Testings steht man im direkten Austausch mit seinen Usern, holt deren Feedback ein, tauscht sich über neue Features aus und vor allem über mögliche Programm- oder Softwarefehler (sogenannte Software Bugs). Genau aus diesem Grund führt man eine Testphase mit Beta-Usern durch und dann ist es natürlich umso besser, wenn man mit ihnen halbwegs auf einer Wellenlänge ist. Dies erleichtert die Kommunikation um ein Vielfaches und erspart beiden Seiten einiges an Nerven. Der »Early Adopter Song« war so erfolgreich für die Gründer, dass sie gleich noch zwei weitere Clips nachlegten.

Hier noch ein kleine Anekdote von Christoph: Zum Zeitpunkt des Ausbruchs des Vulkans Eyjafjallajökull in 2010 auf Island hatten die Jungs eigentlich einen wichtigen Pitch in München vor Investoren zu halten, leider gingen aber keine Flüge aufgrund der Aschewolke. Es blieb ihnen nichts anderes übrig, als mit dem Auto von Köln nach München zu fahren. Und es passierte, was eigentlich schon vorprogrammiert war, sie kamen in den ultimativen Stau, nichts bewegte sich mehr und der Zeitpunkt des Pitches rückte immer näher. Als die Gründer merkten, dass sie den Termin unmöglich würden wahrnehmen können, entwickelten sie einen ziemlich verrückten Plan. In München war einer ihrer bestehenden Investoren vor Ort, der noch nichts von seinem bevorstehenden Glück wusste und ihnen als Übermittler dienen sollte. Was dann folgte, ist einfach legendär: Christoph und seine Teamkollegen stellten das Auto am Seitenstreifen der Autobahn ab, schnappten sich ihre Videokamera inklusive Gitarre und nahmen den Pitch kurzerhand als Song auf. Diesen Clip schickten sie dann an ihren Investor, der das Ganze vor Ort auf der Bühne präsentieren sollte. Gesagt, getan. Er präsentierte den Videoclip auf der Bühne und kassierte Applaus vom Publikum für diese kreative Herangehensweise. Das Interesse der Investoren war geweckt, zahlreiche neue Kontakte wurden geknüpft, und am Ende hat es ihnen einen weiteren Kapitalgeber für ihr Start-up eingebracht. Egal wie ausweglos die Situation auch scheinen mag, der Fall von Christoph zeigt gut, was alles möglich ist, wenn du mit dem richtigen Mindset an ein Problem herangehst und alle Hebel in Bewegung setzt. Dann wirst du am Ende auch das Problem irgendwie lösen. Mindset is the key.

Der Hack – an dieser Stelle sollte man erwähnen, dass Christoph ein wahrer Meister des Growth Hackings ist –, der danach folgte, war nicht weniger wichtig für das weitere Wachstum ihrer Firma. Einen ähnlichen Hack hatten wir damals bei meiner Firma kinoheld angewendet, um unsere Software auf so vielen Business-to-Business (B2B)-Kundenwebseiten wie nur möglich zu implementieren. Um das White-Label-Geschäft (den Vertrieb ihres Eventkalenders an Geschäftskunden, die diesen dann in ihrer eigenen Corporate Identity (CI) auf der Firmenwebseite einbinden können) weiter voranzutreiben, griff Christoph ein weiteres Mal in die Trickkiste. Neben der Akquise von Geschäftskunden, die ihre Software auf der eigenen Webseite eingebunden hatten, wollte das Team auch neue Veranstalter für ihre Plattform gewinnen. Der Hack war an dieser Stelle, sich mit ihrem Eventkalender auf den Webseiten von großen Tageszeitungen zu etablieren. Durch die prominente Einbindung einer kleinen, aber sehr wirksamen verlinkten Notiz (»Willst du auch deine Veranstaltung bewerben? Dann trage dich jetzt hier kostenlos ein!«) im Veranstaltungskalender erreichten sie genau dieses Ziel. Nach dem Klick auf den Link konnte sich der interessierte Veranstalter kostenlos registrieren. Zusätzlich wurde ihm das Angebot gemacht, Werbung auf der Plattform zu schalten. Das war ein smarter Zug von Christoph, denn das hat natürlich den Abverkauf von Werbeplätzen extrem gefördert. Der Fall erinnert ganz stark an die Mutter aller Growth Hacks, der bereits über 20 Jahre zurückliegt und auf das Konto des kostenlosen E-Mail-Dienstes Hotmail aus den USA geht. Die Gründer Sabeer Bhatia und Jack Smith implementierten, ähnlich wie Christoph, einen Textschnipsel im Footer mit der Bezeichnung »PS: I love you. Get your free e-mail at Hotmail« in allen ausgehenden E-Mails, die ihre Nutzer verschickten. Jeder einzelne Hotmail-Nutzer wurde somit zu einem Vertriebsmitarbeiter der Firma, der kostenlos für ihr Unternehmen Werbung machte. Hotmail wuchs mit diesem Growth Hack innerhalb von sechs Monaten von anfänglich 20.000 auf über eine Million Nutzer.

Wie du Christophs Hack für dich nutzen kannst

Es muss nicht gleich immer ein Song sein, um die Aufmerksamkeit der Medien auf sich zu ziehen. Wenn du das Interesse von Journalisten, Bloggern oder anderen Meinungsmachern gewinnen willst, hat sich folgende Vorgehensweise in der Social-Media-Welt als sehr effektiv bewährt: Bei der Verfassung eines Blog- oder Social-Media-Beitrages, Podcasts oder Video-Clips erwähnst du die jeweiligen Personen namentlich mit ihrem Usernamen, wenn du den Beitrag auf den Social-Media-Plattformen postest. In der Social-Media-Sprache nennt man dieses Vorgehen einen »Shoutout« machen.

Bei einem Shoutout handelt es sich um ein Mittel, den eigenen Social-Media-Account bei einer bestimmten Personengruppe bekannter zu machen. Normalerweise wird der Shoutout von einem befreundeten Kanal oder Account durchgeführt, um die Follower auf den anderen Account aufmerksam zu machen.[26] Du drehst den Spieß einfach um, und machst proaktiv einen Shoutout, indem du den Twitter-, LinkedIn- oder Instagram-Account der jeweiligen Person in deinen Beitrag einbindest. Dieses Vorgehen erhöht die Chance, dass die andere Person auf deinen Beitrag aufmerksam wird (sie ist ja verlinkt, erhält dadurch eine Benachrichtigung), sich diesen näher ansieht, eventuell repostet und dich im Nachhinein für einen ausführlichen Artikel kontaktiert. Voilà, und dein erster PR-Coup wäre gelandet. Aber wie geht es jetzt weiter?

Der nächste sinnvolle Schritt, nach den ersten erfolgreichen Erwähnungen in der Presse, wäre sich nach oben zu »hacken«, was die Reichweite und Bekanntheit des jeweiligen Medienunternehmens betrifft. An dieser Stelle kann ich dir sehr das Buch von Ryan Holiday *Operation Shitstorm* empfehlen. Als Medienstratege war Holiday für den schnellen Wachstum und Erfolg der Modemarke American Apparel zuständig und hat der Marke durch seine Marketing- und PR-Techniken zu einem kometenhaften Aufstieg verholfen. Die Strategie ist nicht zu lügen (auch wenn der eng-lische Titel des Buchs *Trust Me, I'm Lying* genau das impliziert), sondern vielmehr den heutigen Online-Journalismus gezielt zu beeinflussen und für seine Vorteile zu nutzen. Im Buch wird deut-lich, welche wichtige Rolle Blogs im Journalismus spielen und mit welchen Strategien diese manipuliert werden können.

Einfach ausgedrückt nutzt man die Presseartikel, die bereits on-line sind – egal wie klein der Blog oder das Magazin ist – und ver-sucht die Aufmerksamkeit des nächstgrößeren Medienunterneh-mens auf sich zu ziehen. Man hangelt sich sozusagen von klein zu groß nach oben, immer mit der passenden, auf den jeweiligen Empfänger zugeschnittenen Story. Journalisten oder auch Blogger benötigen immer wieder neuen Content für ihren nächsten Arti-kel. Wenn du es also schaffst, die Story als echten Mehrwert zu ver-kaufen und es gerade in die Redaktionsplanung passt, hast du gute Chancen auf einen Artikel über dein Unternehmen. Sobald dieser online ist oder gedruckt wurde, startet das Spiel von vorne.

Christophs größter Fuckup

»Was ist ein großer Fail? Es gibt nicht diesen einen großen Mo-ment des Scheiterns in meinem Leben, eher war es die Art und Weise, wie ich gedacht und gehandelt habe. Ich habe zu lange Din-ge bei mir behalten und habe mich sehr schwer getan, Aufgaben zu delegieren oder abzugeben und damit auch Verantwortung zu übergeben. Man muss an dieser Stelle akzeptieren, dass ein Un-ternehmensgründer nicht gleich auch eine gute Führungskraft ausmacht.«

Die ersten Mitarbeiter im Unternehmen, die eingestellt werden, zählen zu den wichtigsten und bestimmen maßgeblich den Er-folg einer jungen Firma. Sie können diese auf das nächste Level heben oder auch extrem ausbremsen, hat man nicht den richtigen

Menschen mit dem zur Company DNA passenden Mindset gefunden. Die Herausforderung liegt hier beim Gründer, der sich ausgiebig Zeit für den Rekrutierungsprozess und die Bewerbungsgespräche nehmen sollte. Das Learning von Christoph war, darauf zu achten, nicht Menschen einzustellen, die sich unterwürfig zeigten, sondern viel mehr Bewerber auszusuchen, die die ihnen zugeteilten Aufgaben besser erledigen würden, als er es selber je gekonnt hätte.

Der Rat »Lass dich nicht von deinem Fokus abbringen« klingt nach einer Floskel, ist es aber auf keinen Fall. In Christophs Fall waren seine Kunden diejenigen, die ihn ständig abzulenken drohten. Da sie Anbieter einer White-Label-Software im Veranstaltungsbereich waren, prasselten tagtäglich kleine und große Fokuskiller auf Christoph und sein Team herab. Die Kunden wünschten sich ständig neue Features, um die Software noch besser auf ihre individuellen Bedürfnisse zuzuschneiden. Das versteht man natürlich auf der einen Seite, ist aber für den Anbieter immer wieder eine große Herausforderung, da er seine Technologie eigentlich skalieren und sehr vielen einzelnen Unternehmen zugänglich machen will. Diese Spezialwünsche sind, was das Ziel Skalierung betrifft, ein absoluter Fokuskiller und können schnell dafür sorgen, dass man sich verrennt und mehr wie eine Agentur agiert als wie ein Softwareanbieter. Somit ist es verständlich, dass Christoph das eine oder andere Mal Kopfschmerzen bekam, wenn die Wünsche von einem großen Kunden kamen, den er natürlich auf keinen Fall verlieren wollte. Anfangs versuchten er und sein Team, es allen recht zu machen und auf all die Bedürfnisse einzugehen. Doch irgendwann kam der Wendepunkt – und so wird es jedem Unternehmen in dieser Situation irgendwann ergehen –, an dem diese Anfragen einfach überhandnahmen und nicht mehr umsetzbar waren. Es ist wichtig, das zu erkennen. Erlaube dir als Unternehmer auch einmal »Nein« zu sagen, sowohl auf die sanfte als auch auf die harte Art, wenn es nicht anders geht.

Anti-Fokus-Killer: die Pomodoro-Technik

Jeder von uns kämpft täglich damit, sich nicht ablenken zu lassen und seinen Fokus zu verlieren. Eine Methode, die mir extrem gut dabei hilft, meinen Fokus für einen bestimmten Zeitraum aufrechtzuerhalten, ist die Pomodoro-Technik. Diese Art des Zeitmanagements wurde in den 1980er-Jahren von Francesco Cirillo entwickelt und verwendet einen Kurzzeitwecker, den man aus der Küche kennt, um die Arbeit in 25-Minuten-Schritte und Pausen – sogenannte Pomodori – zu unterteilen. Den Namen hat die Technik der Küchenuhr in Tomatenform zu verdanken, die Cirillo bei seinen ersten Versuchen verwendete. Die grundlegende Idee dahinter ist, dass häufige Pausen in gleichen Abständen die geistigen Fähigkeiten verbessern und sich durch die Einteilung von 25-Minuten-Zeiteinheiten ein gezielter Fokus setzen lässt. Um die Technik in der Praxis einsetzen zu können, ist nicht viel nötig: ein Timer, egal ob du einen physischen Wecker oder einen digitalen verwendest, reicht vollkommen aus. Ich würde dir nur empfehlen, keinesfalls dein Mobiltelefon zu verwenden, da dies möglicherweise für Ablenkung sorgen kann. Ich nutze hierfür die Webseite http://www.tomato.es/. Schalte auch alle Benachrichtigungen, wie zum Beispiel E-Mail, WhatsApp, Facebook etc. aus, um dich nicht aus deiner Fokuszeit herausreißen zu lassen. Hast du diese Vorbereitungen getroffen, kannst du mit der Technik beginnen.

Diese fünf Schritte haben sich in meiner Praxis als erfolgreich herausgestellt:

1. Formuliere deine Aufgabe schriftlich, auf Papier oder digital. Warum? Sobald du etwas niederschreibst, wird es verbindlich und wird von einem Gedanken zu einem konkreten Vorhaben.

2. Stelle deinen Timer auf 25 Minuten.

3. Mach dich jetzt für 25 Minuten an deine Aufgabe. Sobald der Wecker klingelt, beendest du die Bearbeitung.

4. Lege eine kurze Pause von fünf Minuten ein.

5. Nach vier Pomodori legst du eine längere Pause von ca. 15 Minuten ein.[27]

Das wichtigste Ziel der Pomodoro-Technik ist es, äußere Ablenkungen wie das Telefon, E-Mails oder Social-Media-Benachrichtigungen gezielt abzuschalten und während der einzelnen Pomodori auszublenden. Zudem verringert es das innere Abschweifen. Sollten trotzdem mal deine Gedanken wandern, ist das nicht weiter schlimm und ganz normal. Hierfür kannst du eine Technik aus der Meditation einsetzen. Wenn du merkst, dass deine Gedanken wandern und dich von einer Aufgabe ablenken, sag einfach zu dir selbst: »Danke, aber nicht jetzt.« Lass den Gedanken einfach ziehen und fokussiere dich wieder auf deine Aufgabe.

Wie Popula gegründet wurde

Die Idee zu Popula entstand aus einem eigenen Problem heraus, das Christoph und seine Mitgründer hatten. Sie hatten ihr Taschengeld während des Studiums mit Partys und Konzerten aufgestockt, welche sie über ganz Deutschland verteilt veranstalteten. Bei den einzelnen Veranstaltungen trat immer wieder das gleiche Problem auf: Sie mussten sich mit den lokalen Medien auseinandersetzen, um ihre Veranstaltung zu bewerben. Irgendwann wurde ihnen der Aufwand zu groß und sie stellten sich die Frage, warum es eigentlich keine zentrale Plattform gibt, bei der sich ein Veranstalter einmal einträgt und sein Event ist direkt bei allen lokalen Medien vertreten. Zusätzlich sollte es dem Veranstalter möglich sein, auch eine Werbeanzeige zu erstellen, um seinen Event zu bewerben. Die Idee zu Openeventnetwork war geboren, einer

Plattform zur Bewerbung von Events im Online-Bereich. Christoph und sein Team haben sie bei der Entstehung der Plattform viel hin und her bewegt und häufig auch nicht gewusst, was sie damit eigentlich vorhatten. Sie haben dabei keineswegs die perfekte Gründerstory hingelegt. Ganz im Gegenteil, diese war mit zahlreichen Ups and Downs verbunden. Letztendlich hat sich die Plattform anders entwickelt, als die Gründer sich das zu Beginn vorgestellt hatten.

Die Story von Christoph zeigt, dass du als Gründer sehr flexibel mit deinem Produkt sein musst, denn eine anfängliche Idee, mit der man startet, muss auch mal schnell angepasst werden können. Die Nachfrage, Marktgegebenheiten und die Bereitschaft der Kunden, Geld für das Produkt auszugeben, bestimmt hier am Ende, wie das Produkt dann tatsächlich aussieht. Häufig orientiert man sich deshalb in einer noch frühen Phase um, geht auf die Kundenbedürfnisse ein und verfeinert sein Produkt somit Stück für Stück. Manchmal dreht sich ein Produkt dann auch komplett während dieser Phase und das Business-Modell muss angepasst werden. An dieser Stelle war für Christoph und sein Team ihr Investor und Mentor Frank Thelen eine sehr große Hilfe, denn durch seine Erfahrung und seinen wertvollen Input konnten die Gründer ihren Fokus auf die wirklich wichtigen Dinge in ihrem Unternehmen setzen. Durch das Mentoring von Frank fokussierten sie sich mehr auf das Geschäftskundengeschäft mit ihrer White-Label-Software als auf das reine Nutzergeschäft innerhalb des Eventkalenders und konnten dadurch ihre Umsätze um ein Vielfaches steigern. Die Stufe für das nächste Level war somit erreicht.

Der beste Ratschlag, den Christoph als Unternehmer erhalten hat

»Wenn man beweisen will, dass sein Business funktioniert, sollte man sich auf die Kerntreiber fokussieren, die das Unternehmen voranbringen.«

– Christoph Grimm

Durch ein gutes Mentoring ihrer Investoren konnten die Mitglieder des Popula-Teams das Ziel, ihre Technologie zu skalieren und an eine große Anzahl an Veranstaltungsunternehmen zu vertreiben, in die Realität umsetzen. Hierbei merkten sie auch, wie wichtig es ist, das Team-Setup stetig zu hinterfragen. Haben wir gute, einander ergänzende Kompetenzen? Fehlen uns noch Kompetenzen?

Statt an vier oder fünf Stellen gleichzeitig zu schrauben, muss in Anbetracht der knappen Ressourcen, die man als Start-up zur Verfügung hat – in Kombination mit eng gesetzten Zielen – der Fokus klar gesetzt werden. Natürlich kann es passieren, dass du damit eine Bruchlandung hinlegst, aber entweder fokussierst du dich zu 100 Prozent auf ein Thema und versucht es sehr gut umzusetzen, oder du arbeitest an drei Dingen gleichzeitig, bekommst alles halbwegs hin, aber höchstwahrscheinlich nicht auf einer exzellenten Basis. Dadurch erreichst du meistens nicht den Case, der für einen Investor spannend ist, oder der für dich als Gründer ein skalierbares Business darstellt.

Christophs Buchtipp

Christoph ist nicht der größte Fan von Management-Büchern oder esoterischen Motivationsbüchern, wenn es um das Lesen geht. Hier sucht er Zeit für Inspiration, Ablenkung vom Alltag, um auch mal die Gedanken schweifen lassen zu können. Sein Buchtipp an dieser Stelle ist das neue Werk des Autors Daniel C. Dennet mit dem Titel *Von Bakterien zu Bach – und zurück*. Der Autor ist ein Philosoph und versucht in seinem Buch zu erklären, warum die Menschen so sind, wie sie sind. »Er veranstaltet eine Reise durch die Entwicklungsgeschichte des menschlichen Bewusstseins, was jetzt fast schon wieder etwas esoterisch klingt, ist es aber überhaupt nicht«, setzt Christoph nach. Vielmehr versucht Daniel C. Dennet die Themen menschliche Gefühle, Bewusstsein und Unterbewusstsein sehr naturwissenschaftlich zu erklären. »Sehr spannend und ein schöner Brainteaser, mal fernab von den Themen, die dich im Business-Alltag so beschäftigen.«

Tobias Beck, Keynote Speaker, Coach und Autor
https://tobias-beck.com/

Start-up Hack:
Durch den Aufbau stabiler Beziehungen in der Wirtschaft zum erfolgreichen Podcast mit Millionenreichweite

Hack Level: Legendary

Wie hat Tobias es gemacht?

»Der größte Marketing Hack für mich war, dass ich stabile Beziehungen in der Wirtschaft aufbauen konnte, die ich hinterher für meinen Podcast nutzen konnte. Der ›Bewohnerfrei‹-Podcast war, was die Reichweite betrifft, der bisher größte Schachzug, den ich in meiner Laufbahn als Unternehmer gemacht hatte. Obwohl mein Team mich Monate lang davon überzeugen musste, weil es für mich zeitlich einfach schwer unterzubringen war, bei einer täglichen Arbeitszeit von 15 Stunden. Dann habe ich aber angefangen, die Menschen und Unternehmer, die ich über die letzten Jahre kennengelernt hatte, zu interviewen. Als dann die Reichweite immer größer wurde, kamen andere Unternehmergrößen hinzu. Mittlerweile läuft der Podcast auch bei der Lufthansa und Eurowings im Bordprogramm. Das war definitiv der größte Hack bisher zum Thema Reichweite. Der größte Business Hack, um finanziell frei zu werden, war für mich, stabile Beziehungen zu Menschen aufzubauen, die wirklich etwas zu sagen und zu melden haben, indem ich ihnen gedient habe. Ich habe Dinge für diese Menschen getan, die andere teilweise abgelehnt hätten, weil es ihnen zu anstrengend gewesen wäre oder sie dafür Geld hätten haben wollen. Das waren für mich die größten Hacks.«

Tobias gibt an dieser Stelle ein Beispiel, das die Strategie hinter dem Podcasting und dem Connecten mit den Titanen in der Branche sehr gut veranschaulicht. »Success Resources ist der größte Seminaranbieter der Welt. Die Kollegen haben mich vor ein paar Jahren angerufen und gefragt, ob ich in Deutschland eine ihrer Veranstaltungen moderieren möchte. Jetzt kommt der Knackpunkt: Es gab kein Honorar für diese Veranstaltung. Der Grund war, dass ich noch relativ neu in der Speaker-Branche war und deshalb keine große Gage erwarten konnte. Was sie mir aber bieten konnten – das war für mich am Ende auch der Grund den Job anzunehmen – ich könnte vielleicht den einen oder anderen spannenden Redner im Backstage-Bereich kennenlernen. Ich habe beschlossen, das zu machen und habe selber die Fahrt und das Hotel bezahlt. Und mein Einsatz sollte sich bezahlt machen. Hinter der Bühne habe ich Les Brown kennengelernt und über Les Brown habe ich den Einstieg bei Brian Tracy gefunden. Wenn du einen von diesen Top-Motivations- und Persönlichkeitsentwicklungsrednern für deinen Podcast gewinnen konntest, kannst du dich damit immer weiter nach oben und zum nächsten Top-Interviewgast hangeln. Das ist das Geheimnis, und das kam nur dadurch, weil ich nicht die Hand aufgehalten habe und diesen Event kostenlos moderiert habe.«

Tobias' Beispiel zeigt: Starte mit einem kleinen Use Case – egal welcher Art – und »hack« dich dann nach oben. Das kann beispielsweise deine erste redaktionelle Einbindung auf einem kleinen Blog oder bei einer regionalen Tageszeitung sein, mit der du dich dann zum nächstgrößeren Magazin hocharbeitest und eine größere Reichweite erzielst. Dieses strategische Vorgehen kann auf viele unterschiedliche Bereiche angewendet werden und hat sich in den letzten Jahren immer wieder als sehr erfolgversprechend bewiesen.

»Bis du auf der großen Bühne stehst, musst du dir ein gewisses Maß an Kredibilität und Vertrauen bei deinem Publikum aufbauen. Der größte Hebel in meiner Karriere war aber GEDANKENtanken. Dort stand ich das erste Mal auf einer großen Bühne vor mehreren Tausend Zuschauern. Niemand im Publikum wusste, dass ich die Rede, die ich dort gehalten habe, bereits mehr als 1.500 Mal vor einem Publikum gehalten habe, meist in kleinen Gruppen mit 50 bis 100 Leuten. Jeden verdammten Tag. 15 Jahre lang. Deshalb konnte ich an diesem Tag glänzen, es gab Standing Ovations, obwohl ich ein Underdog war. Aber die 10.000 magischen Stunden, die ich vorher geübt hatte, waren der Grund, warum alles so groß geworden ist, wie es heute ist. Um in Zahlen zu sprechen, als Trainer und Speaker hatte ich bis zu diesem Zeitpunkt eine Gage von 1.500 bis 2.000 Euro am Tag. Danach plötzlich 5.000 Euro. Dann 7.000 Euro. Dann 12.000 Euro für eine Stunde. Warum? Weil auf einmal die Marke Tobias Beck da war, aber der Inhalt war schon weit davor geformt worden.«

Was für eine geniale Reise, die Tobias hier als Speaker hingelegt hat. Bäm, plötzlich war er da, dieser Tobias Beck, der anscheinend von heute auf morgen einer der bestbezahltesten und gefragtesten Trainer und Coaches in Deutschland wurde. Aber der Schein trügt, denn dass jemand plötzlich über Nacht derart erfolgreich wird, ist eher die Ausnahme. Fast immer gehört eine ordentliche Vorarbeit dazu, die den meisten Menschen nicht ersichtlich ist, weil sie nur den einen Event sehen, nicht aber den meist langwierigen Prozess, der einen Unternehmer auf das jeweilige Level gebracht hat. Lebe den Prozess und nicht den Event, stelle dein Mindset darauf ein, und du wirst sehen, wie sehr sich deine Sichtweise – auf die eigenen, aber auch auf externe Projekte – verändert.

Wie du Tobias' Hack für dich nutzen kannst

Lass uns an dieser Stelle den Spieß umdrehen und die Geschichte von Tobias' Hack von hinten aufrollen. Am besten zeige ich dir die Möglichkeiten, die sich durch den Start eines eigenen Podcasts ergeben, anhand von meinem Podcast »Start-up Hacks«. Ich habe damals einfach mit meinem Podcast losgelegt. Mein Netzwerk aus spannenden Unternehmerpersönlichkeiten aus der Start-up-Szene war zwar bereits vorhanden, aber trotzdem noch überschaubar. Ich wusste aber, wenn ich es geschickt anstelle, werde ich die nötigen Intros zu diesen Persönlichkeiten aus meinem Netzwerk erhalten. Und genau so kam es auch. Anfangs musste ich natürlich noch selbst Akquise betreiben, um neue Gesprächspartner für »Start-up Hacks« generieren zu können. Nach einer gewissen Zeit wusste mein Netzwerk Bescheid und die Intros trudelten nahezu täglich ein. Meine Bekannten wussten, dass sich hier ein Mehrwert für beide Seiten ergibt, und genau deshalb wurden diese Connections proaktiv, ohne mein aktives Zutun, gemacht. Umso mehr Episoden ich produzierte, umso hochkarätiger wurden auch meine Gesprächspartner.

Mit der Hilfe eines Podcasts baust du nicht nur dein Netzwerk an interessanten und einflussreichen Menschen aus, sondern kannst an dieser Stelle auch aktiv Business Development für dein eigenes Unternehmen betreiben. Wie? Indem du mit etwas Feingefühl heraushörst, wo die Probleme und Herausforderungen bei deinen Gesprächspartnern liegen. Bist du zum Beispiel Consultant oder Coach, kannst du deinen Gästen bereits während des Interviews eine mögliche Lösung ihres Problems präsentieren und ihnen danach mit deiner Dienstleistung helfen, diese Herausforderung zu meistern. Sie werden dich im Laufe des Gesprächs zwangsläufig fragen, in welchen Geschäftsfeldern du aktiv bist. Hier kannst du dein Angebot platzieren, sodass sie im Idealfall von selbst darauf kommen, dass genau du ihnen behilflich sein kannst. Der große Vorteil ist: Es fühlt sich für deine Gesprächspartner nicht nach einem Verkaufsgespräch an, sondern er kauft sich ganz von allein bei dir ein. Ziemlich smart oder?

Der nächste Hack bezogen auf den Podcast, und für mich einer der wichtigsten, ist, dass ein Interview meist ziemlich oberflächlich und auf professioneller Ebene abläuft, was auch gut so ist. Was dann aber passiert, ist wirklich genial: Während des Interviews öffnen sich beiden Seiten und man steigt tiefer in das Gespräch ein, dadurch ändert sich schlagartig die Beziehung zwischen Moderator und Interview-Gast. Man begegnet sich sozusagen als Fremde und geht als Freunde aus dem Gespräch. Bestes Beispiel ist hier der Unternehmer Michael Brehm, der natürlich auch hier im Buch vertreten ist. Wir kannten uns vor dem Podcast-Interview nicht persönlich, mittlerweile erhalte ich aber hin und wieder von ihm eine persönliche WhatsApp-Nachricht und er schickt mir beispielsweise ein Foto aus dem Silicon Valley, auf dem er mit einem Start-up-Hacks-T-Shirt durch Palo Alto läuft. Super, was so ein einfaches Tool wie ein Podcast alles bewirken kann, oder?

Tobias' größter Fuckup in seiner Zeit als Unternehmer

»Mein Telefonvertrieb, den ich damals aufgebaut hatte, ist komplett zusammengebrochen, und ich musste vom Penthouse mit Pool plötzlich wieder zu meinen Eltern ins Kinderzimmer einziehen. Dadurch bin ich aber erst zum Trainer und Speaker geworden, weil mich ein alter Kontakt – wiederum aus meinem Netzwerk – angerufen hatte und mich fragte, ob ich nicht die Kundenberater in seiner Firma trainieren möchte. Aus dem größten Schmerz entstehen oft die tollsten Sachen. Im Nachgang war dieses Ereignis ziemlich gesund für mich, denn ich war davor ein ziemliches Arschloch. Es ging in meinem Leben damals eigentlich nur ums Geld und meine Definition von Erfolg war ein tiefergelegter Mercedes. Mittlerweile fahre ich eine Ente, weil mir Geld und Status komplett egal sind. Du musst dir vorstellen, als ich Mitte 20 war, konnte ich zu jeder Zeit an den Geldautomaten gehen und alle drei Tage 10.000 Dollar abheben. Ich habe gedacht, ich wäre der King. Ich bin mit meinen Kumpels damals nach Brasilien geflogen und wir haben wortwörtlich Geld verbrannt und es für Partys und einen extravaganten Lifestyle ausgegeben. Gott sei Dank hat mir das Universum damals ein Zeichen gegeben und mir den Boden unter den Füßen weggezogen. Und Gott sei Dank hatte ich noch den Job als Purser bei der Lufthansa, den ich nie gekündigt hatte. Das hat mich damals aufgefangen. Ich bin dann wieder als Flugbegleiter Orangensaft verteilen gegangen und das hat mir echt gutgetan.«

Wie wurde Tobias Beck zu dem Top Speaker, der er heute ist?

> *»Meine eigene Entwicklung hat erst dann so richtig Fahrt aufgenommen, als ich angefangen habe, mich von den Größten der Welt ausbilden zu lassen.«*

> – Tobias Beck

Tobias ist heute Professional Speaker und mittlerweile Bestsellerautor mit seinem Buch *Unbox your Life*. Tobias hat es sich zur Lebensaufgabe gemacht, so viele Menschen wie möglich über eine Brücke zu führen. Klingt jetzt erst mal etwas bildhaft, bedeutet aber für Tobias, diese Menschen in die beste Version ihres Selbst zu bringen. »Ich habe 20 Jahre in meinem Leben als Angestellter gearbeitet, habe mich dann selbstständig gemacht und weiß, wie es ist, mit 1.200 Euro im Monat zurechtzukommen. Aber ich weiß eben auch, dass, wenn ich mich mit den richtigen Menschen in meinem Leben umgebe, ich wirklich nach vorne kommen kann. Ich habe es zu meiner Lebensaufgabe gemacht, mit den Menschen, die es wirklich wollen, gemeinsam weiter wachsen zu können. Meine Mutter sagt immer, ich bin ein moderner Geschichtenerzähler. Derjenige, der früher von Jahrmarkt zu Jahrmarkt mit einem Holzwagen gefahren ist, und Menschen mit Sprechen und Sprache berührt hat, genau das mache ich heute mithilfe meiner öffentlichen Seminare, mit meinen Büchern und Hörbüchern. Das ist meine absolute Leidenschaft. Bevor ich aber zum Top Speaker wurde, war ich 20 Jahre lang Flugbegleiter bei der Lufthansa, bei der ich direkt nach der Schule mit einer Ausbildung in das Berufsleben gestartet bin. Irgendwann bin ich zum Purser (Kabinenchef) aufgestiegen und habe mir mithilfe meines Jobs die Welt angeschaut. Erstmal war der Job für mich eine Alternative zum Psychologie-Studium, für das ich damals keinen Studienplatz bekommen habe, weil mein Abitur nicht gut genug war. In diesem Job habe ich aber extrem viel gelernt, was mir damals noch gefehlt hat: das Dienen, das sich Einordnen in eine große Organisation, in der ich am Anfang erst mal gar nichts zu sagen hatte. Ich musste den Fluggästen dienen und meine eigenen Bedürfnisse zurückstellen, wenn ich zum Beispiel auf einem Nordatlantikflug von Buenos Aires nach Frankfurt ohne Schlaf und komplett übermüdet unterwegs war. Und ich wurde von einer so großen Gesellschaft geformt. Das hat mir sehr gut getan. Und, kaum zu glauben, aber ich bin immer noch bei der Lufthansa mit einem Teilzeitvertrag angestellt. Von vielen aus meinem Umfeld bekomme ich auf diesen Umstand immer wieder die Frage gestellt, warum das denn so sei, denn wenn ich für meine Kunden unterwegs bin, fliege ich ja Business Class oder First Class. Aber genau aus diesem Grund fliege ich in der First Class. Für mich ist es wichtig, meine Wurzeln nicht zu verlieren, ich weiß, wie es ist, sehr viel zu haben, weiß aber auch, wie es ist, sehr wenig zu haben. Vor allem bin ich sehr dankbar für alles, was ich während dieser Zeit erleben durfte. Ich habe in der First Class wahnsinnig tolle Menschen kennenlernen dürfen: CEOs von den größten Unternehmen der Welt, Superstars wie Michael Jackson oder Papst Johannes Paul II. Für diese Begegnungen und Erlebnisse bin ich extrem dankbar. Dadurch habe ich auch für meine Bücher und Hörbücher wahnsinnig viel Input erhalten, denn in der Rolle als Purser bekommst du einfach unglaublich viel mit. Mein Weg zum Top Speaker und Coach hat erst so richtig Fahrt aufgenommen, als ich begonnen habe, mich von den größten der Welt ausbilden zu lassen. Von Tony Robbins, Les Brown bis hin zu T. Harv Eker – all diese großartigen Menschen haben mich in ihre Diamantenschleifmaschine gesteckt, seitdem bin ich ein Reisender, der sich von den Größten der Welt ausbilden lässt. Nun bringe ich dieses Gedankengut nach Deutschland in einer Form, wie es für uns Deutsche verdaubar ist. Weil ich derjenige war, der sich immer hat ausbilden lassen und weil ich gelernt habe, mich zurücknehmen zu können. Daraus ist das alles entstanden. Jetzt kann ich das, was mich unglaublich glücklich macht, an andere weitergeben.«

Das Konzept »Bewohnerfreies Leben«

»Erst mal bedeutet das Ganze gar nichts, weil es ja ein Kunstbegriff ist, den ich damals kreiert hatte. Der Begriff ist nach dem Besuch eines Niederländischkurses in Wuppertal entstanden, den ich damals für die Lufthansa absolvieren musste. Zusätzliche Sprachen wurden von der Lufthansa mit einer Gehaltserhöhung gefördert, woraufhin ich als smarter Jung aus dem Wuppertal nicht lange überlegen musste. Auf dem Rückweg von diesem Sprachkurs kam ich an einem Altersheim vorbei, bei dem es an diesem Tag ein Bewohnerfest gab. Daraufhin stellte ich mir die Frage, was für Menschen eigentlich Bewohner sind. Ich kam zu dem Schluss, dass es sich dabei um Menschen handelt, die einfach da sind und Orte bewohnen, aber dafür nicht viel Energie investieren. Dieser Grundgedanke war der Anlass für die Namensgebung meines Programms ›Bewohnerfrei‹. Bewohner spiegeln in diesem Konzept Menschen wider, die dir dein Leben kaputt reden, die typische »das klappt doch eh nicht«-Fraktion. Menschen, die im Urlaub zu dir an den Tisch kommen und sagen: ›Hier am Buffet gibt es so viel, da weiß man gar nicht, was man nehmen soll.‹ Ganz wichtig ist allerdings, und das sage ich immer zeitgleich dazu: Wenn jemand wirklich deine Hilfe braucht, dann ist es kein Bewohner. In dieser Situation bist du für deinen Freund da und nimmst ihn in den Arm. Bewohner sind für mich Menschen, die sich über Jahre und Jahrzehnte über das, was nicht da ist, definieren. Oder über Krankheit und Negativität.«

In seinem Podcast »Der Bewohnerfrei Podcast« interviewt Tobias den gegenteiligen Persönlichkeitstyp vom Bewohner, und das sind Superstars, die etwas an andere zurückgeben, um dadurch Wachstum zu ermöglichen. Tobias bereitet sein Podcast extrem große Freude, was man auch umgehend merkt, sobald man sich die erste Folge anhört. »Das macht mir wahnsinnig viel Freude, wenn ich merke, da hat jemand sein Ego komplett rausgenommen und macht etwas für andere. Das ist das, was mich total kickt.«

Mit meinem Podcast »Start-up Hacks« geht es mir sehr ähnlich wie Tobias, es bereitet einfach extrem große Freude, die spannenden Stories meiner Interviewgäste mit der Community zu teilen. Vor allem das Feedback der Hörer spornt einen immer wieder an, den bestmöglichen Content zu produzieren, der für Mehrwerte und neue Impulse sorgt. Man wächst aber auch selbst mit jedem Interview und Gast, mit dem man über seinen Weg als Unternehmer sprechen darf. Genau das ist es, was mich selbst immer wieder antreibt, mich mit anderen Entrepreneuren über ihre Marketing und Growth Hacks, Fails und Stories auszutauschen.

»Jedes Gespräch ist wie eine kostenlose Coaching Session«, sagt Tobias. »Hättest du mir vor einem halben Jahr gesagt, dass ich mich mal mit Spiritualität und Meditation beschäftige, hätte ich dir gesagt, du spinnst. Dann habe ich aber Menschen interviewt, unter anderem die Top-CEOs dieser Welt. All diese Menschen, die weltweite Superstars sind, meditieren. Das war mir vollkommen fremd. Ich habe dann zu mir gesagt, wenn diese Persönlichkeiten das machen, kann das Ganze nicht so falsch sein. Somit habe ich auch für mich angefangen, in Bereiche zu gehen, die vorher völlig unbekannt für mich waren. Mit dem Ergebnis, dass ich wie ein kleiner Junge in einem großen bunten Raum stehe und je mehr ich wachse, immer mehr merke, dass ich eigentlich gar nichts weiß. Ich habe Meditation nicht nur nicht gemacht, ich habe es bis vor Kurzem sogar belächelt. Teilweise habe ich sogar Dinge auf der Bühne gesagt, die ich heute so nicht mehr sagen würde. Ich habe immer gesagt, die Leute, die zu lange auf der roten Couch meditieren, bei denen ist irgendwann die rote Couch weg. Mittlerweile weiß ich, dass es ein wichtiger Teil im Leben eines Unternehmers ist und es sich positiv auf die Performance auswirkt. Viele Menschen verwechseln einfach Esoterik mit Spiritualität, doch das sind zwei vollkommen verschiedene Wörter, genau wie Spaß und Glück. Dieser Unterschied kann sehr gut am Bewohnermodell veranschaulicht werden. Bewohner suchen immer nach Spaß, sie betäuben am Wochenende ihr inneres Kind und ihre Angst mit Alkohol. Superstars auf der anderen Seite suchen nicht nach Spaß, sondern ihre Erfüllung darin, andere glücklich zu machen, denn dadurch werden sie auch selber glücklich.«

Vom Einzelkämpfer zum Teamplayer

Ich ziehe an dieser Stelle gerne den Vergleich eines Gitarrenspielers heran, der immer auf der Bühne stehen muss, um Geld zu verdienen. Steht er mal nicht auf der Bühne und spielt nicht sein Instrument, verdient er auch keinen Euro (siehe *The Millionaire Master Plan* von Roger James Hamilton). Ein Unternehmer, der als Solopreneur (Einzelunternehmer) unterwegs ist, hat meist eine ähnliche Herausforderung – außer er hat sein Unternehmen zu einem großen Teil automatisiert. Arbeitet er nicht mit seinen Kunden oder an seiner Unternehmung, verdient er auch nichts. Umso wichtiger ist der Schritt, die ersten Mitarbeiter in das Unternehmen zu holen und ein schlagkräftiges Team zusammenzustellen, welches gemeinsam an der Skalierung des Unternehmens arbeitet.

»Ich habe 15 Jahre als Einzelkämpfer in Unternehmen als Trainer und Coach verbracht und mir hierbei den Proof-of-Concept für mein Projekt erarbeitet. In dieser Zeit habe ich auch meine ersten wichtigen Kunden gewonnen. Ich war mit diesem Status quo glücklich. Aber irgendwann kam ich an den Punkt, an dem ich mehr Verantwortung übernehmen wollte, auch für andere Familien, indem ich anfing Arbeitsplätze zu schaffen. Ab einem gewissen Punkt ist es eine Entscheidung im Kopf, in welcher Liga man spielen möchte und mit welchen Impact man auf Menschen zugehen möchte. Meine allererste Angestellte war damals meine Praktikantin Lea Ernst (Leas Story findest du auch hier im Buch), die anfing, mir Dinge abzunehmen. Darin liegt meiner Meinung nach das Geheimnis, denn sie hatte Aufgaben übernommen, die ich einfach nicht gut konnte und bei denen ich nicht im Flow war. Lea ist mittlerweile CEO der Tobias Beck University und wir haben knapp 15 Angestellte plus 20 Freelancer und 300 Freiwillige in der Bewohnerfrei-Crew, die mit uns die Seminare durchführen. Der Schritt vom Einzelunternehmer zum Unternehmer ist ein unfassbar großer und da muss jeder für sich wissen, welches Rad er drehen möchte. Mich macht es glücklich zu wissen, dass ich Familien in Lohn und Brot bringen kann. Wir haben eine sehr besondere Art zu arbeiten, denn alle Mitarbeiter arbeiten remote. Wir haben kein physisches Büro, sondern jeder arbeitet von dort aus, wo er möchte. Wir treffen uns in Hotels, bei unseren Seminaren und veranstalten Workations. Krankenscheine und Urlaubstage sind bei uns fehl am Platz. Die gibt es einfach nicht. Ich habe mir damals gesagt, wenn ich Unternehmer werde und Angestellte habe, dann mache ich genau das Gegenteil von dem, was ich damals als Angestellter nicht mochte. Ich will mit einem Ehrenkodex führen und nicht mit irgendwelchen blöden Regeln. Gleichzeitig benötigt dieses System aber auch Prozesse und Strukturen, um dieses

New-Work-Konzept auch erfolgreich im eigenen Unternehmen zu etablieren.«

Und hier kommen noch zwei elementare Tipps von Tobias, wenn du gerade am Scheidepunkt stehst und Mitarbeiter einstellen möchtest, aber nicht weißt, wie und wo du anfangen sollst:

1. Stelle niemanden ein, der Hilfe braucht

»Das sage ich ganz bewusst so. Stelle niemanden ein, von dem du weißt, der braucht dich jetzt als Unternehmen. Das kannst du dir am Anfang nicht erlauben. Ich habe ganz große Fehler gemacht, weil ich Menschen angesprochen habe in meinem Umfeld, die unglücklich waren in ihrem anderen Umfeld. Wir haben mittlerweile eine Regel in meinem Unternehmen eingeführt: Wir stellen niemanden mehr ein, der von irgendwo weg möchte, sondern immer nur Leute, die zu uns hin wollen. Und sobald wir im Interview merken, der erzählt von seiner Arbeit negative Dinge, sei es über den Chef oder Kollegen, stellen wir diese Person nicht ein. Warum? Superstars gestalten ihre Arbeitsatmosphäre selbst. Sie stellen eine positive Beziehung zu ihrem Chef her. Das ist etwas, was wir mit sehr viel Tränen und Blut lernen mussten.«

2. Arbeite mit der Blue Ocean Strategy

Solltest du mit der Blue Ocean Strategy nicht vertraut sein, erkläre ich an dieser Stelle kurz das Konzept dahinter. Der blaue Ozean als Strategie beschreibt die Ansicht, dass sich Marktteilnehmer nur in roten Ozeanen einen brutalen Konkurrenzkampf liefern – also Branchen mit hohem Wettbewerb –, da sie um Marktanteile und Gewinne kämpfen müssen. Der blaue Ozean im Gegenteil beruht auf der Erschließung neuer Märkte mit großem Wachstumspotenzial, in denen es keinen oder kaum Wettbewerb gibt. Hier gibt es keine Raubfische, die dich fressen wollen und dadurch das Wasser rot färben.[28]

»Wir haben uns sehr genau überlegt, wer wir als Unternehmen sind. Wie können wir Arbeitsplätze schaffen und wo kommt überhaupt das Geld dafür her. Mit dieser Strategie haben wir sehr gute Erfahrungen gemacht. Als wir angefangen haben zu hebeln und zu skalieren, definierten wir erst mal unsere Kern-USPs: Was können andere am Markt nicht so gut wie wir? Wir haben uns im Business-Class-Segment – in Flugzeugsprache ausgedrückt – eingenistet und damit fahren wir super. Wir schenken den Teilnehmern unserer Events durch Kleinigkeiten Wow-Erlebnisse mit Gänsehautfaktor. Wir stehen auch mit niemandem im Wettbewerb, so steht es auch in unserer Unternehmensbibel geschrieben. Einer unserer Kern-USPs ist, dass wir uns nicht verhalten wie Stars, sondern dass wir nahbar und wie jeder andere Mensch sind. Wir haben nicht angefangen, um Profit zu machen, sondern um den Menschen etwas zurückzugeben. Und vielleicht ist es deshalb so groß geworden.«

Der beste Ratschlag, den Tobias als Unternehmer erhalten hat

> *»Du brauchst nur eine Rede und ein Programm.*
> *Und die machst du richtig gut. Und dann bist du*
> *durch und brauchst nie wieder arbeiten.«*

– Tobias Beck

»Diesen Ratschlag hat mir damals mein Mentor George S., Dekan für Psychologie an einer amerikanischen Universität, gegeben. Das war damals auf seiner Gartenparty – er hatte mich eingeladen, auf ein Anwesen, halb so groß wie Limburg –, zu der er mit einem Helikopter eingeflogen kam. Heute bekomme ich die ganze Situation gar nicht mehr so recht in meinem Kopf zusammen. Damals habe ich noch viel kleiner gedacht und war von der ganzen Szene eher überfordert. Ich weiß aber noch, wie ich vor ihm stand und ihn fragte: >How did you do that?< Woraufhin er antwortete: >You need one speech. And practice it 10.000 times. And then you never have to work again.< Und genau das habe ich dann gemacht.«

Tobias' Buchtipps

Die beiden Bücher, die Tobias als Menschen verändert haben und den größten Einfluss auf sein Leben als Unternehmer hatten, sind:

1. *Die Hütte. Ein Wochenende mit Gott* von William Paul Young

2. *The Big Five for Life. Was wirklich zählt im Leben* von John Strelecky

Tobias' Morgenroutine

Tobias verbringt die ersten Morgenstunden mit seiner Familie, was einen sehr hohen Stellenwert in seinem Leben hat. Als Speaker ist er fast täglich auf Reisen und nutzt dann meist die 20 Minuten Fahrtzeit im ICE zum Flughafen für seine Morgenmeditation und sein Dankbarkeitsjournal. Zusätzlich hat er immer ein neues Buch griffbereit im Koffer. »Gleichzeitig brauche ich auch eine Struktur in meinem Kalender und den arbeite ich dann ab für den Tag.«

Hermann Scherer, Keynote Speaker und Unternehmer @
https://www.hermannscherer.com/

Start-up Hack:
Ein Weltstar als Sprungbrett, um zum bekanntesten Vertreter der eigenen Branche aufzusteigen

Hack Level: Legendary

Wie hat Hermann es gemacht?

Laut Hermann waren es viele kleine Hacks, die er während seiner Zeit als Unternehmer angewandt hatte. Der Marketing Hack, der aber die größte Außenwirkung in der öffentlichen Wahrnehmung erzielte, war, als Hermann den Ex-US-Präsidenten Bill Clinton als Redner zu einer Veranstaltung nach Deutschland holte. »Ich war damals der erste Deutsche, der Bill Clinton nach Deutschland holte. Dieser Schachzug war in der Außenwirkung sensationell. Dadurch bin ich sehr bekannt geworden, weil es natürlich eine Revolution war, dass ein junger Kerl mit Anfang 30 mehr als eine Million Euro in die Hand nimmt, um diesen Menschen zu einer Veranstaltung einzuladen. Diese hohe Summe ergibt sich aus verschiedenen einzelnen Bausteinen. Zuerst einmal ist da das Honorar von 450.000 Euro. Das Interessante ist, wenn du solche Leute buchst, dann sagst nicht du den Termin an, sondern er sagt dir, wann er denn kommen könnte. Es war ein Termin, zu dem wir keine Halle hatten und die einzige Halle, die es gab, war noch belegt durch die Abbauarbeiten von Karl Moiks Musikantenstadl. Also mussten wir Karl Moik nochmal 50.000 Euro zahlen, damit sein Team die Halle schneller leer räumte. Hinzu kamen viele weitere Kostenblöcke, die sich unheimlich schnell zu einer Summe entwickeln, die weit über einer Million Euro liegt. Die Kosten und die Vorbereitung waren somit enorm, man kann sich kaum vorstellen, was da alles auf einen zukommt. Planst du zum Beispiel ein Dinner mit Bill Clinton, wollen er und sein Team eine Woche vorher den Tischplan haben, um zu sehen, wer wo sitzt. Außerdem wollen sie den Lebenslauf jeder einzelnen Person, um sich auf die Gespräche vorzubereiten und zumindest im Small Talk die Namen plus Werdegang zu wissen. Dann braucht man Hubschrauber, die ihn dann zum Schloss Linderhof geflogen haben. Ex-Präsidenten der USA dürfen nicht mit einem Hubschrauber fliegen, sie brauchen drei Hubschrauber, die parallel aufsteigen, damit die Abschussquote auf eins zu drei sinkt. Zum Glück ist mir hier der Polizeipräsident zu Hilfe gekommen und hat die Kosten hierfür übernommen. Worum es dann am Ende in der Veranstaltung ging und worüber Bill Clinton gesprochen hatte, weiß kein Mensch mehr. Aber hey, Bill Clinton war in Deutschland, und Hermann Scherer hat ihn geholt. Das ist hängengeblieben.«

Wie du Hermanns Hack für dich nutzen kannst

Was braucht es am Ende, um eine bekannte Persönlichkeit wie Bill Clinton nach Deutschland zu holen? »Alle fragen immer: ›Was brauche ich, um eine Celebrity nach Deutschland zu holen?‹ Nichts brauchst du. Du benötigst einen Telefonanruf und danach ein paar Leute, die du überzeugen musst, damit sie dir Geld für die Veranstaltung geben. Eigentlich war es total simpel, Bill Clinton nach Deutschland zu holen. Anrufen, am Flughafen abholen, zur Veranstaltung bringen, fertig. Das Gleiche gilt für die Gründung des eigenen Unternehmens. Viele meiner Seminarteilnehmer fragen mich immer: ›Was brauche ich, um ein Unternehmen zu gründen?‹ Meine Antwort darauf: ›Nichts. Du benötigst 17,50 Euro für die Anmeldung deines Gewerbes. That's it.‹ Ich finde es immer so herrlich, dass Menschen vor ihrem Erfolg davonrennen und immer wieder eine Entschuldigung finden, nicht anzufangen. Allem voran wird immer der Business-Plan genannt. Ich habe mittlerweile über 30 Unternehmen gegründet, davon sind viele zum europäischen Marktführer aufgestiegen, aber ich habe noch nie in meinem Leben einen Business-Plan geschrieben. Ich kenne keinen einzigen Business-Plan, der funktioniert hat oder der die Zahlen eingehalten hat. Das ist eine absolute Zeitverschwendung, ich bin da sehr pragmatisch. Unternehmer zu sein heißt gründen, Gas geben und fertig. Du wirst auf Probleme stoßen, du darfst diese Probleme lösen und rennst weiter. Zum nächsten Problem, löst dieses und immer so weiter. Je besser du sie löst, desto besser ist die Wertschätzung und Wertschöpfung.«

Was will uns Hermann mit diesen Worten sagen? Blockiere dich nicht selbst, sondern laufe einfach mal drauflos. Interpretiere nicht alle Dinge, die dir während des Gründungsprozesses oder deiner Zeit als Unternehmer über den Weg laufen, als Steine, die dir in den Weg gelegt werden. Sieh diese Steine mehr als Herausforderungen, die du lösen darfst. Denn mit jeder Herausforderung wirst du als Unternehmer wachsen und dein Mindset auf das nächste Level bringen. Und manchmal bist du nur einen Telefonanruf von deinem Glück entfernt. Du musst nur den Hörer in die Hand nehmen, die Nummer wählen und anrufen.

Wie Hermann zu einem der bestbezahltesten Redner Deutschlands wurde

> *»Du wirst erfolgreich im Markenaufbau durch Redundanz. Du musst siebenmal gesehen werden, und dann kommt etwas, was wir als ›Bekanntheitsgrad hebt Nutzenvermutung‹ bezeichnen. Wir wissen, umso bekannter du bist, desto mehr Nutzen wird dir unterstellt. Auch wenn es rein logisch gesehen vollkommener Quatsch ist.«*
>
> – Hermann Scherer

»Ich hatte eine sehr spezielle Kindheit, nennen wir es mal so. Meine ersten Versuche, an Geld heranzukommen, waren als Bettler. Also immer wenn ich etwas Geld benötigte, habe ich es mir zusammengebettelt. Irgendwann habe ich dann eine Ausbildung zum Lebensmitteleinzelhandelskaufmann im Unternehmen meiner Eltern gemacht, was sich noch als relativ schwierig herausstellen sollte. Ich habe dann sehr viele Schulden von meinen Eltern übernommen, in Summe waren das ein paar Millionen. Die Renditen im Lebensmittelmarkt waren damals nicht so hoch und mir war klar, diese Millionen bekommst du im Lebensmittelhandel nicht so leicht zurück. Mit knapp fünf Millionen Euro im Minus habe ich mir dann die Frage gestellt, welches Business es in Deutschland gibt, wo du in fünf Jahren fünf Millionen verdienen kannst, welches gleichzeitig seriös ist und für das kein großes Startkapital nötig war, denn ich hatte keinen einzigen Cent mehr übrig. Mit diesem Wissen habe ich mich an die Recherche gemacht, um herauszufinden, in welchen Bereichen es außergewöhnlich viel Geld gibt für eine etwas außergewöhnliche, andersartige Leistung. So bin ich auf den Speaking-Bereich gestoßen. Du verkaufst hier nur Worte und interessanterweise bekommt ein Speaker, der nur eine Stunde spricht, wenn er gut ist, um die 10.000 Euro. Wohingegen ein Coach oder Trainer, der den kompletten Tag hart arbeitet und eigentlich wesentlich mehr leistet als der Speaker, nur 1.500 bis 2.000 Euro pro Tag erhält. Darum habe ich mir diese Branche ausgesucht. Ganz ohne die Warums und Why's, die es heute gibt. Mein Warum war relativ simpel: ›Schaffe es, dass die Bank nicht jeden Tag bei dir anruft und nach Geld fragt.‹ Und so bin ich am Ende tatsächlich Speaker geworden.«

Mit dem eigenen Buch zum Expertenstatus

Herman empfiehlt jedem, ein Buch zu schreiben. Dafür gibt er drei Gründe an: »Ein Buch ist an sich etwas relativ Günstiges in der Produktion. Manchmal kostet ein guter Flyer mehr als ein

Buch, weil die Auflage eine andere ist. Die Amerikaner sagen zu einem Buch ›meine Five Dollar Business Card‹, also meine teure Visitenkarte, wenn man so will. Es gibt natürlich mehr her, ein Buch zu überreichen, als eine normale Visitenkarte. Der zweite Punkt ist so etwas wie eine Legende, die besagt, mit jedem Buch erhöhst du deinen Tagessatz um 500 Euro. Das stimmt bei mir nicht so ganz, denn ich habe 50 Bücher geschrieben, somit müsste ich alleine schon Erhöhungen im Wert von 25.000 Euro pro Stunde haben. Das habe ich nicht ganz hinbekommen. Das Wichtigste aber ist, dass sich die Buchungen als Speaker durch ein eigenes Buch drastisch erhöhen. Ich bin immer ein Freund von guten Verlagen, denn Fakt ist, wenn du in einem guten Verlag publizierst, wirst du eine gute Platzierung innerhalb der Buchhandlungen erhalten. Das wiederum hat Auswirkungen auf deinen Bekanntheitsgrad und damit auch auf die Buchungsrate. Ich habe mir damals nach zahlreichen nicht erfolgreichen Telefonaten geschworen, einen Weg zu finden, mir einen Expertenstatus aufzubauen, um keine große Kaltakquise mehr machen zu müssen. Mit dem Bild vor Augen, die Füße auf den Schreibtisch hochzulegen und einfach zu warten, bis die Aufträge von alleine hereinkommen. Das hat natürlich etwas gedauert, aber die Strategie mit dem eigenen Buch funktioniert bis heute einwandfrei, wenn man das Marketing und die Öffentlichkeitsarbeit im Griff hat.«

Der erste große Vortrag von Hermann

»Ich habe als Speaker bereits alles miterlebt«, erzählt er mir. »Dass dir schlecht ist, wenn du auf die Bühne gehst, das habe ich heute manchmal noch. Das sind auch die geringsten Ausmaße. Ich weiß noch, mein erster großer Vortrag vor knapp 700 Leuten. Ich hatte eine Stunde Vortragszeit und nach 10 Minuten gingen 400 Menschen aus dem Saal heraus. Hätte ich eine Pistole gehabt, ich hätte mich wahrscheinlich live auf dieser Bühne erschossen. Dann wären die 400 Menschen auch alle wieder reingekommen.

Die Gefühlswelt ist vor und während Auftritten immer eine große. Man hat Angst, dass man komplett versagt. Die ersten Vorträge sind in der Regel nicht gut, bei niemandem. Deshalb sage ich allen meinen Kursteilnehmern, fang erst einmal klein an mit Auftritten in Volkshochschulen, bei Bekannten oder kleineren Veranstaltungen, um einfach mal in das Doing reinzukommen. Ja, es ist teilweise sehr dramatisch und aufregend, aber es ist auch eine wunderbare Reise zu sich selbst. Mal zu sehen, wofür stehe ich eigentlich. Was will ich sagen und wie kann ich es sagen, damit Menschen zuhören und am Schluss sogar begeistert sind. Ich kenne keinen schöneren Beruf als diesen, der glücklicherweise nach wie vor eine riesig große Nachfrage hat. Ich erlebe gerade in Zeiten der Digitalisierung, dass es noch viel mehr Speaker braucht, sowohl Online- als auch Offline-Speaker. Umso digitaler die Welt wird, umso mehr Kongresse gibt es plötzlich.«

Der beste Ratschlag, den Hermann als Unternehmer erhalten hat

»Im Schweigekloster durfte ich mal für fünf Minuten eine Frage stellen, mit der ich den Meister damals herausfordern wollte. Ich fragte den Meister, was Leistung wäre. Daraufhin sagte er einen wunderschönen Satz, der mein Leben bis heute noch immer prägt. Der Meister sagte: ›Leistung ist gleich Potenzial minus Störfaktoren.‹ Was heißt das nun im Detail? Wir alle haben ein Riesenpotenzial, wir sind großartige Menschen, in uns steckt richtig Wumms drin. Die Frage ist nur, wie sehr sind wir in der Lage, Störfaktoren zu eliminieren. Die meisten Menschen können genau das aber nicht. Meine These hierzu ist, dass das Leben an sich ein Störfaktor ist. Unser Leben ist ein Ablenkungssystem, wir haben eine Million Dinge täglich, die uns davon abhalten, was wir eigentlich tun wollen. Die Menschen, die ihren Fokus auf etwas legen können – und zwar ultrafokussierten Fokus – sind erfolgreicher im Leben. Du machst im Leben tausend Dinge, die man dir beigebracht hat zu tun, die dich aber vom Fokus abbringen. Du fährst selbst Auto, du machst den Haushalt, du bügelst – alles ein Zeit-Invest, der uns davon abhält, die Dinge zu tun, für die wir angetreten sind. Deshalb die Frage, die ich mir immer stelle: Was muss ich in Zukunft nicht tun, um fokussierter zu werden. Die Not-to-do-Liste als Grundlage.«

Spannend:
So wird dein Start-up in nur
12 Monaten zu einer profitablen
Wachstumsmaschine, die nicht
mehr aufzuhalten ist

Auch wenn es sich zurzeit so anfühlt, als würdest du ohne Sicherung und mit bloßen Händen den Mount Everest besteigen…

Den folgenden Brief bitte ich dich nur zu lesen, wenn du es mit deinem Start-up wirklich ernst meinst…an alle anderen, einfach weiterblättern.

Die folgende schockierende Statistik beweist: »Mehr als 80 % aller Startups scheitern innerhalb der ersten 3 Jahre.«[29]

Und dabei fragt man sich: Woran liegt das? Liegt es am Produkt? Am Vertrieb? Am Unternehmer? Also an den Persönlichkeiten, die scheitern?

Sehr spannend: Hochrangige Unternehmensforscher und Wirtschaftsprofessoren bestätigen, was ich schon lange vermutete: Die meisten Start-ups scheitern nicht, weil sie nicht wüssten, was zu tun ist, sondern weil sie einfach keine Ahnung haben, was sie wann und in welcher Reihenfolge machen müssen, um erfolgreich zu werden[30].

Als Gründer fragt man sich: Wann soll ich mich aufs Online-Marketing konzentrieren? Wann fokussiere ich mich auf die PR? Wann sollte ich mich voll auf das Produkt fokussieren? Wann mache ich was exakt und in welcher Reihenfolge, damit mein Unternehmen kugelsicher wird und somit aus sich heraus erfolgreich und profitabel wachsen kann?

Viele beantworten die Frage mit: »Ich mache einfach alles auf einmal.« Dadurch stürzen sie sich kopfüber in ein Wirrwarr an Dingen, die sie tun und versuchen es mit der Hilfe von Multi-Tasking umzusetzen.

Wenn sich der eine oder andere jetzt ertappt fühlt… dann mache dir bitte keine Sorgen: Mir ging es eine lange Zeit ganz genauso… versprochen.

Doch die Antwort ist: Auf keinen Fall führt Multi-Tasking dazu, dass dein Start-up zu einer richtigen Firma, also einem Grown-up wird.

Lies bitte jetzt weiter…

…wenn du wissen willst, auf was du dich wann in deinem Start-up fokussieren solltest, um riesige Erfolge zu feiern und dein Start-up zu einer wahren Wachstumsmaschine zu machen.

Als Mitgründer von kinoheld (Exit an CTS Eventim) hatte ich großes Glück, denn ich hatte einen Mentor an der Seite, der mir immer wieder in den Hintern getreten hat und mir dabei geholfen hat, den Fokus auf das Wesentliche zu legen und mir immer wieder gesagt hat, was ich exakt wann tun muss, damit ich erfolgreich werde.

Jetzt kommt aber der Haken…

Über dieses Wissen habe ich so noch nie in der Öffentlichkeit gesprochen und werde es auch niemals tun.

Ich weiß eines: Dort draußen gibt es leider immer wieder einige »Unternehmer«, die schlechte Produkte anbieten oder unseriöse Dienstleistungen, bei denen ich nicht möchte, dass sie dieses wertvolle Praxiswissen erhalten.

Dadurch hätten diese unseriösen Unternehmen einen unfairen Vorteil gegenüber allen anderen, die es wirklich ernst meinen.

Deswegen habe ich mir geschworen: Ich suche selber aus, wem ich dieses Wissen mit auf den Weg gebe.

Dieses gesamte Wissen, also was du exakt wann machen solltest, damit du erfolgreich mit deinem Start-up wirst, habe ich nun zusammengefasst und mit den besten Experten in meinem Netzwerk in ein großes Start-up-Accelerator-Programm gegossen: den Start-up-Hacks-Accelerator.

Dabei weiß ich: So etwas hat es in dieser Form noch nie gegeben.

Ich spreche hier von einem hochexklusiven Accelerator-Programm, welches dir dabei hilft, dein Start-up innerhalb eines Jahres (also nur 12 Monate) zu einer profitablen Wachstumsmaschine zu machen, die nicht mehr aufzuhalten ist.

Was du dann mit deinem Startup machst…

also ob du es veräußerst, so wie ich an CTS Eventim…

…oder ob du es gigantisch machst, es zu einem Grown-up aufbaust und somit eine wirkliche Firma, eine Bewegung kreierst, mit der du Menschen bewegst und Menschenleben veränderst, ist dir überlassen.

Klingt spannend? Dann erzähle ich dir jetzt, wie es weitergeht.

Aber noch einmal kurz Achtung:

Denn:

- Der Start-up Hacks Accelerator ist nichts für alle, die glauben, dass sie es alleine am besten könnten. Keine Sorge: Für diesen Accelerator müssen keine Prozente am Unternehmen abgegeben werden.

- Es ist nichts für alle, die glauben, sie bräuchten einfach nur ein perfektes Produkt.

- Und es ist auch nichts für alle, die glauben, dass sie keine Zeit dafür haben und immer noch den Irrglauben haben, sie sollten stattdessen pro Woche ein Buch lesen, um erfolgreich mit ihrem Start-up zu werden. Das führt nämlich leider immer nur zu einem Fokusverlust und zu schwächeren Ergebnissen.

Wenn du jetzt noch dabei bist, so freue ich mich sehr. Denn jetzt weiß ich: Du bist ein Unternehmer, der genau weiß, dass er alleine mit seinem Start-up, ohne wirkliche Unterstützung, ohne einen richtigen Mentor, niemals die Ergebnisse erreicht, die du dir eigentlich für dein Unternehmen wünschst.

Wie geht es jetzt weiter?

Wenn du sagst, dass der Start-up Hacks Accelerator genau das ist, was du jetzt brauchst, um wirkliche langfristige Erfolge mit deinem Unternehmen zu feiern, dann bewirb dich jetzt!

Gehe jetzt auf www.startuphacks.de und bewirb dich auf den Start-up Hacks Accelerator mit mir persönlich!

Ich werde mich dann persönlich bei dir melden und freue mich daher, dich schon bald kennenzulernen.

Dein Bernhard Kalhammer

Nachwort

An dieser Stelle möchte ich allen Interviewgästen von Start-up Hacks danken, die ihre Insights, Hacks, Fails und Stories mit mir geteilt haben und dieses Buch ermöglicht haben. Jedes einzelne Porträt zauberte mir beim Schreiben ein Lächeln auf die Lippen und ich bin unglaublich dankbar dafür, an den einzelnen Gesprächen auch persönlich gewachsen zu sein. Nicht nur, dass ich durch den Podcast mein Netzwerk auf eine extrem hohe Qualität gehoben habe, von der ich anfangs nur träumen konnte, die einzelnen Interviews waren wie Coaching-Sessions für mich. Als ich den Podcast damals startete, wusste ich nicht, in welche Richtung es gehen würde. Ich wusste nur, dass ich hochwertigen Content produzieren will, der meinen Zuhörern einen echten Mehrwert bietet und ihnen mindestens einen Aha-Effekt pro Folge liefert und ihre investierte Zeit rechtfertigt. Das Feedback der Start-up Hacks Community zeigt, dass ich damit die richtige Strategie verfolge, denn zeitweise war und ist der Podcast auf Platz 1 der deutschen iTunes-Charts im Bereich Wirtschaft.

Mein Dank geht vor allem an meinen Buchagenten Marc. Ohne dich wäre dieses Buch nie möglich gewesen. Dein hervorragendes Netzwerk hat es in gerade mal sechs Monaten ermöglicht, einen exzellenten Verlag zu finden, der uns bei dieser Reise unterstützt, genau so tickt wie wir und Dinge mit einem gewissen Start-up Mindset angeht. Mit dem Redline Verlag aus München haben wir genau diesen Verlag gefunden, ich hätte mir keinen besseren Partner für die Umsetzung wünschen können. Danke Michael, als Programmleiter hast du mich bei meinen Fragen immer perfekt unterstützt und von Anfang an Vertrauen in das Projekt gesteckt.

Wie habe ich aber überhaupt Marc, meinen Buchagenten, getroffen? Bei Instagram, kein Witz. Marc war und ist Teil meines Netzwerks und fiel mir im Instagram Feed des Coworking Spaces Mates in München auf. Zu diesem Zeitpunkt – ich war gerade wie jetzt auch in Kapstadt – habe ich mir bereits die Frage gestellt, wie ich den Content außerhalb der Audiowelt noch mehreren Menschen zugänglich machen könnte. Und so kam ich auf das Thema Buch. Genau hier sprang mir der Post von Eva, der Betreiberin des Mates ins Auge, da sie ihre Coworker hin und wieder innerhalb des Formats »Meet the Mates« vorstellt. So kam eins zum anderen und ich habe Marc einfach eine Nachricht geschrieben. Danke an dieser Stelle auch an dich, Eva, ohne deinen Post wären Marc und ich wahrscheinlich niemals zusammengekommen.

Lieber Leser, du siehst, manchmal muss man nur die Augen offen halten und einfach mal machen. Den Telefonhörer in die Hand nehmen, eine E-Mail schreiben oder einfach einen Podcast starten ... just do it.

Bernhard Kalhammer,

Kapstadt, Südafrika

Über den Autor

Bernhard Kalhammer legte als Mitglied der Geschäftsführung im Deutschen Sport Fernsehen (DSF) den Grundstein für seine heutige Tätigkeit als Serial Entrepreneur. Mittlerweile hat er mehr als 10 Jahre Erfahrung im Start-up-Umfeld. Er ist Co-Founder des deutschen Marktführers im Bereich e-Ticketing für Kinos, kinoheld.de (Exit CTS Eventim), und Digital Consultant, Growth Hacker und Podcaster mit Startup Hacks.

https://bernhardkalhammer.com/

Anmerkungen

1   https://quotesss.com/quote/879755 (abgerufen am 16.02.2019)

2   Pinterest Newsroom: »Pinterest inspiriert 250 Millionen Menschen weltweit«, unter https://newsroom.pinterest.com/de/post/pinterest-inspiriert-250-millionen-menschen-weltweit (abgerufen am 23.01.2019).

3   https://www.handelsblatt.com/unternehmen/it-medien/soziale-netzwerke-pinterest-tritt-aus-dem-schatten-von-instagram-und-co/20327932.html?ticket=ST-1833461-5wXs0I7Dkc2MxkON-u3mr-ap3

4   Bolognesi, Philip: »Basics für Neueinsteiger: So funktionieren Pinterest-Algorithmus und -Marketing«, unter https://www.basicthinking.de/blog/2018/10/18/pinterest-algorithmus-marketing-erfolg/ (abgerufen am 10.11.2018)

5   https://www.seokratie.de/evergreen-content/

6   https://sidepreneur.de/mm-15-jim-rohn-ueber-5-personen-mit-denen-du-die-meiste-zeit-verbringst/ (abgerufen am 16.02.2019)

7   Gary Vaynerchuk vermittelt diese Strategie in seinem Buch »Jab, Jab, Jab, Right Hook«:
     »By now, most of you know both my business and content strategy from Jab, Jab, Jab, Right Hook. I like to give as much as I can up front before I muster up the audacity to go in for the »ask«.«

8   Huspeni, Andrea: »LinkedIn's Reid Hoffman: To Scale, Do Things That Don't Scale«, unter: https://www.entrepreneur.com/article/293393 (abgerufen am 16.02.2019)

9   https://mastersofscale.com/brian-chesky-handcrafted/ (abgerufen am 16.02.2019)

10   https://medium.com/pixelgenie/what-the-heck-is-growth-hacking-b9119990a81f (abgerufen am 16.02.2019)

11   Gladwell, Malcolm: *The Tipping Point: How Little Things Can Make a Big Difference.* USA 2000 oder Gladwell Malcom: The Tipping Point: How Little Things Can Make a Big Difference. Deutschland, S. 122

12   Iqbal, Mansoor:»Tinder Revenue and Usage Statistics (2018)«, unter: http://www.businessofapps.com/data/tinder-statistics/ (abgerufen am 20.01.2019)

13   Hum, Samuel: »How Tinder Obtained More Than 50 Million Users Through Word-of-Mouth«, unter: https://www.referralcandy.com/blog/tinder-marketing-strategy/ (abgerufen am 20.01.2019)

14   https://frank.io/de/

15   »Wenn du die Welt verändern willst, fang an dein Bett zu machen. William McRaven, US Navy Admiral«, unter https://www.youtube.com/watch?v=3sK3wJAxGfs (abgerufen am 16.02.2019)

16   Dogan, Özgür: »Kalt duschen – Fettpolster schmelzen und nie wieder frieren«, unter https://www.primal-state.de/kalt-duschen/ (abgerufen am 23.01.2019)

17   Rubin, Courtney: » Bulletproof Coffee, The New Power Drink Of Silicon Valley«, unter https://www.fastcompany.com/3032635/bulletproof-coffee-the-new-power-drink-of-silicon-valley (abgerufen am 16.02.2019)

18   dpa: »Microsoft übernimmt Start-up 6Wunderkinder«, unter https://www.handelsblatt.com/unternehmen/it-medien/offiziell-bestaetigt-microsoft-uebernimmt-start-up-6wunderkinder/11857452.html?ticket=ST-746364-nLfgpYEVX04DCXZ2j0uX-ap2 (abgerufen am 16.02.2019)

19   Mechem, Brian: »A Guide to Building Your Personal Brand through Social Media«, unter https://www.grin.co/blog/a-guide-to-building-your-personal-brand-through-social-media (abgerufen am 18.12.2018)
Digital Marketing Institute: »10 Steps to Building Your Personal Brand on Social Media«, unter https://digitalmarketinginstitute.com/blog/2017-11-09-10-steps-to-building-your-personal-brand-on-social-media (abgerufen am 18.12.2018)

20   https://quotefancy.com/quote/1773779/William-Fraser-Make-things-worth-sharing (abgerufen am 16.02.2019)

21 Hüsing, Alexander: »#EscortGate – Escort-Ladies auf der No-ah! Geht gar nicht!«, unter https://www.deutsche-Start-ups. de/2016/06/09/escort-ladies-noah/ (abgerufen am 21.01.2019)

22 Debowska, Barbara: »Hinter den Kulissen: Marketing-Chef Till Schmid über James Bond und das ›natürliche‹ Staubsaugen«, unter https://blog.helpling.de/hinter-den-kulissen-marketing-chef-till-schmid-ueber-james-bond-und-das-natuerliche-staubsaugen/ (abgerufen am 21.01.2019)

23 Berger, Jonah: *Contagious: Why Things Catch On*, New York 2013.

24 unternehmer.de, Online Marketing Lexikon, »Definition von Micro-Influencer«, unter https://www.unternehmer.de/lexikon/online-marketing-lexikon/micro-influencer (abgerufen am 21.01.2019)

25 Aslam, Salman: »Linkedin by the Numbers: Stats, Demographics & Fun Facts«, unter https://www.omnicoreagency.com/linkedin-statistics/ (abgerufen am 21.01.2019)

26 Maciej, Martin: »Was heißt ›Shoutout‹ bei Instagram, YouTube und Co.?«, unter https://www.giga.de/extra/social-media/specials/was-heisst-shoutout-bei-instagram-youtube-und-co/ (abgerufen am 22.01.2019)

27 Cirillo, Francesco: »The Pomodoro Technique«, unter https://francescocirillo.com/pages/pomodoro-technique (abgerufen am 22.01.2019)

28 S.a.: W. Chan Kim, Renée Mauborgne: *Der Blaue Ozean als Strategie: Wie man neue Märkte schafft, wo es keine Konkurrenz gibt.* München 2016

29 https://www.zeit.de/2014/01/scheitern-misserfolg/seite-3

30 https://www.cbinsights.com/research/startup-failure-reasons-top/

Stichwortverzeichnis

6Wunderkinder 105, 155 f., 296
90elf 112
90 Nächte, 90 Betten 60, 63
90-Tagesziel 153

A

A-B-C-Methode 71
A/B Testing 15
Achieve, Believe und Celebrate 71
Advanced-Modus 172
Airbnb 15, 31, 91, 161
Alaba, David 122
Amalyze 204
Amazon 105, 168, 172, 195 f., 202, 204 ff., 209 ff., 217, 225, 227
American Apparrel 257
Angermaier 122
Arbeitsflow 228
Arrington, Michael 254
Asprey, Dave 154
Audacity 12
Aufmerksamkeitsspanne 37

B

Backlink 55, 61
Baldwin, Micah 17
Bankroll 184 f.
Beck, Tobias 89, 93 f., 265, 267, 270, 275, 277

Berger, Jonah 243, 245
Bettger, Frank 193
Bhatia, Sabeer 256
Bidmon von Obelizk, Daniel 12
Bild-Zeitung 37, 41, 46, 53 f., 59, 60, 70, 103, 122, 144, 202, 283
Biohacking 139 f.
Blair Singer 75
Blue Ocean Strategy 276
Blueprint 198
bookingkit 109, 113 ff., 118
Brainteaser 264
Brand Message 245
break-even point 42
Brehm, Michael 79, 159, 269
Brexit 190
Brunson, Russell 97, 223
Bulletproof Coffee 149, 154, 213, 296

C

Call-to-Action 111
Call-To-Action-Buttons 55
Calm 106
Canva 25
Cashflow-Produkt 227
Chesky, Brian 91
CI (Corporate Identity) 97
Cirillo, Francesco 260

Classy Confidence 89, 94

Clickdummy 116, 118

Clinton, Bill 279 f.

Coin Flip 180

Consultport 241, 247

Contagious – Why Things Catch On 243

Content-Plan 24

Conversion 205

Corporate Identity (CI) 256

Corporate-Karriere 104

Cotte, Pierre-Alain 104

Coworking Space 236

Cross-Selling 144, 146

Crowdfunding 33 f., 36 ff., 46

Custom Audience 165

Customer Lifetime Value 219

D

Dennet, Daniel C. 264

DHDL-Start-ups 131

Die 4-Stunden Woche 31, 149

Die Höhle der Löwen 130

Digital Consultant 158, 199

digitaler Detox 151

Disruption 105

Distorted People 121 f., 125

DNA 47, 104, 196, 259

Door Opener 12

Dotcom Bubble 83, 103

Dropbox 15

E

Early Adopter 253, 255

Eat the Frog first 177

E-Commerce Brand 114, 204

Efti, Steli 119

Eichborn Verlag 235

Eker, T. Harv 272

Engagement-Rakete 23

Ernst, Lea 89 f., 275

EscortGate 234, 297

Evergreen Content 54

Expert Secrets 97

F

Facebook-Algorithmus 20

FastBill 155 f., 160 f.

FastBill Start-up Tour 155, 156

Female Empowerment 89

Ferris, Tim 31, 149, 151

Finanzierung 34, 36, 38, 41, 45, 79

Finding my Virginity 106

Fipronil 135

Flüssiges Eiweiß 134

Fokus Shift 74

Follow-up 143

FOMO 219

Foodhacking 140 f.

Freebies 26

Free-Plus-Shipping-Modell 217

Frenk, Rafael 87, 139, 150

Froböse, Ingo 128

Fuckup 14, 46 f., 62, 65, 73, 81, 93, 103, 112, 119, 124, 135 f., 147 f., 207 f., 224, 235 f., 258, 269

Fukushima 190

Full Time Hustler 21

Functional Eiweiß-Food 128

Funnel 144, 166, 195, 198, 215, 217, 220, 223, 242

G

GEDANKENtanken 98, 267
Ginn, Aaron 99
Gladwell, Malcolm 110
Global Digital Network 21
Go Cereal 225
Göktekin, Jan 127
Good Eggwhites 127 f., 134 f.
Google-Ranking 61
Grimm, Christoph 253, 263
Grown-up 287
Growth Hacking 15, 17, 99, 112
Gründermagazin Deutsche Start-
    ups 159
Guerilla-Kampagne 102
Guerilla-PR 233

H

Hacks 11 ff., 99, 139, 140, 149 f.,
    168, 195, 204, 219, 231, 256,
    266, 268 f., 273, 279, 291
Häfner, Christian 117, 155, 168, 212
Hamilton, Roger James 212, 274
Happy Coffee 160 f., 163 ff., 170 ff.
Harari, Yuval Noah 239
Hardselling 92
Harnish, Verne 98
Headspace 106
Health Claims 148, 209
Heitmann, Jan 175, 188, 191
Helpling 241 f., 247
Hire-Hire-Mentalität 119
Holiday, Ryan 257
Homo Deus 239
Horrowitz, Ben 251
Hotmail 15, 256

I

i2x 79, 81
Industry Leaders 157

J

James, LeBron 122
Journaling 152

K

Keynote Speaker 11, 175, 177, 188,
    198, 265, 279
kinoheld 117, 158, 256, 287
KISSmetrics 119
Komfortzone 49, 153
Kommunikationsstrategie 53
KPIs (Key Performance Indica-
    tor) 80
Kral, Alexander 33, 48
Kresse, Robert 67, 70, 153
Kruse, Christoph 109

L

Lakhiani, Vishen 152
Landingpage 26, 27, 37, 38, 242
Learnings 11, 15, 27, 79, 94, 114,
    169, 185, 226, 247
Lebe begeistert und gewinne 193
Legendary Hack 14
Lifetime-Value 146, 164
Lilies Diary 51 ff., 59, 185
LinkedIn 71, 91, 183, 198, 248 ff.,
    257, 295
Listicles 245
Little Voice Mastery 75
Long Tail Keywords 57 f.
Lost-Reasons 118
Lucky Number Slevin-Manier 195

M

Machermentalität 238
Managing Director 80
Mankow, Lukas 196, 215
Marketers 36
Marketing Hacks 14
Masterminds 68
Masters of Scale 91
Matchmaking-Plattform 247
McRaven, William H. 137
MBO (Management-Buy-out) 236
McKinsey 105
Meetups 200
Micromanagement 30
Mindhacking 140, 141
Mindset 13 f., 16, 40, 49, 67, 69,
        71 f., 74 ff., 99, 122, 138,
        147 f., 197, 199, 215, 226,
        238, 255, 259, 267, 281, 291
MMA 86
Mockups 116
Monkey Mind 106
Morgenroutine 14, 73, 76, 77, 87,
        106, 137, 152, 213, 228, 251,
        278
Motivationspost 25
Müller, Alexander 98
Müller, Lars 13, 91, 168, 195, 202,
        212
Mund-zu-Mund-Propaganda 34,
        243, 246
Musk, Elon 87, 224
Musk, Elon – Tesla, SpaceX
        and the Quest for a Fantastic
        Future 87
MyTaxi 155 f.

N

Neder, Christine 51, 64, 185
New Economy 103, 105
Newsfeed 20, 249
Nomad Cruise 19, 27 ff.

O

Öffentlichkeitsarbeit 40, 283
Offline-Marketing 102, 112
Ohlala 233 ff.
Openeventnetwork 261
Opportunity Switch 222
Ottonova 101, 106

P

P1 84, 121
Page Builder 223
Payoff 173
PayPal 15
Peer-Group-Effekt 67
PEPPR 236 f.
Performance Indicators 15
Personal Brand 12 f., 91, 159,
        197 ff., 212, 296
Pinterest 51 ff., 62, 185, 295
Plan tomorrow today 76
Plötz, Felix 11
Podcasts 11 f., 95, 119, 159, 257,
        268
Point-of-Sale (POS) 128
Pomodoro-Technik 260 f.
Poppenreiter, Pia 233, 238
Popula 253, 261, 263
Primal State 139 ff., 144 ff., 148 ff.
Proof-of-Concept 275
Pulled Pork Bibel 220
Pumperlgsund 127 ff.

R

Rawford 215, 217, 221, 225, 227

Redaktionsplan 23, 25, 40

Reid Hoffman 91, 295

Reminder 144

René Maudrich 161

Respect-Based Marketing 92

Retargeting 144, 166

Retargeting Ads 144

Return on Invest 102

Richard Branson 106, 213

Rich Dad, Poor Dad 74

Rich Pins 55

Rittweger, Roman 101

Rohn, Jim 67

Ryte 56

S

Samwer, Oliver 233

Scaling Up – Skalieren 98

Scherer, Hermann 220, 279 ff.

Scheerer, Sebastian 105

Schmid, Till 241, 251, 297

Schulz von Thun, Friedemann 137

Schweinsteiger, Bastian 122, 125

Seat-Draw 181

SEO (Suchmaschinenoptimierung) 53

Shah, Hiten 119

Shitstorm 82, 257

Short Tail Keywords 58

Shoutout 201, 257, 297

Smith, Jack 256

Snapchat 63

Social-Media-Marketing 21

Software-as-a-Service-Plattform (SaaS) 109

SOLIDMIND 195 f., 202, 208 f., 211 f.

Speaking 282

Spectre 241

Standing Ovations 267

Startnext 35

Startup Accelerator 288

Start-up Hack 11, 14, 19, 27, 33, 51, 67, 79, 89, 101, 109, 120 f., 127, 139, 155,158, 175, 195, 215, 231, 233, 241, 253, 265, 268, 273, 279, 288 f., 291

Storytelling 197

Strelecky, John 278

StudiVZ 21, 79, 81, 83, 84, 159, 246

Subway 246

Success Resources 266

Suck My Shirt 33 f., 39, 43, 47 f.

Supporter 34, 41, 43

T

TechCrunch 253 f.

Tech-Start-up 105, 216, 224

Tele Sales 80

Testimonial Stories 25

Testings 36, 254

The Millionaire Masterplan 212 f.

Tight-Aggressive-Strategie 176, 178

Tinder 123, 124, 296

Tipping Point 13, 110, 118, 296

Tobias Beck University 89, 93, 94, 275

Traction 91

Tracy, Brian 177, 266

Trade Sale 103
Traffic 41, 51, 54, 56, 58, 60 f., 89, 91, 131, 165 f., 168, 185, 200, 218
Trigger 244
Tripwire 130, 221
Trump, Donald 190

U
Uber 15
Unboxing 34
Unbox your Life 270
Upsell 217
Use Cases 13, 16
USP 164, 227

V
Venture Capital 36, 203
Vaynerchuk, Gary 21, 71, 214, 295
VIP Club 22
Viralität 242, 243
Vogue 59
Völkner, Johannes 19
Von Bakterien zu Bach – und zurück 264
Vu, Dung 121, 125

W
Wantrepreneur 147
Wealth Lighthouse 212
Wenn es hart auf hart kommt 251
Westermeyer, Philipp 201
Wolfe, Whitney 123 f.
Word-of-Mouth 93, 123, 296
Workations 275
Wortliga 58

X
Xing 71, 183

Y
Yoast SEO 58
Young, William Paul 278

Z
Zuckerberg, Mark 79, 251